Flugzeuge der Welt 2010

Coverfoto: 50 Jahre und noch immer in Produktion: Die Lockheed C-130 Hercules
Verfasser: Claudio Müller; Dreiseitenrisse: Aeromedia Anton E. Wettstein

ISBN 978-3-613-03174-6
www.motorbuchverlag.de

CLAUDIO MÜLLER

FLUGZEUGE DER WELT

2010

Motor
buch
Verlag

50 Jahre Flugzeuge der Welt in deutscher Sprache. Dies gilt es mit dieser erweiterten Jubiläumsausgabe zu feiern, indem man einerseits Rückschau hält über die letzten 50 Jahre Luftfahrtentwicklung, andererseits aber auch einen Blick in die Zukunft wirft. Die Vielfalt an Herstellern und Modellen war wesentlich höher, heute gibt es weltweit eine deutlich geringere Angebotsbreite und die »Lebensdauer« der Muster nimmt massiv zu. Während früher die Militärfliegerei mit großer Typenvielfalt und teilweise riesigen Produktionszahlen dominierte, zeigt sich heute genau das umgekehrte Bild. Verkehrs- und die vor 50 Jahren noch kaum existenten Geschäftsflugzeuge machen den Löwenanteil des Flugzeugmarktes aus. Die Zahl der Flugzeugproduzenten hat sich massiv verkleinert. Berühmte Firmen sind entweder verschwunden oder durch Fusionen in neue Strukturen integriert worden. Interessant ist aber, dass es immer wieder neuen Firmen gelungen ist, die hohe Eintrittshürde zu meistern und sich in diesem Markt zu etablieren. Traditionelle »Flugzeugländer« sind nur noch ein Schatten ihrer selbst, allen voran Großbritannien und die Sowjetunion bzw. ihre Nachfolgerstaaten. Andere konnten sehr erfolgreich eine eigene Industrie aufbauen, wie Brasilien und die VR China. Kalifornien beispielsweise war für viele Jahre der größte Flugzeugproduzent der Welt mit berühmten Herstellern wie Convair, Douglas, Hughes, Lockheed, North American, Northrop usw. Übrig geblieben ist heute fast nur noch die Herstellung der Boeing C-17 Globemaster III.
50 Jahre Luftfahrtentwicklung zeigt aber auch ein für die Industrie einzigartiges Phänomen. Noch heute gibt es zahlreiche Muster, die vor rund 50 Jahren entwickelt wurden und immer noch im Einsatz stehen! Einige davon sollen in dieser Jubiläumsausgabe am Schluss des Buches vorgestellt werden. Namen wie Boeing B-52, Antonow An-12, Douglas DC-8 und Bell UH-1 Iroquois sind auch den jungen Lesenden geläufig. Drei Typen werden heute sogar noch produziert: Die Lockheed C-130 mit Erstflug 1954, die Bell UH-1-Reihe und die schweizerische Pilatus PC-6. Man stelle sich eine ähnliche Situation in der Automobilindustrie vor! Dies zeigt die Genialität, Robustheit und Langlebigkeit einzelner Konstruktionen. Das ist die positive Seite. Aus vielerlei Gründen gelingt es aber der Flugzeugbranche nicht, in ausreichender Kadenz und Zahl Ersatz zu schaffen. Ganz krass ist das Bild in der Militärfliegerei. Viele Luftwaffen sind mittlerweile zu wesentlichen Teilen fliegende Museen! Auf einzelnen Mustern, so beispielsweise bei der B-52, ist die dritte Generation von Piloten im Einsatz. Woran liegt das? Vermutlich sind zwei Hauptgründe dafür verantwortlich: Die fehlende Innovationskraft der Branche und ganz besonders das fehlende Geld für Ersatzbeschaffungen. Letzteres betrifft primär das Militär. Einige mögen sich über die Aussage der fehlenden Innovation wundern. Schaut man sich aber manche heutige Modelle für zivile und militärische Zwecke an, so sind es immer die gleichen. Zwar gibt es laufend Modifikationen und neue Versionen, das Grundmuster bleibt aber gleich. Neuentwicklungen von Kampfflugzeugen dauern heute ein Vielfaches an Zeit und die Kosten entwickeln sich exponentiell. Das geht soweit, dass selbst die USA sich diese enormen Summen nicht mehr leisten wollen und beispielsweise die Lockheed F-22 nach nur 187 Exemplaren einstellen. Frühere Muster die-

ser Kategorie sahen Produktionszahlen von mehreren tausend Stück. Ist die F-22 so viel wert wie sie gekostet hat? Verteilt man die Unsummen der Entwicklungskosten auf die produzierten Einheiten, kommen Schwindel erregende Zahlen zum Vorschein. Auch neueste Modelle wie die Boeing 787 Dreamliner und die Lockheed F-35 fallen hauptsächlich durch Verzögerungen und munter steigende Kosten auf.
50 Jahre Flugzeugentwicklung heißt aber auch nach vorne zu schauen. Nicht zuletzt aus Gründen der Nachhaltigkeit sind neue Antworten in der Flugzeugbranche erforderlich. Auch die Fliegerei muss ihren Beitrag leisten, um die natürlichen Ressourcen zu schonen. Entwicklungen, die beim Energieverbrauch einen völlig neuen Weg gehen, sind erforderlich. Zwar ist der Treibstoffverbrauch pro Person und zurückgelegte Distanz in den letzten 20 Jahren kontinuierlich zurückgegangen. So legt beispielsweise eine Boeing 737-800 die gleiche Distanz wie früher eine DC-8 mit 40% weniger Treibstoffverbrauch zurück, die Abgaswerte sind um ein Vielfaches niedriger. Der große Durchbruch ist aber noch nicht geschafft. Neue Antworten müssen her. Eine davon könnte die Solar Impulse von Jacques Piccard sein, welche ich dieses Jahr unter der Rubrik »Flugzeugprojekte von morgen« vorstelle. Zwar handelt es sich bei diesem ausschließlich mit Sonnenenergie angetriebenen Flugzeug um einen reinen Erprobungsträger, welcher noch sehr weit von einer kommerziellen Einsatzfähigkeit entfernt liegt. Immerhin ein Anfang ist gemacht. Die Kombination von Bewährtem mit Innovation dürfte dabei ein wichtiger Schlüssel des Erfolgs sein.
50 Jahre Flugzeugentwicklung und was ist im letzten Jahr gelaufen und was können wir 2010 erwarten? Die ganze Weltwirtschaft stand und steht im Zeichen der durch die Finanzkrise ausgelösten Wirtschaftskrise. Diese trifft die Investitionsgüterindustrie, allen voran die Luftfahrtbranche ganz besonders. Die großen Hersteller leben derzeit von den immer noch gefüllten Auftragsbüchern aus besseren Zeiten. Neubestellungen im großen Stil lassen jedoch auf sich warten. Kürzungsrunden in den Verteidigungsbudgets machen das Bild auch nicht besser. Gewisse Anzeichen einer Erholung sind aber auszumachen. Die Zahl an Neuentwicklungen stimmt positiv.
50 Jahre und kein Ende. Die Veränderung der Luftfahrtbranche bleibt weiterhin spannend. Neben bewährten Mustern mit laufenden Anpassungen entstehen immer noch neue Modelle, über die es auch in Zukunft zu berichten gilt. Allen Leserinnen und Lesern wünsche ich viel Vergnügen mit dieser Ausgabe und bedanke mich insbesondere bei jenen, die seit vielen Jahren, einige sogar fast seit Anfang dieser Buchreihe, jedes Jahr treu die neue Ausgabe erwerben und lesen. Schon viele Verfasser haben an »Flugzeuge der Welt« gearbeitet. Einige davon, die während mehrerer Jahre diese Buchreihe betreuten, seien genannt: Martin Marbach, Sepp Moser, Martin Fricke. Ich verfasse nun dieses Buch seit 24 Jahren, zuerst als Übersetzer der englischen Ausgabe, seit deren Einstellung 1994 aber vollumfänglich – und habe immer noch Freude daran. Ein solches Werk ist aber nie die Leistung eines Einzelnen. Viele haben ihren Anteil am Erfolg. Einzelne zu nennen möchte ich vermeiden, die Gefahr ist groß, jemanden zu vergessen. Deshalb gilt mein herzlicher Dank an alle, die in irgendeiner Form ihren Anteil am Gelingen dieser Erfolgsgeschichte hatten und noch heute haben.

Claudio Müller

Abmessungen:
Spannweite 63,40 m
weitere Angaben noch nicht bekannt.

SOLAR IMPULSE

Ursprungsland: Schweiz.
Kategorie: Solar-Forschungsflugzeug.
Triebwerke: Vier Elektromotoren mit einer Leistung von je 10 PS (7,4 kW).
Leistungen (erste Annahmen): Dauergeschwindikgeit rund 70 km/h; Reichweite theoretisch unbegrenzt, in der Praxis aber primär abhängig von der Leistungsfähigkeit des Piloten. Weitere Leistungsangaben sind noch nicht bekannt
Gewichte: Startgewicht rund 1600 kg.
Zuladung: Ein Pilot.
Entwicklungsstand: Vorerst wird es einen einzigen Prototypen geben, der am 3. Dezember 2009 erstmals flog. Mit diesem Versuchsmuster wird das Konzept verifiziert. Aufbauend auf den gemachten Erfahrungen soll ein zweiter Prototyp der Solar Impulse entstehen.
Bemerkungen: Die Solar Impulse wird das weltweit erste völlig emissionsfreie Luftfahrtzeug sein, welches Tag und Nacht ohne Verbrennen von fossilen Brennstoffen in der Luft bleiben kann. Die Initianten Bertrand Piccard und André Borschberg wollen mit diesem Erprobungsmuster beweisen, dass ein Flugzeug mindestens 24 Stunden in der Luft bleiben kann, angetrieben ausschließlich durch Solarenergie. Dazu enthalten die Flügeloberflächen sowie das Seitenleitwerk rund 12000 Dünnschicht-Solarzellen. Die daraus gewonnene Energie wird in Lithium-Polymer-Batterien gespeichert. Diese alleine wiegen rund 400 kg. Sonst wurde wo immer möglich dank neuester Technologie und Verzicht auf allen Komfort Gewicht eingespart. Dies ist umso erstaunlicher, als beispielsweise die Spannweite etwa jener einer Boeing 747 entspricht. Nach Sammeln von ersten Flugerfahrungen soll mit einem zweiten, dieses Mal zweisitzigen Prototypen zu einem fünftägigen Welt-Rundflug gestartet werden. Während des Tages liefern die Solarzellen Energie, das Flugzeug kann auf grosse Höhen steigen. In der Nacht dagegen nutzt es den Batteriestrom und verliert mit der Zeit an Höhe, bis am Morgen die Sonnenstrahlen erneut für Energie sorgen.
Hersteller: Solar Impulse S.A., Werk Dübendorf bei Zürich, Lausanne, Schweiz.

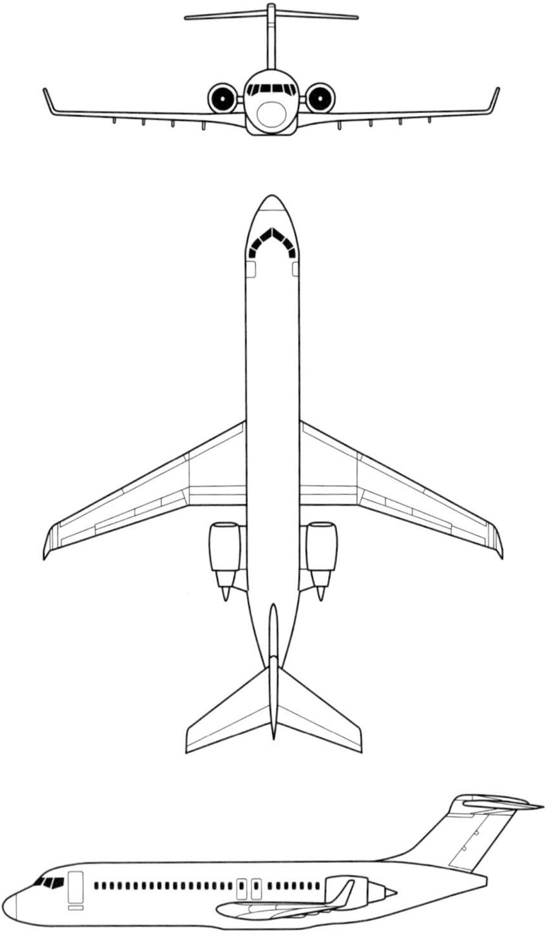

Abmessungen:
Spannweite 27,28 m
Länge (ARJ21-700 bzw. 900) 33,46 bzw. 36,36 m
Höhe 8,44 m
Flügelfläche 79,86 m²

ACAC ARJ 21

Ursprungsland: Volksrepublik China.
Kategorie: Kurz- und Mittelstrecken-Verkehrsflugzeug.
Triebwerke: Zwei Mantelstromtriebwerke General Electric CF34-10A von je (ARJ21-700/900) 6954 kp (68,20 kN) bzw. 7737 kp (75,88 kN) Standschub.
Leistungen (nach Angaben des Herstellers): Max. Reisegeschwindigkeit Mach 0,82; Dienstgipfelhöhe 11900 m; Reichweite (ARJ21-700STD/900STD) 2225 km, (ARJ-21-700ER/900ER) 3750/3334 km.
Gewichte: Leergewicht (ARJ21-900STD bzw. ER) 26270 bzw. 26770 kg; max. Startgewicht (ARJ21-900STD/ER) 43616 bzw. 47182 kg.
Zuladung: Zwei Mann Cockpitbesatzung und ARJ21-700 zwischen 70 und 80 bzw. ARJ21-900 zwischen 90 und 100 Passagiere in einer klassischen Kabinenaufteilung mit vier bzw. fünf Sitzen pro Reihe. Max. Nutzlast 11246 kg.
Entwicklungsstand: Der erste Prototyp startete am 28. November 2008 zum Erstflug, gefolgt vom zweiten am 1. Juli 2009. Die ersten Jets sollen Ende 2010 ausgeliefert werden können. Nach unbestätigten Angaben sollen allein durch chinesische Luftfahrtgesellschaften bereits rund 180 Bestellungen und weitere Optionen der Version ARJ21-700 eingegangen sein.
Bemerkungen: Beim 2002 gestarteten Entwicklungsprogramm ARJ21 Advanced Regional Jet handelt es sich um das erste düsengetriebene Regionalflugzeug, welches vollständig in der Volksrepublik China entwickelt und dort gebaut wird. Von der Kategorie her ist dieses Muster mit der EMBRAER-Reihe 170 bis 195 (siehe Seiten 144 bis 147) und der Suchoj Superjet 100 (siehe Seiten 296/297) vergleichbar. Zwei Passagiervarianten bietet ACAC an: Die Basisausführung ARJ21-700 sowie die verlängerte ARJ21-900. Beide gibt es als Normalvariante STD und für längere Strecken als ER. Später soll eine auf dem Rumpf der ARJ21-700 basierende Frachtversion ARJ21F hinzukommen, die fünf sog. LD7-Container aufnehmen kann. Gedacht wird auch an eine Businessjet-Version mit 20 Sitzplätzen.
Hersteller: ACAC Konsortium bestehend aus Chengdu Aircraft Industry Group, Shanghai Aircraft Company und Shenyang Aircraft Corporation, Volksrepublik China.

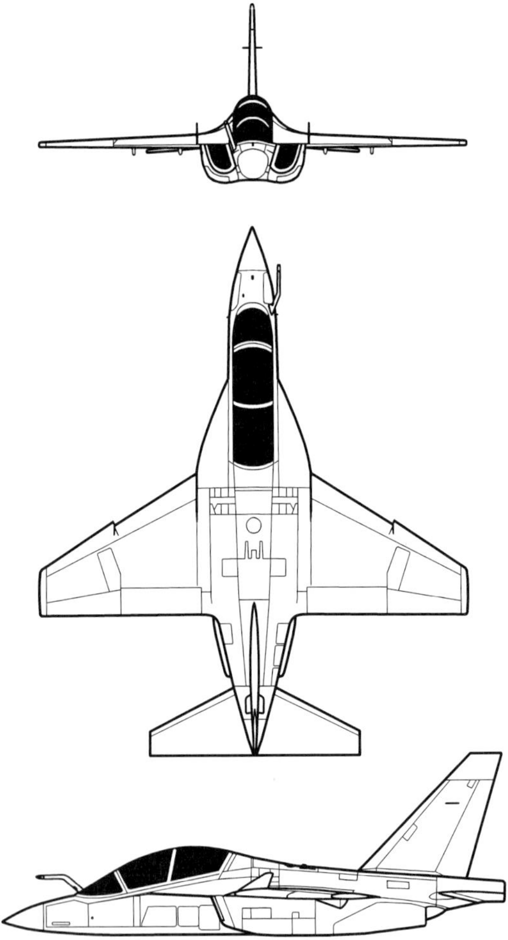

Abmessungen:
Spannweite 9,72 m
Länge 11,49 m
Höhe 4,76 m
Flügelfläche 23,52 m²

AERMACCHI M-346 MASTER

Ursprungsland: Italien.
Kategorie: Fortgeschrittenentrainer.
Triebwerke: Zwei Mantelstromtriebwerke Honeywell F124-GA-200 von je 2850 kp (27,95 kN) Standschub.
Leistungen (Prototypen): Höchstgeschwindigkeit 1092 km/h (Mach 0,96) auf 1520 m; Anfangssteiggeschwindigkeit 106 m/Sek; Dienstgipfelhöhe 13700 m; Reichweite mit max. internem Kraftstoff 1770 km, mit zwei externen Zusatztanks und 10 % Reserven 2410 km.
Gewichte: Leergewicht (Prototypen) 4610 kg, (Serienmaschinen 3910 kg); Startgewicht für Trainingseinsätze 6700 kg, mit voller Bewaffnung 9500 kg.
Bewaffnung: Die M-346 kann eine Waffenlast von bis zu 3000 kg mitführen.
Entwicklungsstand: Das erste von drei Erprobungsmustern startete am 15. Juli 2004 zum Erstflug. Der zweite Prototyp folgte am 17. Mai 2005, das erste Serienmuster am 7. Juli 2008. Als Erstbesteller beschafft die italienische Luftwaffe 14 Maschinen, die ab 2010 geliefert werden. Die UAE bestellten 48 Exemplare.
Bemerkungen: Die M-346 Master ist eine Ableitung des russisch-italienischen Gemeinschaftsprojekts Yak/AEM-130. Obwohl äußerlich diesem Muster ähnlich, handelt es sich weitgehend um eine Neukonstruktion mit etwas geringeren Abmessungen. Die Struktur besteht überwiegend aus Leichtaluminium, Teile der Flügel sowie Höhen- und Seitenleitwerk sind aus Verbundwerkstoffen. Eine wesentliche Neuerung stellt die von Teleavio/Marconi gelieferte, je nach Einsatz verschieden programmierbare Flugsteuerung dar. Diese kann von manuell bis zur Fly-By-wire-Konfiguration eingestellt werden. Dadurch lässt sich ein optimaler Trainingseffekt erzielen. Die doppelt redundante Avionik-Struktur basiert auf einem MIL-STD-1553B-Databus und umfasst u.a. TACAN, IFF, IN/GPS usw. Dank dieser Vorzügen ist die M-346 eines der zur Zeit weltweit fortschrittlichsten Trainingssysteme für angehende Kampfflieger. Die Serienflugzeuge werden dank Überarbeitung der Struktur und Verwendung von mehr Verbundwerkstoffen rund 700 kg leichter sein.
Hersteller: Aermacchi SpA, Varese-Venegono, Italien.

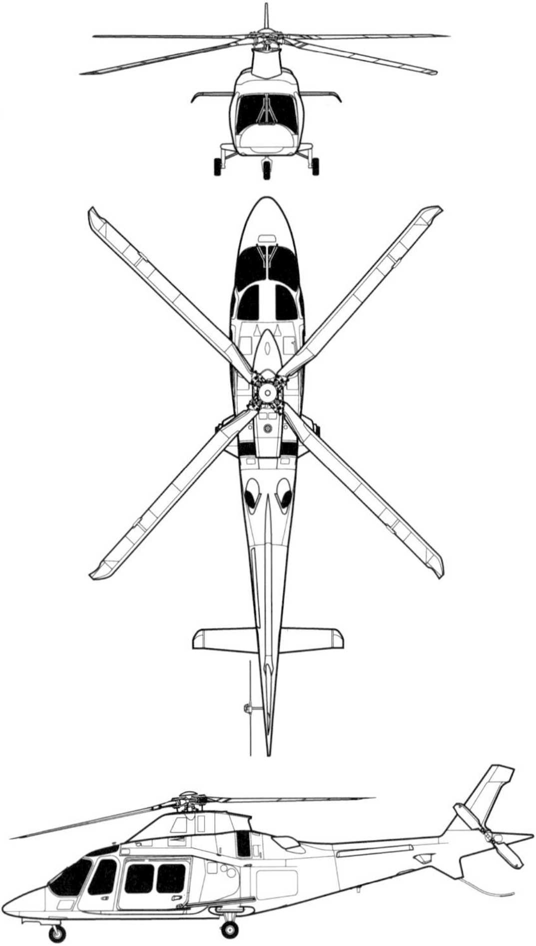

Abmessungen (Grand):
Rotordurchmesser 10,83 m
Rumpflänge 11,65 m
Höhe über Rotor 3,08 m, über Heck 3,44 m.

AGUSTA WESTLAND AW109 GRAND/AW109N Nexus

Ursprungsland: Italien.
Kategorie: Leichter Mehrzweckhubschrauber.
Triebwerke: Zwei Gasturbinen Pratt & Whitney Canada PW207C von je 735 WPS (548 kW) Leistung.
Leistungen (Grand): Höchstgeschwindigkeit 311 km/h; max. Reisegeschwindigkeit 287 km/h auf Meereshöhe; max. Schrägsteiggeschwindigkeit 9,30 m/Sek; Dienstgipfelhöhe 4940 m; Schwebehöhe mit Bodeneffekt 4750 m, ohne Bodeneffekt 3050 m; Reichweite 890 km; max. Flugdauer 4 Std. 28 Min.
Gewichte (Grand): Leer 1660 kg; max. Startgewicht 3175 kg mit interner Nutzlast bzw. 3200 kg mit externer Nutzlast.
Zuladung: Ein Pilot und sieben Passagiere. Als Ambulanzhubschrauber zwei liegende Patienten und zwei Helfer. Max. Nutzlast (Power) 1130 kg.
Entwicklungsstand: Die neueste Version Grand fliegt seit Anfang 2005. Erste Auslieferungen erfolgten noch im gleichen Jahr. Rund 250 sind bestellt und mehr als 100 davon abgeliefert. Elf Grands bestellte die schweizerische REGA für Bergrettungseinsätze. Die verschiedenen Ausführungen Grand, Power und Nexus erfreuen sich weiterhin einer großen Nachfrage. Bisher sind über 500 Einheiten bestellt worden; neuester Großauftrag: Algerien 30 A109 LUH.
Bemerkungen: Das aktuelle Top-Modell der AW109-Reihe »Grand« ist gegenüber der früheren Version Power (siehe Ausgabe 2005) um rund 20 cm gestreckt und bietet einen auf 2,30 m verlängerten Innenraum. Zum erleichterten Einstieg wurden auch die zwei Schiebetüren vergrößert. Damit ist die Grand besonders für Ambulanzeinsätze geeignet. Den Antrieb übernehmen leistungsstärkere PW207C-Triebwerke. Der Heckrotor besteht nun aus Verbundwerkstoff. Power wie Grand weisen einen Hauptrotorkopf mit Titannabe und Elastomerlagern auf, welcher wesentlich wartungsfreundlicher ist. Die Triebwerke sind mit einem elektronischen Triebwerkmanagement FADEC versehen. Das Fahrwerk ist einziehbar. Dank eines 1553 MIL-STD-Databusses kann eine Vielzahl von (Zusatz)-Systemen kompatibel gemacht werden. Ganz neu ist die Version AW109N Nexus, welche das Rotorsystem der Grand, die Kabine der AW109E sowie die Rumpfnase der AW109LUH übernimmt. Sie wird hauptsächlich für die diversen italienischen Teilstreitkräfte und Polizeiabteilungen beschafft. Bisher sind 28 Nexus bestellt.
Hersteller: AgustaWestland Ltd., Werk Vergiate, Italien.

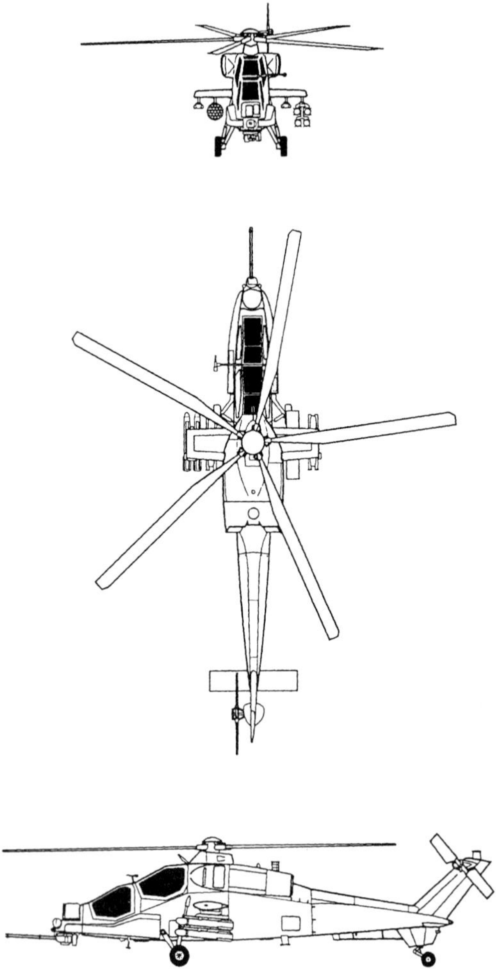

Abmessungen:
Rotordurchmesser 11,90 m
Rumpflänge 12,62 m
Höhe inkl. Rotorkopf 3,35 m

AGUSTA WESTLAND AW129 ATAK

Ursprungsland: Italien (Türkei).
Kategorie: Zweisitziger Kampf- und Beobachtungshubschrauber.
Triebwerke: Zwei Gasturbinen LHTEC T800-2 von je 1300 WPS (970 kW) Leistung.
Leistungen: Normale Einsatzgeschwindigkeit 269 km/h; max. Steiggeschwindigkeit 13,97 m/Sek; Dienstgipfelhöhe 6096 m; Schwebehöhe ohne Bodeneffekt 3048 m; max. Reichweite 560 km; Flugdauer 3 Std.
Gewichte: Leergewicht 2529 kg; max. Startgewicht 4600 kg.
Bewaffnung: Eine 20-mm-Kanone mit 300 Schuss in einem Drehturm unter der Bugspitze und acht Panzerabwehrlenkwaffen TOW oder Hellfire plus Raketenwerfer für ungelenkte 70-mm-Raketen, Stinger-Flablenkwaffen usw. verteilt auf vier Aufhängepunkte mit einer Tragkraft von je 300 kg.
Entwicklungsstand: Die neueste Ausführung A129 ATAK folgt erstmals am 28. September 2009. 51 Maschinen (+ 41 Optionen) bestellte die türkische Armee. Diese werden in der Türkei in Lizenz hergestellt und ab 2011 abgeliefert. Von den Ursprungsausführungen A129 und A129 CBT erhielt die italienische Armee bis 2008 45 bzw. 15 Maschinen.
Bemerkungen: Wie die A129 CBT verfügt auch die AW129 ATAK über einen Fünfblattrotor mit modifiziertem Rotorkopf und verstärkter Transmission sowie über einen zweiblättrigen Heckrotor, beide aus Verbundwerkstoffen. Zudem wurde der Rumpf punktuell verfestigt. Wesentliche Elemente der Elektronik sind neu und zu weiten Teilen türkischen Ursprungs, so u.a. der Missions-Computer, das Navigationssystem und die gesamte Kampf-Elektronik. Ergänzt werden diese Systeme durch ein GPS, verbesserte Kommunikationsgeräte und ein neues Abwehrsystem. Das Cockpit erhält neue Multifunktionsanzeigen, verbunden mit einem am Helm des Piloten montieren Display für die wichtigsten Parameter.
Hersteller: AgustaWestland Ltd., Werk Vergiate, Italien bzw. Turkish Aerospace Corporation, Kazan-Ankara, Türkei.

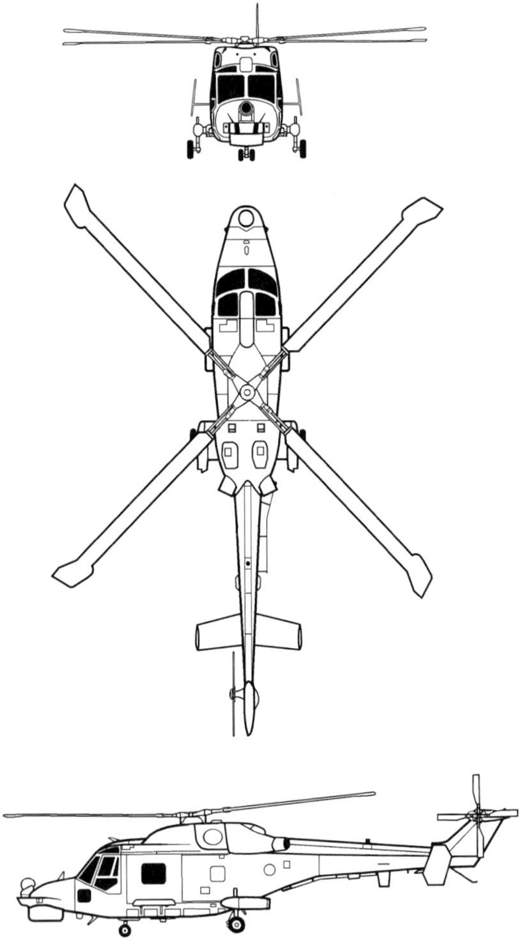

Abmessungen:
Rotordurchmesser 12,80 m
Rumpflänge 13,33 m
Höhe inkl. Rotorkopf 3,67 m

AGUSTA WESTLAND AW 159 WILDCAT

Ursprungsland: Großbritannien.
Kategorie: Militärischer Mehrzweckhubschrauber für Armee- (Battlefield Lynx) und Marineeinsätze (Super Lynx).
Triebwerke: Zwei Gasturbinen Honeywell LHTEC CTS800-4N von je 1620 WPS (1207 kW) Leistung.
Leistungen: Max. Reisegeschwindigkeit 245 km/h auf Meereshöhe; normale Reisegeschwindigkeit 230 km/h; Schrägsteiggeschwindigkeit 10 m/Sek; Schwebehöhe mit Bodeneffekt 2103 m, ohne Bodeneffekt 1448 m; Reichweite bei taktischem Einsatz 685 km, max. 1000 km; max. Flugdauer mit Zusatztanks 5 Std. 15 Min.
Gewichte: Rüstgewicht 3943 kg; max. Startgewicht 5800 kg.
Zuladung: Ein bis zwei Piloten und je nach Einsatzzweck bis zu 12 Personen. Als Rettungshubschrauber drei bis acht Patienten samt Sanitäter; Rettungswinde von 272 kg Tragkraft.
Bewaffnung: Als Panzerabwehrhubschrauber an bis zu acht Aufhängepunkten TOW-, HOT- oder Hellfire-Lenkwaffen; als Schiffsabwehr-Hubschrauber bis zu vier Lenkwaffen Sea Skua, AS12TT oder zwei Penguin.
Entwicklungsstand: Das erste Muster absolvierte den Erstflug am 28. November 2009, die Ablieferungen beginnen erst 2014. Die Royal Army beschafft 40 Future Lynx, die Royal Navy 30 (+ fünf Optionen) Super Lynx; eventuell wird aus Budgetgründen der Auftrag aber gekürzt. Von allen Ausführungen wurden bisher über 430 Einheiten an 16 Luftwaffen bzw. Marinen geliefert.
Bemerkungen: Die 2005 angekündigten Ausführungen Future bzw. Super Lynx, neu als AW 159 Wildcat bezeichnet, werden mit CTS800-Triebwerken ausgestattet. Die Landversion erhält verbesserte Navigations- und Kommunikationssysteme sowie u.a. ein Laser-Zieldarstellungsgerät und wird besser geeignet sein, die Unterstützungsfunktion für die englischen AH-64D (siehe Seiten 80/81) zu erfüllen. Die Marineversion weist ein 360°-Seaspray-Radar im Rumpfbug auf und ist zusätzlich mit Night-Vision-Goggles (NVG), Glascockpit, digitaler Avionik und doppelt redundantem Databus MIL-STD-1553D ausgerüstet. Zwölf frühere Lynx AH9 der Royal Army werden derzeit mit dem Triebwerk der Wildcat ausgerüstet und neu als AH9A bezeichnet. Sie weisen deutlich bessere Flugleistungen besonders in heißen Gebieten auf.
Hersteller: AgustaWestland Ltd., Werk Yeovil, Somerset, GB.

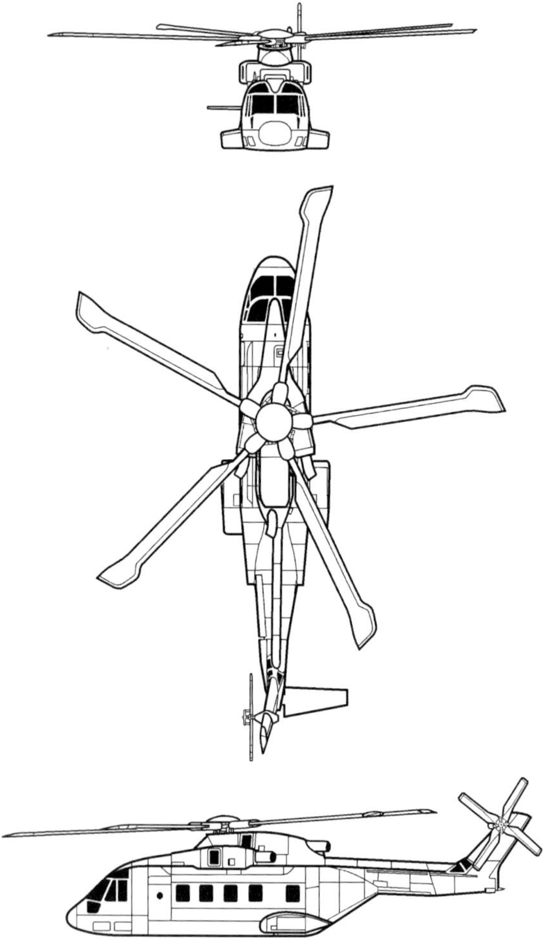

Abmessungen:
Rotordurchmesser 18,59 m
Rumpflänge 19,51 m
Höhe inkl. Rotorkopf 5,21 m

AGUSTA WESTLAND AW101

Ursprungsland: Großbritannien und Italien.
Kategorie: Militärischer und ziviler Mehrzweck- und Transporthubschrauber.
Triebwerke: Drei Gasturbinen (RN) Rolls-Royce-Turboméca RTM 322 von je 2241 WPS (1671 kW) oder (italienische Marine) General Electric CT7-6A1 von je 2040 WPS (1521 kW) Leistung.
Leistungen (CT7-6): Max. Fluggeschwindigkeit 308 km/h; ökonom. Reisegeschwindigkeit 267 km/h; Schwebehöhe mit Bodeneffekt 2745 m, ohne Bodeneffekt 1675 m; max. Flughöhe 4600 m; Reichweite mit 30 Passagieren 926 km; Überführungsreichweite mit Zusatztanks 1760 km.
Gewichte: Rüstgewichte ASW-Ausführung 9275 kg, Mehrzweckversion 9000 kg, Zivilausführung 8993 kg; max. Startgewicht ASW-Ausführung 13530 kg, übrige 14288 kg.
Zuladung: Zwei Piloten und 30 Passagiere; max. Nutzlast 6700 kg.
Bewaffnung (HM Mk.1): Vier Leichtgewichttorpedos Stingray oder Antischiffslenkwaffen der Exocet-Harpoon-Klasse.
Entwicklungsstand: Die erste Entwicklungsmaschine flog erstmals am 9. Oktober 1987. Bisher sind über 200 Bestellungen (davon rund 150 abgeliefert) für die verschiedenen Ausführungen eingegangen: Algerien: Luftwaffe neu 42, Marine 6, Dänemark 18, Großbritannien 72, Italien 24, Kanada 15, Portugal 12 (+ 2 Optionen), Polizei von Tokyo 1, japanische Marine 14. Dagegen wurde der Auftrag für 23 als VH-71A bezeichnete Hubschrauber für den US Presidential Service 2009 storniert. Indien plant die Beschaffung von 12 Einheiten.
Bemerkungen: Die AW101 wird in verschiedenen Ausführungen gebaut: ASW (U-Boot-Jäger), Minensucher, SAR/Rettungsaufgaben, taktischer Transporter, AEW sowie Zivilversion. Die Merlins der Royal Navy werden bereits einer intensiven Modernisierung unterzogen, welche u.a. ein Fly-By-Wire-System, neue Avionik- und Kommunikationssysteme umfasst. Ein neuer Hauptrotor wird bei allen englischen AW101 eingebaut. Dadurch erhöht sich die Nutzlast um 650 kg und erlaubt eine höhere Geschwindigkeit.
Hersteller: AgustaWestland Ltd., London, Werk Yeovil, GB.

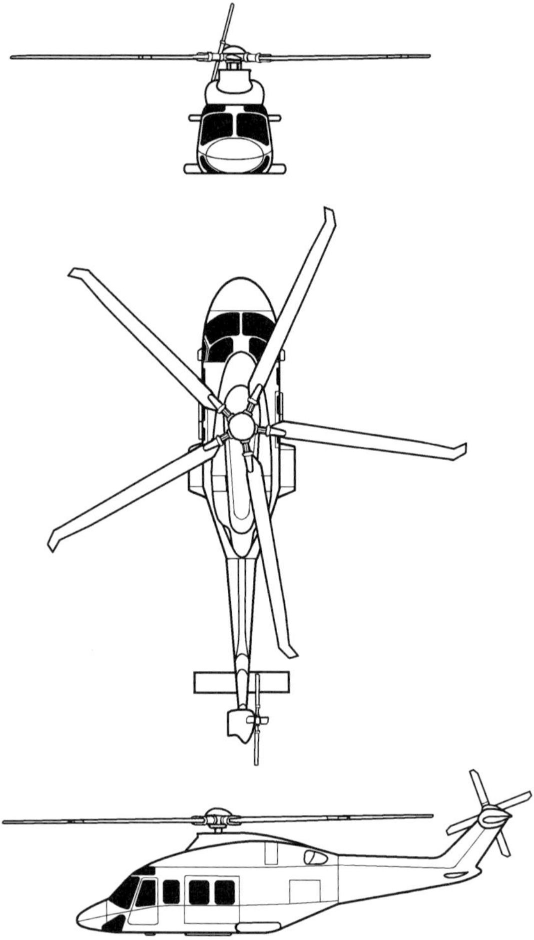

Abmessungen:
Rotordurchmesser 13,80 m
Rumpflänge bei drehendem Rotor 16,65 m, ohne Rotor 13,53 m
Höhe über Heckleitwerk 4,95 m

AGUSTA WESTLAND BELL AW139/AW149

Ursprungsland: Italien und USA.
Kategorie: Mittelschwerer Mehrzweckhubschrauber.
Triebwerke: Zwei Gasturbinen Pratt & Whitney Canada PT6C-67C von je 1679 WPS (1250 kW) Leistung.
Leistungen: Höchstgeschwindigkeit 310 km/h; max. Reisegeschwindigkeit 306 km/h; Schrägsteiggeschwindigkeit 10 m/Sek; Schwebehöhe mit Bodeneffekt 3600 m, ohne Bodeneffekt 2920 m; Dienstgipfelhöhe 5914 m; max. Flugdauer 5,12 Std; Reichweite mit 10 Passagieren 650, max. 1061 km.
Gewichte: Rüstgewicht je nach Ausführung 3800 kg, max. Startgewicht 6800 kg.
Zuladung: Ein bis zwei Piloten und zwischen 12 und 15 Passagiere oder für Rettungseinsätze sechs liegende Verletzte und vier Sanitäter; max. Nutzlast intern 2500 kg, extern 2778 kg.
Entwicklungsstand: Der Prototyp nahm am 3. Februar 2001 die Flugerprobung auf, gefolgt vom ersten Serienmuster am 24. Juni 2002. Ende 2003 wurden die ersten Maschinen ausgeliefert. Der Auftragsbestand belief sich Ende 2009 auf rund 450 Einheiten (rund 160 davon gebaut). Einige der neuesten Besteller: Zivilschutz Algeriens (5), niederländische Polizei (2), pakistanische Luftwaffe (5), zypriotische Streitkräfte (3). Angesichts der großen Nachfrage wird die AW139 neu sowohl in den USA als auch in Russland in Lizenz hergestellt.
Bemerkungen: Die AW139 ist ein Gemeinschaftsprojekt von Agusta (75%) und Bell (25%), wobei die erstgenannte Firma den Lead beim Vorhaben innehat. An der Herstellung sind u.a. auch GKN Westland (Heck), PZL Swidnik (Rumpfkomponenten), Honeywell (Primus Epic Avionik) beteiligt. Die Haupteinsatzgebiete der AW139 sind: Transport von Geschäfts-/VIP-Personen, Überwachungsaufgaben, EMS-Transporte und Versorgung von Ölbohrplattformen. Die AW139 zeichnet sich durch eine für ihre Klasse sehr voluminöse Kabine aus. Die elektronische Ausrüstung entspricht dem heutigen Standard. Alle ab 2009 gebauten Modelle weisen ein auf 6800 kg erhöhtes max. Startgewicht auf. Die Weiterentwicklung AW149 für Militäreinsätze flog erstmals am 13. November 2009. Sie weist u.a. eine verstärkte Zelle und die Möglichkeit auf, Waffen an seitlichen Auslegern mitzuführen.
Hersteller: AgustaWestland Ltd., Werk Vergiate, Italien und Bell Helicopter Textron, USA.

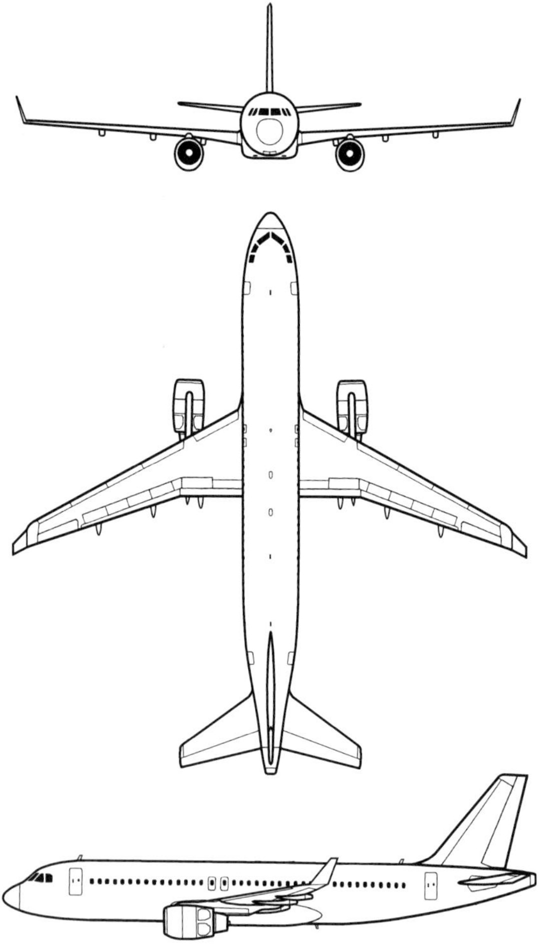

Abmessungen:
Spannweite 34,10 m
Länge (A320) 37,57 m, (A319) 33,84 m
Höhe 11,76 m
Flügelfläche (A320) 122,40 m^2

AIRBUS A320-200 »ENHANCED«/A320F

Ursprungsland: Europäisches Konsortium.
Kategorie: Kurz- und Mittelstrecken-Verkehrsflugzeug.
Triebwerke: Zwei Mantelstromtriebwerke CFM International CFM56-5B4 bzw. IAE V2500-A1 von je 12020 kp (117,90 kN) Standschub.
Leistungen: Max. Reisegeschwindigkeit Mach 0,82, ökonom. Reisegeschwindigkeit 845 km/h; Dienstgipfelhöhe 11890 m; Reichweite mit max. Passagierzahl inkl. Reserven 5030 km.
Gewichte: Rüstgewicht 41800 kg; max. Startgewicht 77020 kg.
Zuladung: Zwei Mann Cockpitbesatzung und Mehrklassenbestuhlung für normalerweise 150 Passagiere. Einheitsklassen-Innenausstattung für max. 179 Passagiere; max. Nutzlast 21600 kg.
Entwicklungsstand: Der Prototyp der A320 nahm am 22. Februar 1987 die Flugerprobung auf; erste Auslieferungen im März 1988. Die »Enhanced« folgte 2008. Von den Modellen A318/319/320/321 waren bis Dezember 2009 zusammen 6528 bestellt, darunter 4142 A320, 754 A321 und 1549 A319, 4125 aller Varianten abgeliefert. Ab 2009 reduzierte Airbus die monatliche Produktionsrate auf 32 Einheiten. 2008 wurde bei Tianjin Zhongtian in der VR China eine weitere Produktionsstraße errichtet.
Bemerkungen: Die A320 wird einer Verjüngungskur unterzogen. Mit Ausnahme der Winglets an den Flügelenden sind die meisten Modifikationen kaum sichtbar. Zur weiteren Verbesserung der Aerodynamik und Verringerung des Luftwiderstandes gestaltet Airbus den Flügel-Rumpf-Übergang sowie die Entlüftungsventile neu. Ebenfalls optimiert wird die Triebwerksaufhängung. Alle diese Maßnahmen sollen zu einer Reduktion der direkten Betriebskosten beitragen. Schließlich erfährt auch die Passagierkabine eine Überarbeitung mit beispielsweise größeren Gepäckfächern. Derzeit wird eine A320 mit dem V2500 »SelectOne«-Triebwerk getestet, welches weitere Reduktionen des Treibstoffverbrauchs und der Abgaswerte verspricht. Aus heutigen Passagierflugzeugen werden neu Frachter A320F mit einem Frachttor links hinter den Flügeln umgebaut. 30 Einheiten sind bereits bestellt, welche ab 2012 zu liefern sind.
Hersteller: Airbus Industrie, Blagnac, Frankreich, Werke (A320) Toulouse-Blagnac, (A321/A319) Hamburg-Finkenwerder, Deutschland, Teil der EADS (European Aeronautic Defence and Space Company).

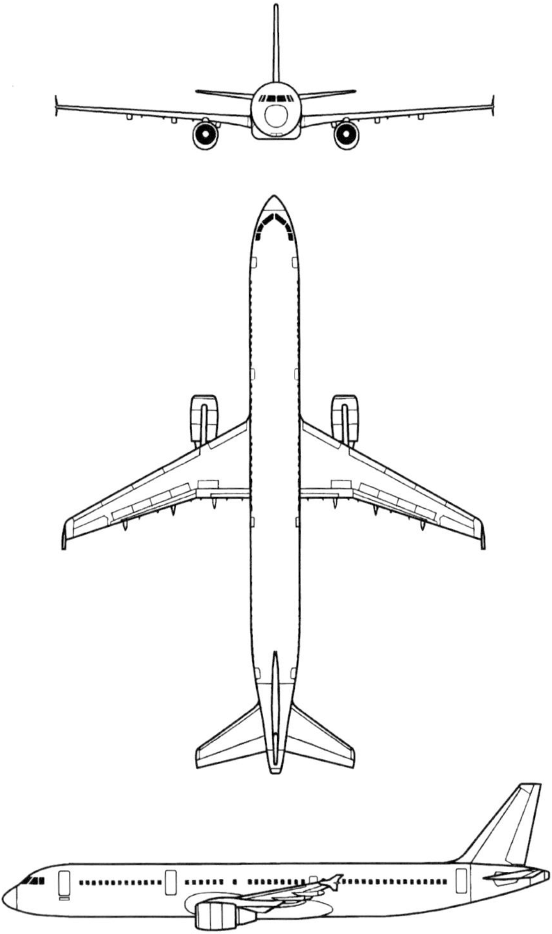

Abmessungen:
Spannweite 34,09 m
Länge 44,50 m
Höhe 11,80 m
Flügelfläche 126,00 m²

AIRBUS A321

Ursprungsland: Europäisches Konsortium.
Kategorie: Kurz- und Mittelstrecken-Verkehrsflugzeug.
Triebwerke: Zwei Mantelstromtriebwerke CFM International CFM56-5B1 von je 13607 kp (133,4 kN) bzw. -5B2 von je 14060 kp (138 kN) oder zwei IAE V2530-A5 von je 14060 kp (138 kN) Standschub.
Leistungen: Max. Reisegeschwindigkeit 903 km/h auf 8535 m; ökonom. Reisegeschwindigkeit 828 km/h; Dienstgipfelhöhe 11890 m; Reichweite mit max. Passagierzahl inkl. Reserven 4350 km.
Gewichte: Rüstgewicht 47500 kg; max. Startgewicht 83000 kg.
Zuladung: Zwei Mann Cockpitbesatzung und Mehrklassenbestuhlung für normalerweise 170 Passagiere. Einheitsklassen-Innenausstattung für max. 220 Passagiere; max. Nutzlast 21600 kg.
Entwicklungsstand: Der Prototyp der A321 nahm am 11. März 1993 die Flugerprobung auf; erste Auslieferungen im Januar 1994. Bis Ende 2009 sind 754 A321 bestellt und 575 davon ausgeliefert worden.
Bemerkungen: Der Rumpf der A321 wurde um je ein Einsatzelement von 4,27 m vor und einem von 2,67 m hinter dem Flügel verlängert und fasst dadurch zusätzliche 36 Passagiere in Sechserreihen. Außer einem wegen des höheren Abfluggewichts verstärkten Fahrwerk und leistungsfähigeren Triebwerken sind die Änderungen gegenüber dem Grundmuster A320 bewusst auf ein Minimum beschränkt. Unter der Bezeichnung A321-200 fliegt seit 12. Dezember 1996 eine schwere Ausführung, welche dank leistungsfähigeren Triebwerken und auf 93000 kg erhöhtem Abfluggewicht und größerer Treibstoffzuladung Reichweiten bis zu 5600 km zulässt.
Hersteller: Airbus Industrie, Blagnac, Frankreich, Werk Hamburg-Finkenwerder, Deutschland, Teil der EADS (European Aeronautic Defence and Space Company).

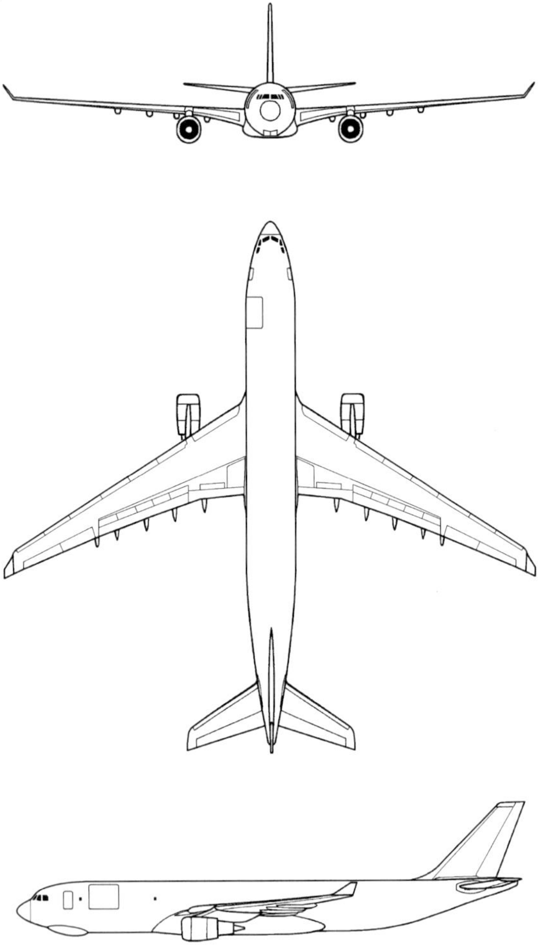

Abmessungen:
Spannweite inkl. Winglets 60,30 m
Länge 58,98 m
Höhe 17,89 m
Flügelfläche 363,10 m^2

AIRBUS A330-200F

Ursprungsland: Europäisches Konsortium.
Kategorie: Ziviler Frachter.
Triebwerke: Zwei Mantelstromtriebwerke Rolls-Royce Trent 772, General Electric CF6-80E1 oder Pratt & Whitney PW4168 von zwischen 29600 und 31000 kp (302 und 316 kN) Standschub.
Leistungen: Max. Reisegeschwindigkeit 900 km/h; ökonom. Reisegeschwindigkeit 880 km/h; Dienstgipfelhöhe 12000 m; Reichweite als Frachter mit Nutzlasten von 62000 kg bzw. 50000 kg 7780 /9815 km, max. Reichweite 13520 km.
Gewichte: Rüstgewicht 119500 kg; max. Startgewicht 230000 kg.
Zuladung: Zwei Mann Cockpitbesatzung und eine maximale Nutzlast als Frachter von 62000 kg.
Entwicklungsstand: Die völlig neu entwickelte Frachtausführung A330-200F flog erstmals am 5. November 2009. Die Indienststellung ist für August 2010 vorgesehen. 64 Einheiten sind bisher bestellt, darunter von Aircastle, Alis Aerolinie, Etihad, Guggenheim, Icelandair Cargo. Die Ursprungsausführung 330-200 (siehe Ausgabe 2006) flog erstmals am 13. August 1997. Von der A330-Reihe lagen Ende 2009 Aufträge für 1057 Maschinen vor, darunter 567 A330-200 und 426 A330-300. Rund 660 Maschinen hat Airbus bis Ende 2009 ausgeliefert.
Bemerkungen: Als vorläufig letzte Version baut Airbus auch einen reinen zivilen Frachter. Dieser verfügt über ein Frachttor am Rumpf links vor den Flügeln und über einen verstärkten Kabinenboden. Von der Passagierausführung unterscheidet sie sich zudem durch neue Fahrwerksabdeckungen. Derzeit prüft Airbus, auch von der längeren A330-300 eine Frachtausführung abzuleiten. Dabei kommen sowohl Umbauten von bestehenden A330-300 wie auch Neubauten in Frage. Ab 2010 ist von der Passagierversion A330-200 eine Weiterentwicklung mit auf 238000 kg erhöhtem Abfluggewicht erhältlich, welche Reichweiten von bis zu 12650 km ermöglicht.
Hersteller: Airbus Industrie, Blagnac, Frankreich, Werk Toulouse, Teil der EADS (European Aeronautic Defence and Space Company).

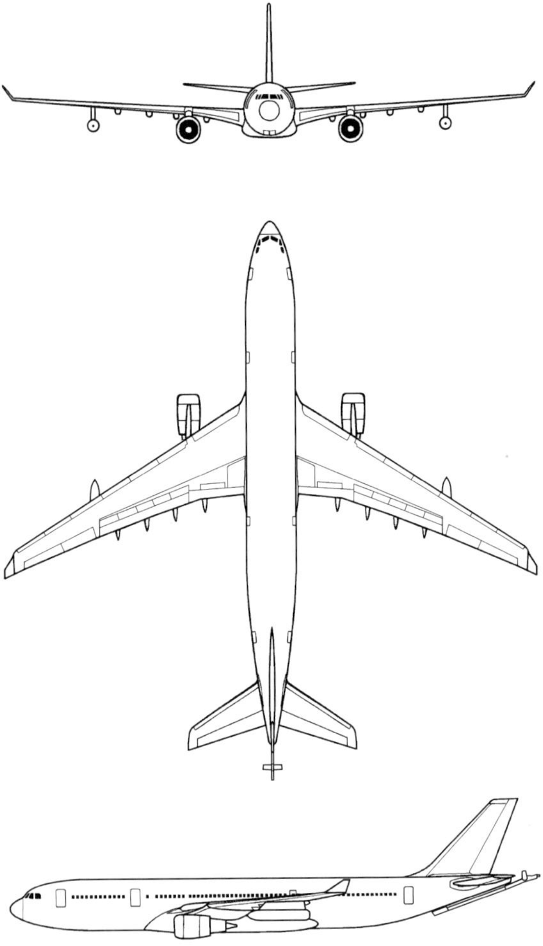

Abmessungen:
Spannweite inkl. Winglets 60,30 m
Länge ohne Luftbetankungsausleger 58,98 m
Höhe 17,89 m
Flügelfläche 363,10 m²

AIRBUS A330-200/KC-30A MRTT

Ursprungsland: Europäisches Konsortium.
Kategorie: Militärischer Transporter, Tanker und Frachter.
Triebwerke: Zwei Mantelstromtriebwerke Rolls-Royce Trent 772, General Electric CF6-80E1 oder Pratt & Whitney PW4168 von zwischen 29600 und 31000 kp (302 und 316 kN) Standschub.
Leistungen: Max. Reisegeschwindigkeit 900 km/h; ökonom. Reisegeschwindigkeit 880 km/h; Dienstgipfelhöhe 12000 m; Reichweite als Frachter mit Nutzlasten von 62000 kg bzw. 50000 kg 7780 /9815 km, max. Reichweite 13520 km; als Tanker Aktionsradius von 2590 km mit 40000 kg.
Gewichte: Rüstgewicht 120000 kg; max. Startgewicht 230000 kg.
Zuladung: Zwei Mann Cockpitbesatzung und auf dem Hauptdeck 380 Soldaten oder 26 Paletten für Fracht; max. Nutzlast als Frachter 62000 kg, als Tanker eine Zuladung von 140000 kg.
Entwicklungsstand: Die erste für militärische Einsätze vorgesehene A330-200 MRTT begann die Flugerprobung am 24. Juni 2006. Aktueller Auftragsbestand: Australien (5), Großbritannien (14), Saudi Arabien (neu 6), UAE (3). Sistiert wurde dagegen mindestens vorläufig die Beschaffung einer MRTT-Ausführung für die USAF.
Bemerkungen: Airbus entwickelte aus der A330-Familie eine militärische Variante MRTT als Luftbetanker, die bis zu 140000 l Treibstoff mitführen kann. Die Tanks befinden sich in den Flügeln sowie im Frachtraum. So bleibt das Hauptdeck frei für Passagiere und Fracht. Die Treibstoffabgabe erfolgt entweder über zwei Stationen unter den Flügeln oder mittels einem Ausleger am Heck, der auf zwischen 11,6 und 17,8 m ausgefahren werden kann. Die Bedienung erfolgt an einer Konsole im Cockpitbereich.
Hersteller: Airbus Industrie, Blagnac, Frankreich, Werk Toulouse, Teil der EADS (European Aeronautic Defence and Space Company).

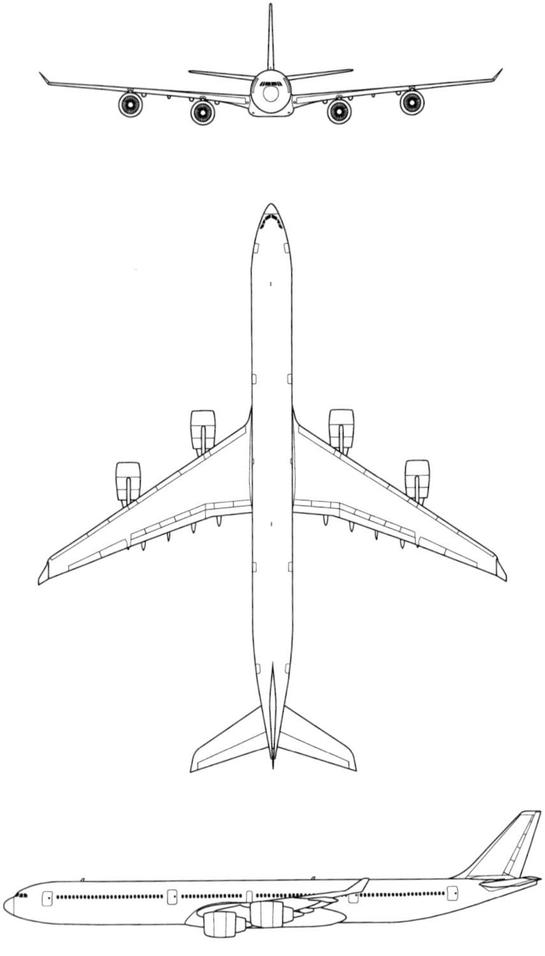

Abmessungen:
Spannweite inkl. Winglets 63,45 m
Länge (-600) 75,30 m, (-500) 67,90 m
Höhe 17,29 m
Flügelfläche 439,40 m²

AIRBUS A340-600/-500

Ursprungsland: Europäisches Konsortium.
Kategorie: Langstrecken-Verkehrsflugzeug.
Triebwerke: Vier Mantelstromtriebwerke Rolls-Royce (-600) Trent 556 von je 25400 kp (249 kN) oder (-500) Trent 553 von je 24050 kp (236 kN) Standschub.
Leistungen: Max. Reisegeschwindigkeit 910 km/h (Mach 0,86); ökonom. Reisegeschwindigkeit 890 km/h (Mach 0,83); Dienstgipfelhöhe 12500 m; Reichweite (-600/-500) mit normaler Passagierzahl 14140/16020 km bzw. A340-600HGW 14600 km.
Gewichte (-600/-500): Leergewicht 177000/170400 kg; max. Startgewicht 368000 kg, als Option 376000/380000 kg.
Zuladung: Zwei Mann Cockpitbesatzung und in einer Dreiklassenbestuhlung (-600/-500) 12 Erstklasse-, 54/42 Businessklasse- und 314/259 Touristenklassepassagiere, insgesamt also 380 bzw. 313 Passagiere; bei Einklassenbestuhlung in Neunerreihen 485/440, max. Nutzlast (-600) 67200 kg, (-500) 54100 kg.
Entwicklungsstand: Als aktuellste Ausführung hat die A340-600 ab 23. April 2001 die Flugerprobung aufgenommen, gefolgt von der ersten A340-500 am 11. Februar 2002 und der A340-600HGW am 18. November 2005. Die Auslieferung der -600 begann Mitte 2002, die -500 folgte Anfang 2003. Von beiden Ausführungen waren bis Ende 2009 132 Maschinen von 15 Gesellschaften bestellt (35 -500, 97 -600, darunter eine als VIP-Ausführung) und deren 125 abgeliefert.
Bemerkungen: Mit den Ausführungen A340-600 (siehe Dreiseitenriss und Foto) bzw. -500 erfuhr die A340-Familie eine wesentliche Weiterentwicklung. Die -500 setzt, bei nur wenig größerer Rumpflänge als die A340-300, auf große Reichweitenleistungen. Beide Modelle sind mit einem neuen Flügel sowie wesentlich leistungsfähigeren Triebwerken ausgestattet. Das Höhenleitwerk ist neu komplett aus Kohlefaser gefertigt. Im übrigen sind weite Teile von Struktur und Systemen mit der A330 identisch. Eine Ausführung der -600HGW mit auf 376000 kg erhöhtem Startgewicht ist seit 2006 erhältlich. Nebst leistungsfähigeren Triebwerken verstärkt man einzelne Teile des Rumpfes und des Fahrwerks. Von der -500 fliegt seit Oktober 2006 eine neue Variante mit 380000 kg Abfluggewicht und höherer Reichweite von 16670 km (bisher sechs bestellt).
Hersteller: Airbus Industrie, Blagnac, Frankreich, Werk Toulouse, Teil der EADS (European Aeronautic Defence and Space Company).

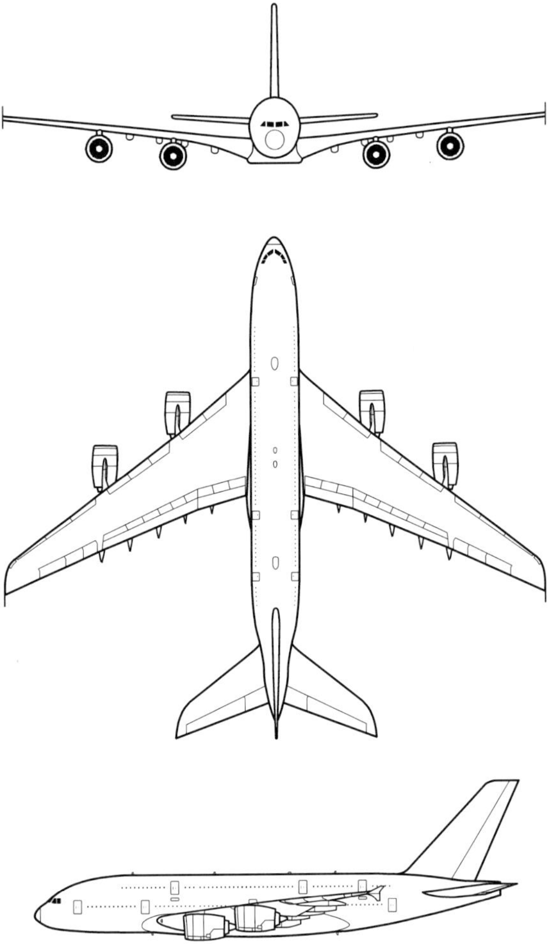

Abmessungen:
Spannweite inkl. Winglets 79,80 m
Länge 73,00 m
Höhe 24,10 m
Flügelfläche 845 m²

AIRBUS A380-800

Ursprungsland: Europäisches Konsortium.
Kategorie: Langstrecken-Verkehrsflugzeug.
Triebwerke: Vier Mantelstromtriebwerke Rolls Royce Trent 900 bzw. General Electric/Pratt & Whitney Engine Alliance GP7200 von je 31750 kp (312 kN) Standschub.
Leistungen: Max. Reisegeschwindigkeit Mach 0,89; ökonom. Reisegeschwindigkeit Mach 0,85; Dienstgipfelhöhe 13100 m; Reichweite mit normaler Passagierzahl 15000 km.
Gewichte: Rüstgewicht 276000 kg; max. Startgewicht 560000 kg, als Option 569000 kg.
Zuladung: Zwei Mann Cockpitbesatzung und in typischer Dreiklassenbestuhlung 555 Passagiere, mit Einheitsklasse bis zu 853 Passagiere (zwei von Austral so bestellt).
Entwicklungsstand: Das erste von vier Erprobungsmustern startete am 27. April 2005 zum Erstflug. Nach technisch bedingten Verzögerungen konnte der Erstkunde SIA die A380 erst im Oktober 2007 in Dienst nehmen. Bis Ende 2009 waren 202 von 17 Gesellschaften und eine VIP-Ausführung bestellt, 23 davon wurden abgeliefert.
Bemerkungen: Mit der A380 dringt die Zivilluftfahrt in eine neue Dimension vor, was Größe aber auch Kabinenkomfort angeht. Das weltgrößte Verkehrsflugzeug wird vorerst in zwei Versionen angeboten: Die Passagiervariante A380-800 sowie eine VIP-Ausführung. Später sind noch Varianten mit verlängertem Rumpf geplant. Der Rumpf umfasst zwei Etagen durchgehend für Passagiere sowie einen Gepäck- und Frachtraum. Im Querschnitt ist dieser gegenüber der Boeing 747 (siehe Seiten 62/63) im unteren Passagierraum um rund 0,50 m und im oberen um 1,85 m breiter. Die ganze Konstruktion der A380 ist auf große Wirtschaftlichkeit ausgelegt. Es wurden die neuesten Technologien angewendet, um die Betriebskosten tief zu halten. So bestehen beispielsweise große Teile des Rumpfes aus Verbundwerkstoffen. Airbus wird durch verschiedene Maßnahmen bis 2010 das Leergewicht auf den vom Hersteller zugesicherten Wert reduzieren. Zudem soll ab 2012 eine Ausführung mit leicht höherem Abfluggewicht angeboten werden.
Hersteller: Airbus Industrie, Blagnac, Frankreich, Werk Toulouse, Teil der EADS (European Aeronautic Defence and Space Company).

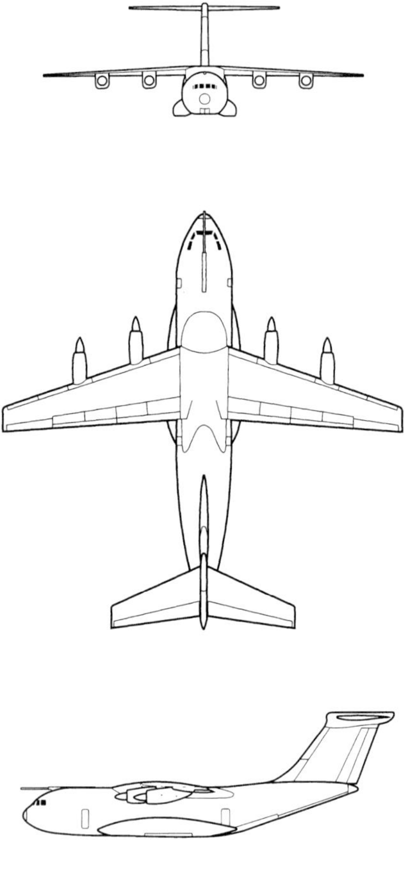

Abmessungen:
Spannweite 42,36 m
Länge 45,10 m
Höhe 14,70 m
Flügelfläche 221,50 m²

AIRBUS A400M

Ursprungsland: Europäisches Konsortium
Kategorie: Taktischer und strategischer Militärtransporter.
Triebwerke: Vier Propellerturbinen EuroProp International (EPI) TP400-D6 von je 13000 WPS, reduziert auf 11000 WPS (8200 kW) Leistung.
Leistungen: Max. Reisegeschwindigkeit zwischen Mach 0,68 und 0,72, auf niedriger Höhe 555 km/h; Dienstgipfelhöhe 11300 m; Reichweite mit einer Nutzlast von 20 t 6389 km, mit 30 t 4440 km; Überführungsreichweite 8790 km.
Gewichte: Leergewicht 76820 kg; max. Startgewicht 141000 kg.
Zuladung: Zwei Mann Cockpitbesatzung und z.B. zwei Tiger-Kampfhubschrauber, ein Roland-SAM-System oder ein 12 m-Standard-Container; max. Nutzlast 31500 kg, mit Überlast 37000 kg.
Entwicklungsstand: Nach technisch bedingten Verspätungen nahm der erste Prototyp die Flugerprobung am 11. Dezember 2009 auf. Die Ablieferungen beginnen nach erneuten Verspätungen 2011. Reservationen für vorläufig 184 Exemplare sind von folgenden Luftwaffen erfolgt: Belgien (7), Deutschland (60), Frankreich (50), Großbritannien (25), Luxemburg (1), Malaysia (4), Spanien (27), Türkei (10). Südafrika hat seinen Auftrag für acht A400M storniert.
Bemerkungen: Nach langer Unsicherheit ist 2003 der Entscheid zur definitiven Entwicklung endlich gefallen. Erstmals werden für einen Militärtransporter sowohl im Entwicklungs- wie auch im Fertigungsprozess kommerzielle Praktiken angewendet. Viele Elemente stammen von zivilen Modellen ab, so z.B. das Cockpit, welches weitgehend jenem der heutigen Airbus-Verkehrsflugzeuge entspricht. Die A400M soll vorab die C-160 Transall sowie die C-130 Hercules ablösen. Gegenüber diesen Mustern weist sie bei weitgehend gleich hohen Betriebskosten eine doppelte Nutzlast-/Volumenkapazität auf. Der Frachtraum wird 17,71 m lang (inkl. Rampe 23,11 m), 4,00 m breit sowie 3,85 m hoch sein. Nebst der Transportausführung ist auch eine Tankervariante geplant. Zudem soll die A400M dank im Frachtraum zu platzierenden modularen Ausrüstungselementen als Plattform für eine Vielzahl weiterer Aufgaben dienen.
Hersteller: Airbus Military, Teil der EADS (European Aeronautic Defence and Space Company), Werk (Endmontage) San Pablo, Sevilla, Spanien.

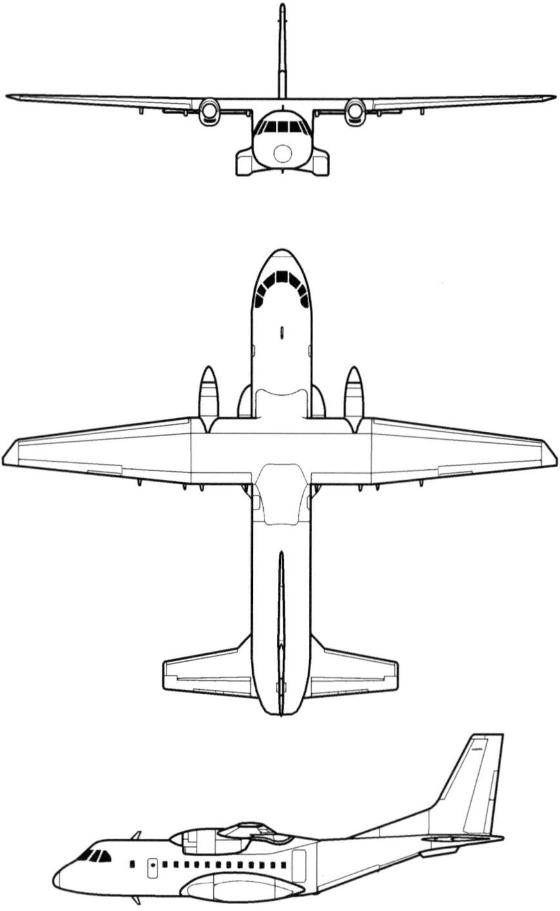

Abmessungen:
Spannweite 25,81 m
Länge 21,40 m
Höhe 8,18 m
Flügelfläche 59,10 m²

AIRTECH (CASA/IPTN) CN-235-200

Ursprungsland: Spanien und Indonesien.
Kategorie: Regionalverkehrsflugzeug und Mehrzwecktransporter, bzw. Militärfrachter (CN-235M) und Marine-Patrouillenflugzeug (CN-235MP bzw. MPA).
Triebwerke: Zwei Propellerturbinen General Electric CT7-9C3s von je 1750 WPS (1305 kW) Leistung.
Leistungen: Max. Reisegeschwindigkeit 460 km/h auf 4575 m; max. Anfangssteiggeschwindigkeit 7,75 m/Sek; Dienstgipfelhöhe 7620 m; Reichweite mit max. Nutzlast und 45 Min. Reserven 1773 km, mit 2400 kg und max. Treibstoffzuladung 3658 km.
Gewichte: Normales Rüstgewicht 9800 kg (CN-235M: 8600 kg); max. Startgewicht 15800 kg (CN-235M: 16500 kg).
Zuladung: Zwei Piloten und Standard-Innenausstattung für 40 oder 44 Passagiere in Viererreihen bzw. Nutzlast von 4300 kg, in der Kombiversion CN-235QC 18 Passagiere und zwei LD-3-Container. Als Militärtransporter (CN-235M) 51 Soldaten bzw. bis zu 6000 kg Fracht.
Entwicklungsstand: Der erste Prototyp flog erstmals am 11. November 1983, Beginn der Kundenablieferungen am 15. Dezember 1986. Bis Dezember 2009 waren von den zivilen und militärischen Varianten zusammen rund 300 Einheiten bestellt, etwa 290 davon ausgeliefert. Größter Einzelkunde ist die Türkei mit 61 CN-235M (Lizenzbau). Frankreich beschaffte insgesamt 20. Weitere 20 Länder erwarben dieses Muster für ihre Streitkräfte. 36 als HC-235A bezeichnete CN-235ER will die US Coast Guard im Rahmen ihres »Deepwater«-Programms beschaffen, elf davon sind bereits bestellt.
Bemerkungen: Die CN-235 wird in Gemeinschaftsarbeit zwischen der spanischen CASA und der indonesischen IPTN gebaut. Unter der Bezeichnung CN-235MPA ist seit 1991 eine ASW-/Marine-Patrouillenversion CN-235MPA mit einem 360°-Suchradar im Einsatz. Sie besitzt die Möglichkeit, bis zu zwei Antischiffs-Lenkwaffen AM-39 Exocet oder zwei Torpedos Mk. 46 mitzuführen. Eine etwas vereinfachte unbewaffnete Ausführung CN-235MP wurde u.a. von Spanien beschafft. Die neueste Version ist die CN235-300 mit stärkeren CT7-9C3-Triebwerken von 1900 WPS (1400 kW) Leistung, Honeywell-Avionik und ARL-2002 EW-Selbstverteidigungssystem.
Hersteller: Airtech, Aircraft Technology Industries, Madrid, Spanien, Werke in Sevilla, Spanien und Bandung, Indonesien.

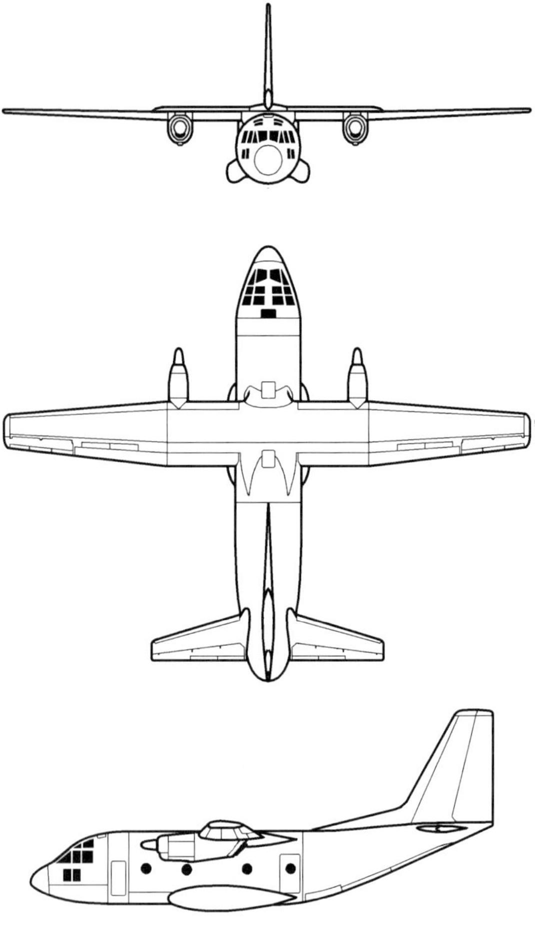

Abmessungen:
Spannweite 28,70 m
Länge 22,70 m
Höhe 9,64 m
Flügelfläche 82,00 m²

ALENIA C-27J SPARTAN

Ursprungsland: Italien und USA.
Kategorie: Militärischer Mehrzweck- und STOL-Transporter.
Triebwerke: Zwei Propellerturbinen Allison AE2100-D2 von je 4637 WPS (3460 kW) Leistung.
Leistungen: Max. Reisegeschwindigkeit 602 km/h, Langstrecken-Reisegeschwindigkeit 500 km/h auf 6000 m; Anfangssteiggeschwindigkeit 10+ m/Sek; Dienstgipfelhöhe 9150 m; Reichweite mit einer Nutzlast von 10000 kg 1852 km, mit 6000 kg 4260 km; Überführungsreichweite 5926 km.
Gewichte: Leergewicht 16500 kg; max. Startgewicht 31800 kg.
Zuladung: Zwei Mann Cockpitbesatzung und als Truppentransporter 53 voll ausgerüstete Soldaten, 46 Fallschirmjäger oder 36 Verwundete bzw. bis zu 11500 kg Fracht.
Entwicklungsstand: Der erste Prototyp der C-27J fliegt seit 25. September 1999, gefolgt vom ersten Serienmuster am 12. Mai 2000. 74 Bestellungen sind bisher eingegangen: Bulgarien 5 (+ 3 Optionen), Griechenland 12, Italien 12, Litauen 3, Marokko 4, Rumänien 7, Slowakei 2; neueste Besteller: Ghana 4, Taiwan 6. Ende 2009 befanden sich über 40 Maschinen im Einsatz. Der US-Auftrag wurde auf insgesamt 38 Einheiten für die USAF reduziert, 19 davon sind bestellt.
Bemerkungen: Die C-27J ist eine wesentlich weiterentwickelte Ausführung des Ursprungmodells G.222 (siehe Ausgabe 1995). In einem Joint-Venture von 50 : 50 mit Lockheed Martin entwickelt, weist sie viele Gemeinsamkeiten mit dem mittelschweren Transporter C-130J Hercules II auf (siehe Seiten 216/217). So sind Triebwerk, Sechsblattpropeller und Avionik weitgehend identisch. Damit verspricht man sich bei einem gemeinsamen Beschaffen beider Muster einen wesentlich wirtschaftlicheren Betrieb. Die C-27J wurde nach zivilen Grundsätzen im Juni 2001 zugelassen. Erste Auslieferungen erfolgten ab 2003. Für das USAF Special Operations Command wird ein Prototyp einer bewaffneten Version AC-27J Stinger II-Gunship beschafft. Er soll entweder über eine 30- oder 40 mm-Kanone verfügen. Bis zu 16 Einheiten will die USAF bauen lassen.
Hersteller: Alenia Aeronautica (Tochtergesellschaft der Finmeccanica), Rom, Werk Torino-Caselle, Italien.

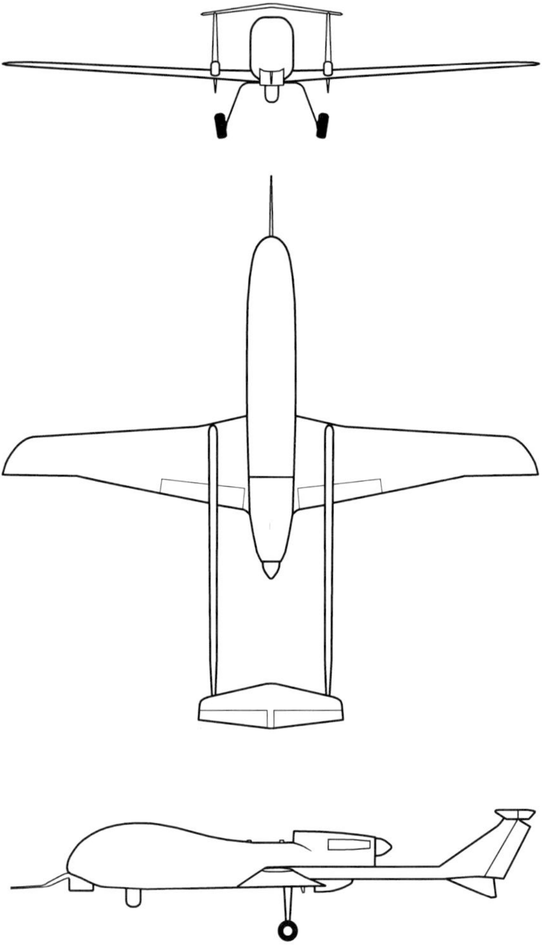

Abmessungen:
Spannweite 9,93 m
Länge 9,72 m
Flügelfläche 10,79 m²

ALENIA SKY-Y

Ursprungsland: Italien.
Kategorie: Technologiedemonstrator für eine Langstrecken-Drone für mittlere Höhen (MALE).
Triebwerke: Ein Turbodiesel-Triebwerk Fiat 1,9 l von 160 PS (119 kW) Leistung.
Leistungen: Höchstgeschwindigkeit 230 km/h; Dienstgipfelhöhe 7600 m; Aktionsradius rund 800 km; max. Flugdauer 14 Std.
Gewichte: Leergewicht 800 kg; max. Startgewicht 1200 kg.
Zuladung: Aufklärungs- und Elekronikausrüstung sowie ein SAR-Radar bis zu einem Gewicht von 150 kg.
Entwicklungsstand: Der vorläufig einzige Erprobungsträger flog erstmals am 10. Juni 2007.
Bemerkungen: Die Zelle der Sky-y besteht vollständig aus Verbundwerkstoffen und ist daher sehr leicht und robust. Was die Steuerung angeht, wird sie vollständig via elektrische Impulse ausgeführt (Fly-By-Wire). Das Triebwerk ist von einem Auto-Dieselmotor abgeleitet und soll sehr wirtschaftlich sein. Mit der Sky-y wird ein sehr vielfältiges Aufgabenspektrum erprobt, welches sowohl militärische wie auch zivile Einsätze umfasst. Wie üblich bei UAV's dieses Typs erfolgt die Steuerung via Satcom-Verbindung vom Boden aus. Die Sky-y kann aber vollständig automatisch starten und landen. Basierend auf diesem Muster soll später die wesentlich größere zweimotorige Ausführung MOLYNX abgeleitet werden, welche erheblich bessere Leistungen aufweisen wird. Das Datum des Erstflugs ist noch offen.
Hersteller: Alenia Aeronautica (Tochter der Finmeccanica), Torino, Italien.

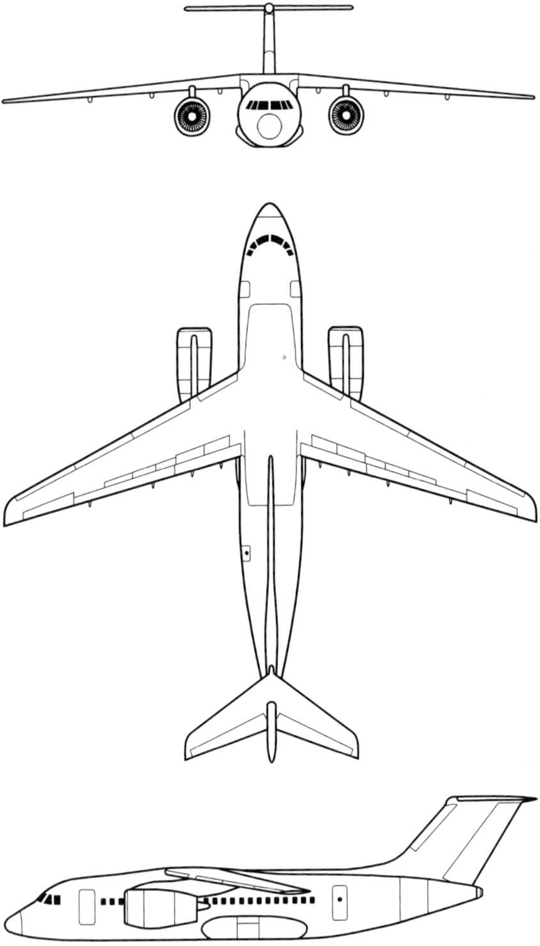

Abmessungen:
Spannweite 28,91 m
Länge 29,13 m
Höhe 8,02 m
Flügelfläche 87,30 m²

ANTONOW AN-148

Ursprungsland: Ukraine.
Kategorie: Ziviler Transporter für Kurz- bis Mittelstrecken.
Triebwerke: Zwei Mantelstromtriebwerke Progress D-436-148 von je 6920 kp (67,8 kN) Standschub.
Leistungen: Max. Reisegeschwindigkeit 870 km/h; normale Reisegeschwindigkeit 820 km/h; Dienstgipfelhöhe 12500 m; normale Reichweite 3600 km, maximal 5100 km.
Gewichte: Leergewicht 22490 kg; max. Startgewicht 38800 kg.
Zuladung: Zwei Mann Besatzung im Cockpit und bei Einheitsbestuhlung in Fünferreihen bis zu 80 Passagiere; max. Nutzlast 9000 kg.
Entwicklungsstand: Nach einigen Verzögerungen hat der erste Prototyp am 17. Dezember 2004 die Flugerprobung begonnen. Das erste Serienflugzeug wurde Ende 2008 fertig gestellt. Mit den Ablieferungen an Kunden begann man Ende 2009. Neuesten Quellen zufolge sind derzeit 58 Einheiten bestellt (+54 Optionen). 20 davon beschafft die russische Polet, 18 die Pulkovo, weitere die Ilyushin-Finance. Zwei An-148 in VIP-Ausführung hat die Regierung von Kazakhstan bestellt. Im Iran sollen bei HESA bis zu 50 Einheiten in Lizenz hergestellt werden.
Bemerkungen: Die An-148 ist eine konsequente Weiterentwicklung der An-74 (siehe Ausgabe 2007). Der Rumpf wurde von ihr übernommen, jedoch verlängert. Dagegen sind die Flügel völlig neu konstruiert. Die Steuerung erfolgt mittels Fly-By-Wire-System. Mit diesem Typ will man vorab die im russischen Binnenverkehr eingesetzten, völlig veralteten Typen wie die An-26 und Yak-40 ablösen. Die An-148 soll sich durch hohe Wirtschaftlichkeit und leichte Wartbarkeit auszeichnen. Es ist vorgesehen, dass 2010 die neu als An-158 bezeichnete verlängerte Ausführung für 100 Passagiere erstmals startet, voraussichtlich ausgerüstet mit westlicher Avionik und CF-34-Triebwerken von General Electric. Davon abgeleitet folgt später eine Frachtausführung An-158T. Auch eine Geschäftsreiseversion für 19 bzw. 38 Passagiere ist vorgesehen. Antonow plant schließlich auch eine Frachtversion An-148TD für Militäreinsätze mit einer Heckladerampe und einer Nutzlast von rund 20000 kg.
Hersteller: Antonow Aeronautical Scientific Complex, Kiew, Werke Aviant, Kiew, Ukraine und VASO Woronezh, Russland.

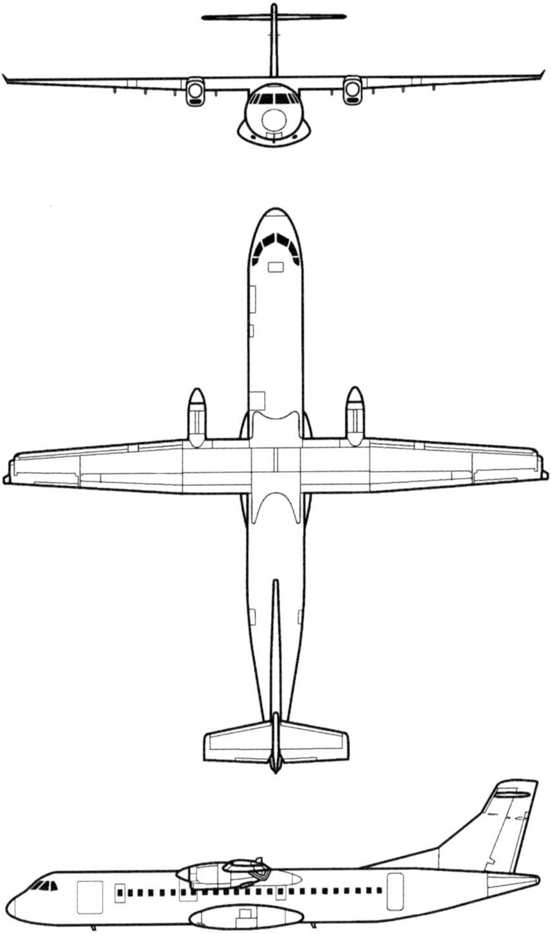

Abmessungen (ATR 42/ATR 72):
Spannweite 24,57/27,05 m
Länge 22,67/27,17 m
Höhe 7,59/7,65 m
Flügelfläche 54,50/61,00 m²

ATR 42-600/ATR 72-600

Ursprungsland: Frankreich und Italien.
Kategorie: Regionalverkehrsflugzeug.
Triebwerke (ATR 42-500/ATR 72-500): Zwei Propellerturbinen Pratt & Whitney Canada PW127E von je 2400 WPS (1790 kW) bzw. PW127F von je 2750 WPS (2050 kW) Leistung.
Leistungen (ATR 42-500/ATR 72-500): Max. Reisegeschwindigkeit 555/511 km/h auf 7620 m; ökonom. Reisegeschwindigkeit 450 km/h auf 7620 m; Reichweite mit 48/68 Passagieren und max. Gepäckzuladung 1550/1650 km und ohne Nutzlast über 4000 km.
Gewichte (ATR 42-500/ATR 72-500): Rüstgewicht 11250/12950 kg; max. Startgewicht 18600/22500 kg.
Zuladung: Zwei Mann Cockpitbesatzung und verschiedene Innenausstattungen für (ATR 42) max. 48 bzw. (ATR 72) 64 bis 74 Passagiere in Viererreihen mit Mittelgang; Nutzlast (ATR 42-500) 5450 kg, als Frachter 5800 kg bzw. (ATR 72-500) 7350 kg.
Entwicklungsstand: Die neueste Ausführung ATR 72-600 flog erstmals am 24. Juli 2009. Bisher sind 61 Maschinen (ATR 42-600 7, ATR-72-600 54) bestellt. Mit den Ablieferungen beginnt man 2011. Bis dahin werden die ATR42/72-500 weiterhin produziert. Von allen Varianten waren bis Ende 2009 1000 Einheiten (ATR-42 418, ATR-72 582) bestellt und 409 bzw. 455 davon ausgeliefert. Aktuell beläuft sich die Jahresproduktion bei rund 50 Einheiten.
Bemerkungen: Mit der ATR-42/72-600 wird die dritte Generation dieses bewährten Flugzeugs lanciert. Bei gleichen Abmessungen wie die früheren Varianten erfährt sie einige Verbesserungen. So sind stärkere Triebwerke PW127M eingebaut, die insbesondere bessere Startleistungen auf hoch gelegenen Flugplätzen ermöglichen. Zudem kann eine größere Nutzlast mitgeführt werden. Das Cockpit ist völlig neu und mit einer Thales-Avionik ausgerüstet. Weiter erhöhte man den Kabinenkomfort. Bereits wird an einer nochmals verbesserten, größeren und voraussichtlich mit einem neuen Rumpf ausgestatteten Weiterentwicklung gearbeitet. Unter der Bezeichnung ATR 42-400MP bzw. ATR-72-400MP existiert eine Seeüberwachungsversion, versehen mit einem Raytheon SV2022-Radar unter dem Rumpf, FLIR und ESM-Ausrüstung; bestellt u.a. von Italien, Nigeria, Türkei und Lybien.
Hersteller: Avions de Transport Régional (ATR): Aérospatiale Matra, Toulouse-Blagnac, Frankreich und Alenia, Neapel, Italien.

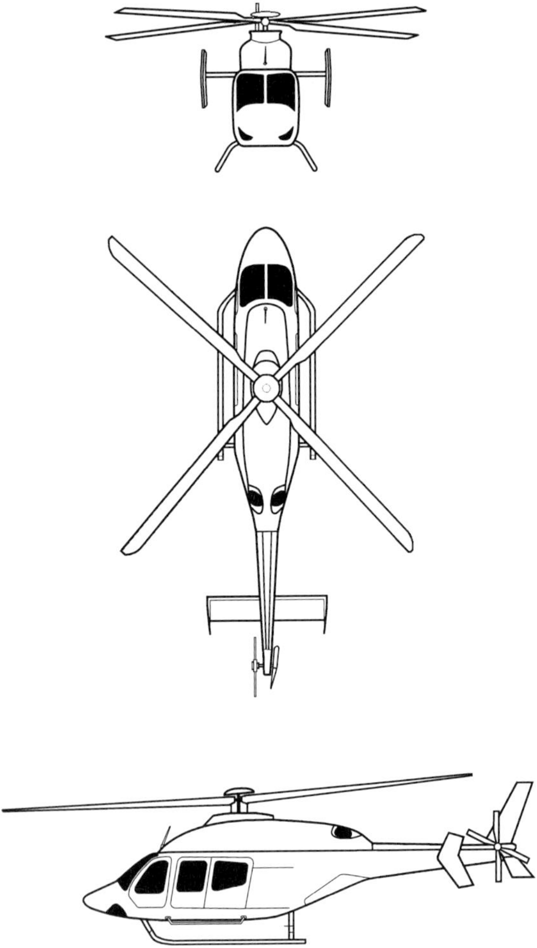

Abmessungen:
Rotordurchmesser 11,28 m
Rumpflänge 12,17 m
Höhe über Rotor 4,04 m

BELL 429 GLOBAL RANGER

Ursprungsland: USA (Kanada, Südkorea).
Kategorie: Leichter Mehrzweckhubschrauber.
Triebwerke: Zwei Gasturbinen Pratt & Whitney PW207D von je 710 WPS (529 kW) Leistung.
Leistungen: Max. Reisegeschwindigkeit 278 km/h; Schwebehöhe ohne Bodeneffekt 2835 m, mit Bodeneffekt 3658 m; Reichweite 720 km, max. Flugzeit 2,25 Std.
Gewichte: Leergewicht 1950 kg; max. Startgewicht 3175 kg.
Zuladung: Pilot und bis zu acht Passagiere oder Frachtzuladung intern von 1225 kg, als Außenlast 1271 kg. Als Ambulanzhubschrauber zwei liegende Verletzte.
Entwicklungsstand: Der erste von zwei 429-Prototypen fliegt seit 27. Februar 2007, gefolgt vom zweiten am 27. August 2007. Nach Angaben des Herstellers sind bisher rund 300 Vorbestellungen eingegangen. Mit den Auslieferungen begann Bell im Juli 2009. Nach einer gewissen Anlaufzeit sollen jährlich 80 Exemplare hergestellt werden.
Bemerkungen: Die Bell 429 basiert auf der 427 bzw. 427VFR (siehe Ausgabe 2007). Sie weist aber verschiedene Verbesserungen auf. Die Kabine ist um rund 70 % größer mit durchgehend flachem Boden. Sie lässt sich für verschiedenste Zwecke umgestalten. Die großen Türen (auf Wunsch als Schiebetüren) erleichtern dabei den Ein- und Auslad von Fracht. Im Cockpit wurde die BasiX-Avionik integriert. Dadurch kann die 429 durch einen Piloten alleine bedient werden. Das dynamische System (Rotorkopf, Getriebe und Rotoren) stammt von der 407 (siehe Ausgabe 2005), die Rotorblätter sind aber rund 40 cm länger und 25 mm breiter. Der Heckrotor ist X-förmig angeordnet. Sämtliche Sitze sind »crash-resistent« konstruiert. Korea Aerospace stellt die Kabine und den Heckteil aller 429 her, während das Rotorsystem durch Bell, Fort Worth, beigesteuert wird. Die ganze Konstruktion hat man auf Kostengünstigkeit und wirtschaftlichen Betrieb hin optimiert. Mit der sog. MAPL-Technologie (Module Affordable Product Line) wurde erreicht, dass diverse Module auch für zukünftige Modelle verwendet werden können. Bell gibt für die Basisausführung einen Preis von US$ 4,86 Mio. an.
Hersteller: Bell Helicopter Textron Inc., Canadian Division, Werke Mirabel, Montreal, Kanada und Korea Aerospace, Sachon, Süd-Korea.

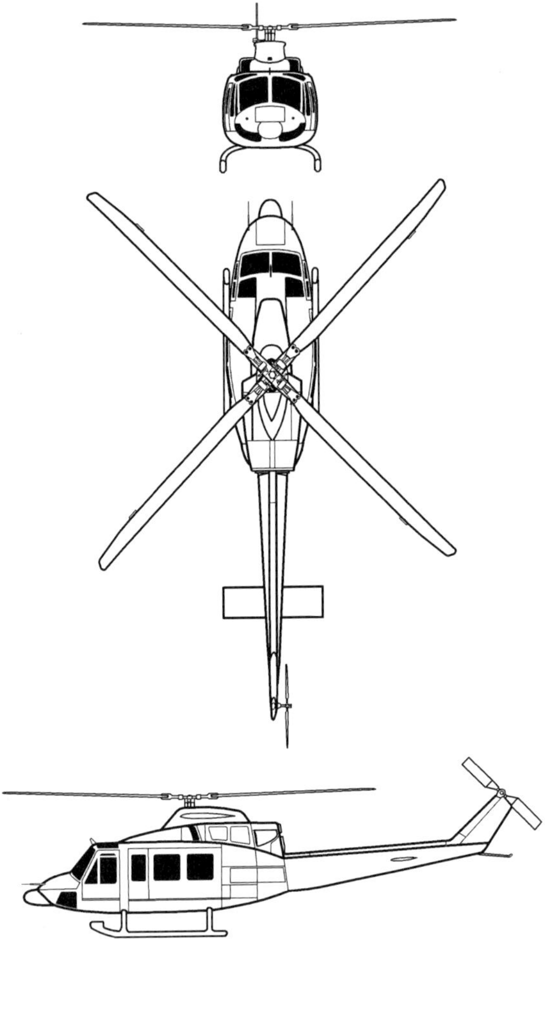

Abmessungen:
Rotordurchmesser (412) 14,02 m, (UH-1Y) 14,63 m
Rumpflänge inkl. drehendem Heckrotor (412) 14,15 m, (UH-1Y) 14,73 m
Höhe inkl. drehendem Heckrotor (412) 4,54 m (UH-1Y) 4,45 m

BELL 412EP/UH-1Y

Ursprungsland: USA (Kanada).
Kategorie: Mehrzweck- und Transporthubschrauber.
Triebwerke (412EP): Eine Gasturbine Pratt & Whitney Canada PT6T-3D-Turbo Twin Pac von 1800 WPS (1342 kW) Leistung.
Leistungen (UH-1Y): Höchstgeschwindigkeit 293 km/h; Reisegeschwindigkeit 250 km/h; max. Schrägsteiggeschwindigkeit 12,8 m/Sek; Dienstgipfelhöhe 6100 m; Schwebehöhe mit Bodeneffekt 3110 m bei 4762 kg, ohne Bodeneffekt 1585 m; max. Reichweite ohne Zusatztanks auf 1525 m 745 km.
Gewichte (UH-1Y): Rüstgewicht 5369 kg; max. Startgewicht 8390 kg.
Zuladung (412EP/UH-1Y): Ein bis zwei Piloten und 13 bis 14 Passagiere bzw. zehn voll ausgerüstete Soldaten; max. Nutzlast 2086 bzw. 1460 kg.
Entwicklungsstand: Die derzeit produzierte Ausführung -EP erhielt die Zulassung im Februar 1991. Militärische Ausführungen der 412 von Bell bzw. Agusta haben 24 Länder erhalten. Darüber hinaus sind zivile 412 hergestellt worden, zusammen rund 540. Jährlich werden rund 40 Einheiten hergestellt, nach längerer Pause auch wieder bei Indonesian Aerospace. Die erste umgebaute UH-1Y nahm die Flugerprobung am 20. Dezember 2001 auf. 123 (54 davon bestellt) als UH-1Y bezeichnete Hubschrauber erhält das USMC seit Ende 2008. Bei neun handelt es sich um Umbauten früherer UH-1N, alle übrigen sind Neubauten.
Bemerkungen: Die Bell 412EP (siehe Dreiseitenriss und Foto) ist die derzeit produzierte Ausführung des Modells 412 und verfügt über stärkere Triebwerke mit entsprechend angepasster Transmission und ein erhöhtes Abfluggewicht. Die UH-1Y des USMC weisen folgende Verbesserungen auf: Zwei GE T700-GE-401C-Triebwerke von je 1828 WPS (1363 kW) Leistung, neuer Flexbeam-Rotorkopf mit lagerloser Befestigung und vierblättrigen Kunststoffrotoren, um ca. 50 cm verlängerter Rumpf, längerer Heckausleger mit neuen Vierblatt-Heckrotor usw. Sie kann auch mit leichten Waffen an Trägern seitlich am Rumpf ausgerüstet werden.
Hersteller: Bell Helicopter Textron Inc., Canadian Division, Mirabel, Montreal, Kanada.

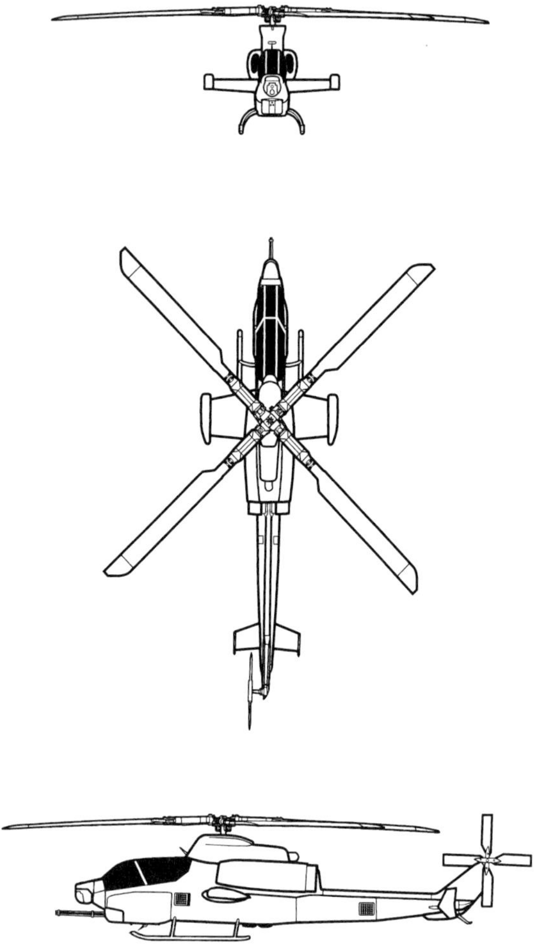

Abmessungen:
Rotordurchmesser 17,73 m
Rumpflänge 13,87 m
Höhe über Heckrotor 3,78 m

BELL AH-1Z

Ursprungsland: USA.
Kategorie: Zweisitziger Kampfhubschrauber.
Triebwerke: Zwei Gasturbinen General Electric T700-401 von je 1773 WPS (1285 kW) Leistung.
Leistungen: Höchstgeschwindigkeit 298 km/h; typische Einsatzgeschwindigkeit 265 km/h; Aktionsradius mit einer Bewaffnung von 1134 kg 234 km; Reichweite mit max. interner Treibstoffzuladung und Bewaffnung 705 km, max. Flugdauer 3,7 Std.
Gewichte: Leergewicht 5580 kg; max. Startgewicht 8391 kg.
Bewaffnung: Eine dreiläufige 20-mm-Kanone General Electric M197 und an den Flügelstummeln z.B. vier Behälter für ungelenkte Raketen, acht bis sechzehn Panzerabwehrlenkwaffen AGM-114 Hellfire oder zwei Luft-Luft-Lenkwaffen AIM-9L Sidewinder.
Entwicklungsstand: Erstflug des Prototyps (eine umgebaute AH-1W) am 7. Dezember 2000. Mittlerweile fliegen drei Erprobungsträger sowie das erste Serienflugzeug. Das USMC soll insgesamt 180, ev. sogar 226 (17 davon fest bestellt) Exemplare erhalten und zwar in jährlichen Tranchen von 12 bis 36 Einheiten. Neuesten Informationen zufolge dürfte die Einsatzbereitschaft erst 2011 erfolgen.
Bemerkungen: Gegenüber der AH-1W ist die AH-1Z in wesentlichen Punkten völlig neu und deutlich leistungsfähiger. Beispielsweise erhält diese Ausführung einen gelenklosen Rotorkopf mit einem vierblättrigen Rotor aus Verbundwerkstoffen. Nebst einem Glas-Cockpit gelangt ein völlig neues integriertes Navigationssystem von Northrop Grumman/Litton zum Einbau. Die AH-1Z ist zudem mit einem multifunktionellen Zielakquisitions-System Hawkeye in der Rumpfspitze ausgerüstet, welches u.a. FLIR-, TV- und Laser-Zielbezeichnungs-Funktionen umfasst. Sie ist in der Lage, wesentlich mehr Waffen als die AH-1W mitzuführen. Ob neue Hubschrauber hergestellt oder bisherige AH-1W umgebaut werden, ist derzeit noch nicht entschieden.
Hersteller: Bell Helicopter Textron Inc., Fort Worth, Texas, USA.

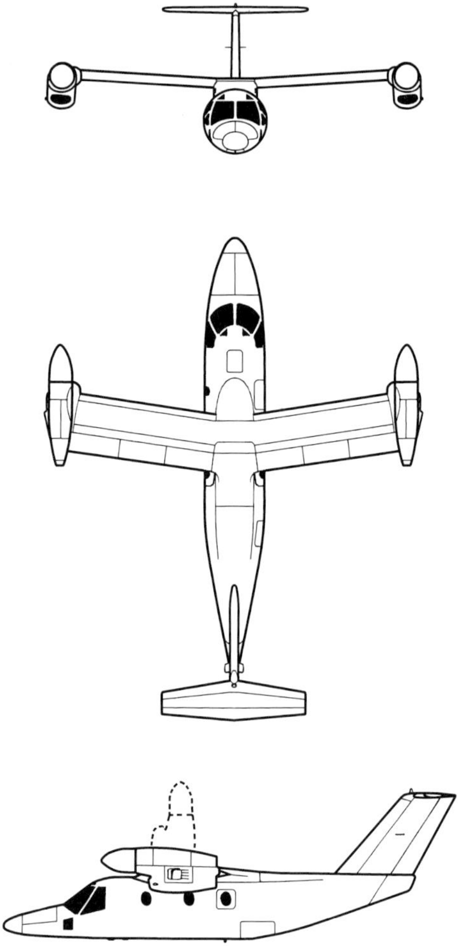

Abmessungen:
Spannweite inkl. drehenden Rotoren 18,29 m
Flügelspannweite 10,00 m
Rotorendurchmesser 7,93 m
Länge 13,31 m
Höhe über Seitenleitwerk 4,50 m

BELL/AGUSTA WESTLAND BA 609

Ursprungsland: USA und Italien.
Kategorie: Ziviles Mehrzweck-Kipprotorflugzeug.
Triebwerke: Zwei Propellerturbinen Pratt & Whitney Canada PT6C-67A von je 1940 WPS (1447 kW) Leistung.
Leistungen: Max. Reisegeschwindigkeit 510 km/h; Langstrecken-Reisegeschwindigkeit 465 km/h; max. Steigrate 7,6 m/Sek; Dienstgipfelhöhe 7625 m; Schwebehöhe ohne Bodeneffekt 1525 m; Reichweite 1390 km, mit Zusatztanks 1880 km.
Gewichte: Rüstgewicht 4770 kg; max. Abfluggewicht 7260 kg.
Zuladung: Ein bis zwei Piloten und in einer Exekutivausführung sechs Passagiere, in engerer Bestuhlung bis zu neun Personen; bei SAR-Aufgaben zwei liegende Verletzte und drei Hilfspersonen; max. Nutzlast 2300 kg.
Entwicklungsstand: Der erste von vier Prototypen hat nach einigen technisch bedingten Verzögerungen die Flugerprobung am 7. März 2003 aufgenommen, der zweite folgte am 9. November 2006. Neuesten Informationen zufolge wird die Einsatzbereitschaft erst 2013 erreicht. Bisher sind Aufträge für 80 BA 609 eingegangen.
Bemerkungen: Die BA 609 ist das erste zivile Kipprotorflugzeug, welches in kommerziellen Betrieb geht. Dabei wird Technologie angewendet, welche von der V-22 Osprey (siehe Seiten 54/55) stammt. Von ihr hingegen nicht übernommen werden die nach hinten an den Rumpf klappbaren Flügel mit faltbaren Rotoren. Nebst der zivilen Nutzung als Verbindungs- und VIP-Transporter sind auch Einsätze als Versorger für Ölbohrplattformen und Überwachungs- und Rettungsaufgaben für Küstenwachen vorgesehen. Die Arbeitsaufteilung zwischen Bell und AgustaWestland beträgt 75 zu 25. Die BA 609 verfügt über eine Aluminium-Struktur, die mit Verbundwerkstoffen verkleidet ist, während der Flügel vollständig aus Kunststoffen besteht. Die Cockpitinstrumente Pro-Line 21 und das Flight Management System stammen von Rockwell Collins. Das USMC prüft die Beschaffung einer bewaffneten Variante der BA 609, die italienische Guardia Costiera eine SAR-Ausführung.
Hersteller: Bell Helicopter Textron Inc., Fort Worth, Texas, Werk Amarillo, USA und AgustaWestland, Cascina Costa, Gallarate, Italien.

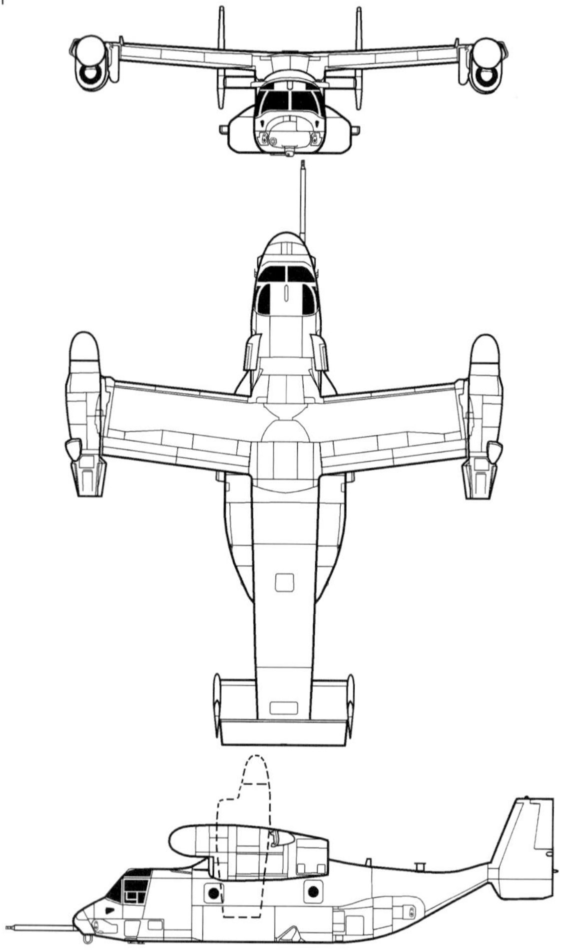

Abmessungen:
Spannweite inkl. Rotoren 25,77 m, ohne 15,52 m
Länge mit gefalteten Rotoren 19,20 m, ohne 17,47 m
Höhe über alles 6,73 m

BELL-BOEING V-22B OSPREY

Ursprungsland: USA.
Kategorie: Schwenkrotorflugzeug (MV-22B) als Kampfzonentransporter und (CV-22B) für militärische Spezialeinsätze.
Triebwerke: Zwei Propellerturbinen Rolls Royce AE1107C von je 6150 WPS (4590 kW) Leistung.
Leistungen: Max. Reisegeschwindigkeit als Flächenflugzeug 550 km/h, in Helikopterkonfiguration 185 km/h auf Meereshöhe; max. Geschwindigkeit mit einer Außenlast von 6804 kg 370 km/h; max. Schrägsteiggeschwindigkeit im Flugzeugmodus 16,25 m/Sek; Dienstgipfelhöhe 7925 m; Reichweite bei Senkrechtstart und einer Nutzlast von 5443 kg 2224 km, bei Kurzstart und einer Nutzlast von 9072 kg 3336 km; Überführungsreichweite 3892 km.
Gewichte (CV-22B): Rüstgewicht 15032 kg; normales Startgewicht unter VTO-Bedingungen 23855 kg, max. unter STO-Bedingungen 27442 kg.
Zuladung: Drei Mann Besatzung und bis zu 24 ausgerüstete Soldaten oder 12 Tragen für Verletzte plus Sanitäter, max. Nutzlast 9072 kg.
Entwicklungsstand: Der erste von sechs V-22-Prototypen nahm die Flugerprobung am 9. März 1989 auf. Vier weitere, weitgehend dem Serienstandard entsprechende Ospreys folgten ab Ende 1996. Bis Ende 2009 sind rund 125 Einheiten hergestellt worden. Die US-Streitkräfte beschaffen 458 V-22: USMC 360 MV-22B, USN 48 HV-22B, USAF 50 CV-22B für Spezialmissionen. Davon sind bisher insgesamt 339 bestellt. Die erste Einsatzstaffel des USMC mit der definitiven Ausführung wurde Mitte 2006 gebildet.
Bemerkungen: Die Osprey gibt es vorerst in zwei Ausführungen, den Kampfzonentransporter MV-22B sowie die für Spezialeinsätze vorgesehene CV-22B (siehe Dreiseitenriss). Von der CV-22 (siehe Foto) unterscheidet sie sich hauptsächlich durch zusätzliche Avionik und Kommunikationssysteme. So wurde neu das Terrainfolgeradar Raytheon APQ-186 sowie ein Elektronikabwehrsystem ITT ALQ-211 eingebaut. Zur Erhöhung des Aktionsradius auf 925 km sind in den Flügeln acht zusätzliche Tanks und seitlich am Rumpf zwei Treibstoffbehälter vorhanden.
Hersteller: Bell Helicopter Textron Inc., Fort Worth, Texas, USA, und Boeing Helicopter Company, Philadelphia, USA, Werk Amarillo, Texas, USA.

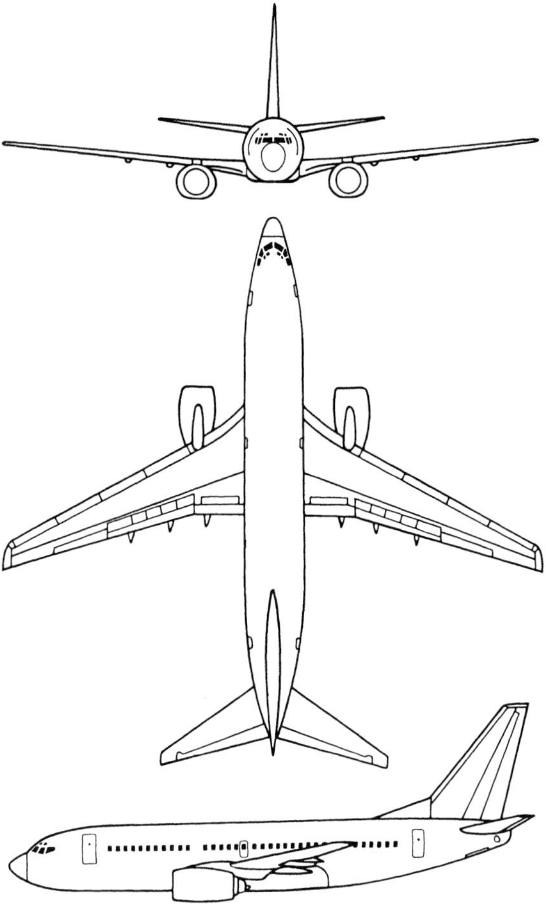

Abmessungen:
Spannweite ohne Winglets 34,30 m, inkl. Winglets 35,70 m
Länge (-600) 31,20 m, (-700) 33,60 m, (-800) 39,50 m
Höhe 12,50 m
Flügelfläche 124,60 m²

BOEING 737-600/-700/-800

Ursprungsland: USA.
Kategorie: Kurz- und Mittelstrecken-Verkehrsflugzeug.
Triebwerke: Zwei Mantelstromtriebwerke CFM International CFM56-7B18 (-600) von je zwischen 8391 kp (82,29) und CFM56-726 (-800) 11974 kp (117,43 kN) Standschub.
Leistungen: Max. Reisegeschwindigkeit 876 km/h (Mach 0,82), norm. Reisegeschwindigkeit 835 km/h; Dienstgipfelhöhe 12500 m; Reichweite mit 108 Passagieren (-600) 5940 km, mit 128 Passagieren (-700) 5940 km, mit 160 Passagieren (-800) 5380 km.
Gewichte: Rüstgewichte (-600) 36370 kg, (-700) 37640 kg, (-800) 41410 kg; max. Startgewichte (-600) 65090 kg, (-700) 69400 kg, (-800) 78204 kg.
Zuladung: Zwei Mann Cockpitbesatzung und in normaler Zweiklassenbestuhlung (-600) 108, (-700) 128, (-800) 160 Passagiere, maximal jedoch (-600) 132, (-700) 149 und (-800) 189 Personen.
Entwicklungsstand: Die aktuellste Generation der Boeing 737 gelangte in Etappen ab 1997 zum Erstflug. Diese vorläufig neuesten Modelle sind bisher die mit Abstand am erfolgreichsten der Boeing 737-Familie. Bis Ende 2009 sind von den Modellen -600/-700/-800/-900 (letztere siehe Ausgabe 2008) einschließlich deren Unterversionen und der BBJ 5206 Maschinen in Auftrag gegeben worden, 3130 davon waren ausgeliefert. Zählt man noch die früheren Versionen -100/-200/T-43A/-300/-400/-500 hinzu, so sind es gar 8338 Maschinen. Mitte 2009 wurde die 6000. B737 ausgeliefert.
Bemerkungen: Auch wenn in den letzten Jahren die neuesten Modelle -900/900ER sowie BBJ im Vordergrund standen, sind anzahlmäßig die oben erwähnten Ausführungen in der Mehrzahl, allen voran die Version -800. Im Grundaufbau unterscheiden sich diese Modelle weitgehend nur durch die Rumpflänge. In den letzten Jahren wurde besonders die -800 mit Winglets ausgerüstet, entweder bereits ab Werk oder nachgerüstet. Weitere kleinere Verbesserungen wurden im Laufe der Produktionszeit durchgeführt. Derzeit prüft Boeing, ob neue leistungsfähigere und wirtschaftlichere Triebwerke angeboten werden sollen.
Hersteller: The Boeing Company, Commercial Airplane Group, Seattle, Werk Renton, Washington, USA.

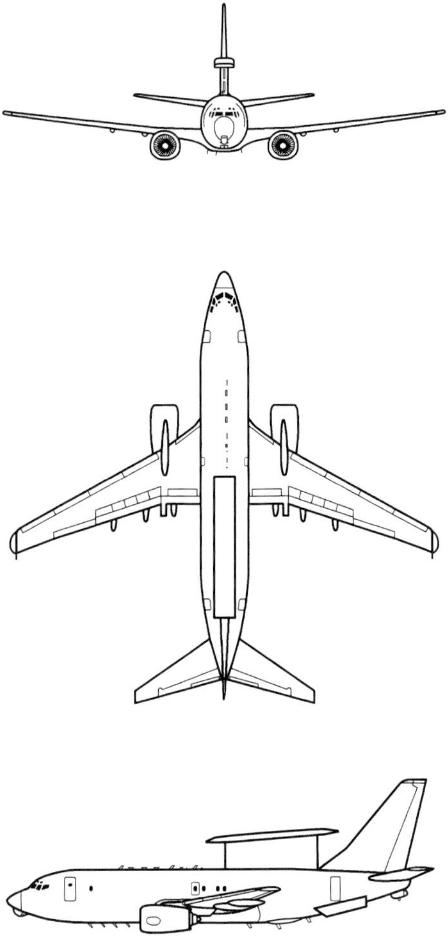

Abmessungen:
Spannweite 34,31 m
Länge 33,63 m
Höhe 12,55 m
Flügelfläche 124,60 m^2

BOEING 737AEW&C WEDGETAIL

Ursprungsland: USA.
Kategorie: Radarfrühwarn- und Überwachungsflugzeug.
Triebwerke: Zwei Mantelstromtriebwerke CFM International CFM56-7B24 von je 10886 kp (106,75 kN) Standschub.
Leistungen (geschätzt): Max. Reisegeschwindigkeit Mach 0,78, Dienstgipfelhöhe 12500 m; max. Reichweite 6000 km+, Patrouillierzeit 550 km vom Stützpunkt entfernt 8 Std.
Gewichte: Leergewicht 46700 kg; max. Startgewicht 77710 kg.
Zuladung: Zwei Mann Cockpitbesatzung und je nach Einsatz zwischen sechs und zehn Systemoperateure.
Entwicklungsstand: Das erste Erprobungsmuster fliegt seit dem 20. Mai 2004. Nach Einbau und Tests der gesamten Ausrüstung begannen die Auslieferungen Ende 2007. Aufgrund technischer Probleme ist die Einsatzbereitschaft aber erst Ende 2009 erreicht worden. Folgende Aufträge sind bisher eingegangen: Australien 6 (+ 1 Option), Südkorea 4, Türkei 6. Vom Militärtransporter (siehe Ausgabe 2001) hat die USN bisher 12 C-40A/S, die USAF 11 C-40B Einheiten bestellt.
Bemerkungen: Diese Ausführung basiert auf der Boeing 737-700IGW. Zur Erfüllung ihrer Hauptaufgabe ist sie primär mit einem 2950 kg schweren 360°-Mehrzweck-Scanner-Radar von Northrop Grumman ausgerüstet, deren sichtbarer Teil aus einer rund 10,70 m langen Antenne hinten über dem Rumpf besteht. Dieses Radar kann gleichzeitig Luft- wie auch Seeziele bis zu einer Reichweite von 400 km erkennen. Hinzu kommen diverse weitere Passiv-Suchsysteme, u.a. ein Freund-Feind-Erkennungsgerät. Die ganze Avionik ist mit einer offenen System-Architektur verbunden.
Hersteller: The Boeing Company, Defence & Space Group, St. Louis, Werk Renton, Washington, USA.

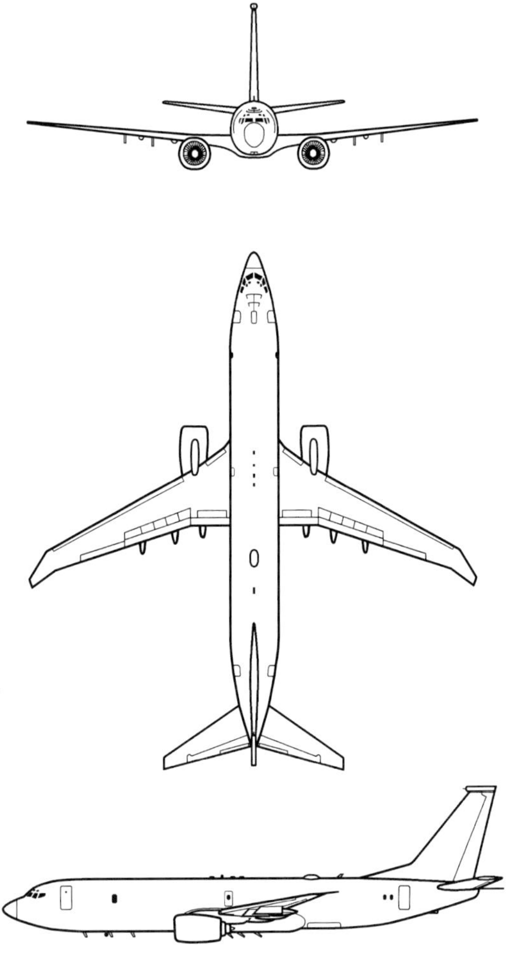

Abmessungen:
Spannweite 37,64 m
Länge 39,47 m
Höhe 12,83 m
Flügelfläche 124,60 m^2

BOEING P-8A POSEIDON

Ursprungsland: USA.
Kategorie: Langstrecken-Seeaufklärungs- und Angriffsflugzeug.
Triebwerke: Zwei Mantelstromtriebwerke CFM International CFM56-7 von je 12469 kp (120,0 kN) Standschub.
Leistungen: Höchstgeschwindigkeit 907 km/h; norm. Reisegeschwindigkeit 789 km/h, Dienstgipfelhöhe 12500 m; max. Aufenthaltsdauer im Zielgebiet 4 Std. 2200 km vom Stützpunkt entfernt.
Gewichte: Rüstgewicht 62700 kg; max. Startgewicht 85130 kg.
Zuladung: Insgesamt eine Besatzung von neun Personen, zwei davon im Cockpit, ein Avionik-Engineer sowie fünf System-Operateure.
Bewaffnung: In einem Waffenschacht sowie unter dem Rumpf und unter den Flügeln kann eine Vielzahl von Waffen mitgeführt werden, so u.a. Bomben, Torpedos, Minen und Lenkwaffen aller Art.
Entwicklungsstand: Der erste von insgesamt fünf Prototypen nahm die Flugerprobung am 25. April 2009 auf. Die US Navy plant ab 2013 insgesamt 125 P-8A zu beschaffen. Neun davon wurden bisher bestellt. Die indische Marine erwirbt bei einem Gesamtbedarf von 12 bis 16 Maschinen vorerst acht der Version P-8i.
Bemerkungen: Mit der P-8A Poseidon wird die US Navy die veralteten P-3 Orions ersetzen. Als Ausgangsmuster dient die Boeing 737-800ERX. Die P-8A werden auf der gleichen Produktionsstraße wie die zivilen Muster gefertigt und dann entsprechend umgebaut und ausgerüstet. Die Flügel dagegen stammen von der 737-900, sind aber leicht modifiziert. Der Rumpf ist verstärkt, um die höheren Belastungen aufzufangen. Zur Erfüllung der Aufgaben, u.a. die U-Boot-Jagd, Schiffsbekämpfung und allgemeine Überwachungsmissionen wird die Poseidon über modernste Systeme verfügen. Sichtbar davon sind die rund 100 Antennen an Rumpf und Flügeln. Als wichtigstes Element ist das synthetische Breitbandradar APY-10 zu erwähnen. Geprüft werden auch weitere Varianten, so eine für sog. SIGINT-Aufgaben als Ersatz der Lockheed EP-3E Orion. Die US Navy hat einen Bedarf zwischen 19 und 26 Maschinen.
Hersteller: The Boeing Company, Defense & Space Group, St. Louis, Werk Renton, Washington, Washington, USA.

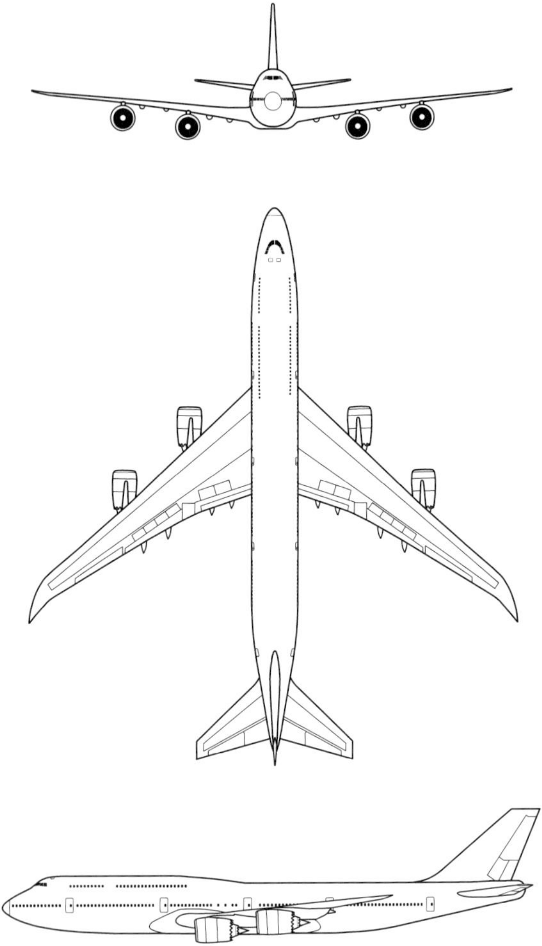

Abmessungen:
Spannweite 68,50 m
Länge 76,30 m
Höhe 19,41 m
Flügelfläche 554,00 m²

BOEING 747-8/-8F

Ursprungsland: USA.
Kategorie: Langstrecken-Passagierflugzeug und Frachter.
Triebwerke: Vier Mantelstromtriebwerke General Electric GEnx-2B67 von je 30163 kp (295,80 kN) Standschub.
Leistungen (nach Angaben des Herstellers): Langstrecken-Reisegeschwindigkeit (-8) Mach 0,85, (-8F) Mach 0,845; Reichweite mit max. Nutzlast als Frachter 8185 km; Reichweite der 747-8 mit max. Treibstoffzuladung 14815 km.
Gewichte: Leergewicht 198660 kg; max. Startgewicht 442200 kg.
Zuladung: Zwei Mann Cockpitbesatzung und (-8) beispielsweise 467 Passagiere in drei Klassen. Als Frachter (-8F) 140000 kg Nutzlast.
Entwicklungsstand: Nach erneuten Verzögerungen startet die erste 747-8 am 8. Februar 2010 zum Erstflug. Von der Frachtausführung sind bisher 76 Einheiten bestellt. Für die Passagiervariante liegen Aufträge für 20 von Lufthansa und sieben von Korean vor. Sieben weitere Maschinen werden in VIP-Ausrüstung gebaut. Die Auslieferung des Frachters ist nun für Anfang 2011, jene der Passagierausführung für Anfang 2012 vorgesehen. Von den früheren 747-Versionen wurden 1418 Einheiten gebaut, die Produktion 2009 eingestellt.
Bemerkungen: Boeing lancierte im November 2005 die verlängerte Ausführung 747-8 (siehe Dreiseitenriss) bzw. 747-8F (siehe Foto). Der Rumpf der -8/-8F wird gegenüber der 747-400 um 5,09 m länger, das Abfluggewicht um ca. 40000 kg höher sein. Die überarbeiteten Tragflächen erhalten anstatt der Winglets neu geformte Flügelspitzen. Zudem erfolgen Verbesserungen primär durch aerodynamische Verfeinerungen an Flügeln und Triebwerkgondeln mit dem Ziel, den Außenlärm zu reduzieren. Nebst bewährten Komponenten der 747-Reihe werden auch eine ganze Anzahl Elemente von der neuen 787 verwendet, so u.a. die Triebwerke. Boeing verspricht, dass die 747-8 bzw. 8F über wesentlich bessere Leistungsdaten verfügen wird als die Vorgängerversion.
Hersteller: The Boeing Company, Commercial Airplane Group, Seattle, Werk Everett, Washington, USA.

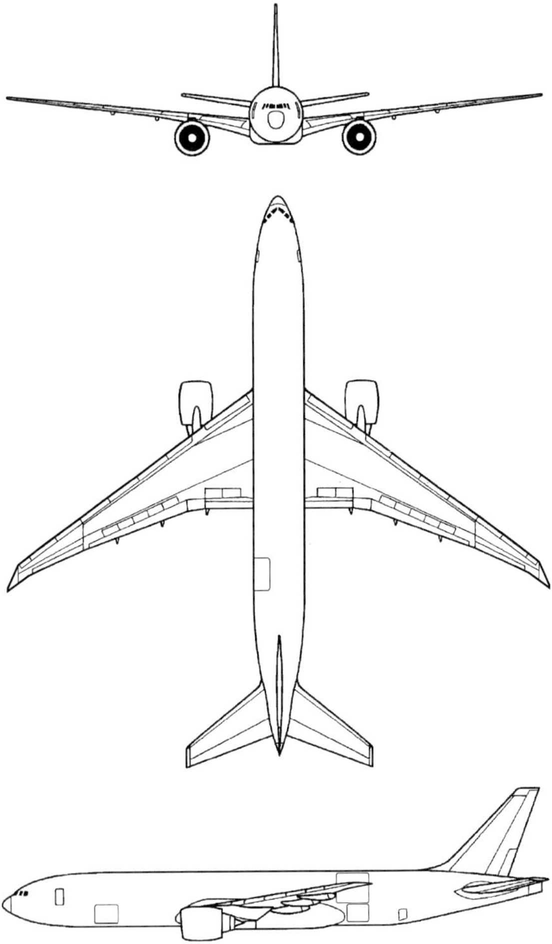

Abmessungen:
Spannweite 64,80 m
Länge (200LR/F) 63,70 m, (300, -ER) 73,90 m
Höhe 18,44 m
Flügelfläche 436,80 m²

BOEING 777-200LR/F

Ursprungsland: USA.
Kategorie: Ultra-Langstecken-Verkehrsflugzeug und Frachter.
Triebwerke: Zwei Mantelstromtriebwerke General Electric GE90-110B1 von je 49865 kp (489,0 kN) Standschub.
Leistungen: Max. Reisegeschwindigkeit 950 km/h (Mach 0,87); Langstrecken-Reisegeschwindigkeit 895 km/h (Mach 0,84); Dienstgipfelhöhe 13106 m; Reichweite mit 301 Passagieren bis zu 17445 km, als Frachter mit voller Nutzlast 9200 km.
Gewichte: Rüstgewicht 155580 kg; max. Startgewicht 322055 kg, als Option 347800 kg.
Zuladung: Zwei Piloten und in normaler Dreiklassenbestuhlung 301, max. mit Economy-Einrichtung 440 Passagiere. Max. Nutzlast (-200LR) 50850 kg, (-200F) 103900 kg.
Entwicklungsstand: Die erste 777-200LR nahm die Flugerprobung am 8. März 2005 auf. Der Frachter 777-200F flog erstmals am 14. Juli 2008. 68 Maschinen sind derzeit bestellt, die Ablieferung startete 2008. Von der -200LR sind bisher 56 Einheiten (+ Optionen) bestellt worden. Der Auftragsbestand aller 777-Versionen belief sich Ende 2009 auf 1117 Maschinen, darunter 60 -300, 410 -300ER. Bei einer derzeitigen Monatsproduktion von drei 777 sind bis Ende 2009 rund 836 Einheiten gebaut worden.
Bemerkungen: Die von Boeing für Ultra-Langstrecken konzipierte 777-200LR ist derzeit das Verkehrsflugzeug mit der längsten Reichweitenleistung. Dazu wurden gegenüber der -200ER mehrere Veränderungen vorgenommen: Leistungsstärkere Triebwerke, Verstärkungen an Rumpf, Tragflächen und Heck, zurückgepfeilte Flügelspitzen sowie vergrößerte Treibstoffkapazität durch Zusatztanks in den Flügeln und im Frachtraum. Als Option ist ein Schlafraum für bis zu 40 Personen im Frachtraum und einer für die Besatzung oberhalb des Passagierraumes erhältlich. Das neueste Modell ist die auf der -200LR basierende Frachtervariante -200F (siehe Dreiseitenriss und Foto), mit seitlicher Frachttüre. Zur Aufnahme der höheren Gewichte wurden sowohl Flügelmittelstück wie auch der Frachtboden verstärkt. Als Antwort zum in Entwicklung stehenden Airbus A350 prüft Boeing die Weiterentwicklung der 777, u.a. durch Verwendung von Technologien der 787.
Hersteller: The Boeing Company, Commercial Airplane Group, Seattle, Werk Everett, Washington, USA.

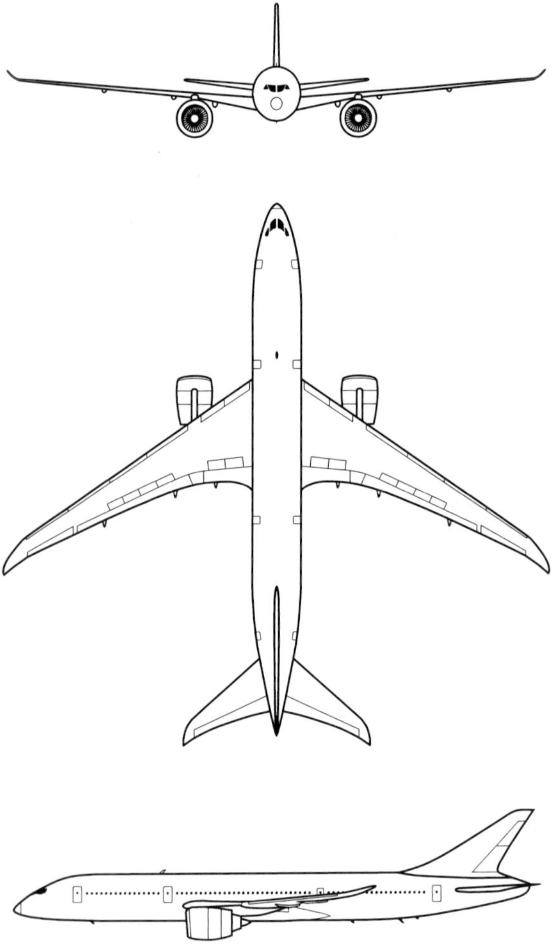

Abmessungen:
Spannweite (787-8/9) 60,10 m, (787-3) 51,60 m
Länge (787-8/-3) 57,00 m, (787-9) 62,00 m, (787-10X) 68,00 m
Höhe 16,50 m

BOEING 787 DREAMLINER

Ursprungsland: USA.
Kategorie: Kurz- bis Langstrecken-Verkehrsflugzeug.
Triebwerke: Zwei Mantelstromtriebwerke General Electric GEnx oder Rolls-Royce Trent 1000 von je zwischen 25000 kp und 32000 kp (244 bis 311 kN) Leistung.
Leistungen (vorläufige Angaben): Reisegeschwindigkeit Mach 0,85; Reiseflughöhe 13000 m; Reichweite bei voller Zuladung (787-8/-3) 11000/2200 km, max. Reichweite (787-8) 13000 km, (787-3) 6500 km, (787-9) 15400 km.
Gewichte: Max. Startgewicht (787-8) 227900 kg, (787-3) 170250 kg, (787-9) 247400 kg.
Zuladung: Zwei Mann Cockpitbesatzung und (787-8/-9) in Dreiklassenbestuhlung 217/257 Passagiere, bei Einheitsklasse 230/300 Passagiere, (787-3) in Zweiklassenbestuhlung 289 Passagiere.
Entwicklungsstand: Der Prototyp, eine 787-8, verließ am 8. Juli 2007 die Montagehalle. Aufgrund technischer Schwierigkeiten verzögerte sich der Erstflug um über zwei Jahre und fand schließlich am 15. Dezember 2009 statt. Frühestens im letzten Quartal 2010 kann Boeing mit den Auslieferungen beginnen. Bis Ende 2009 sind Aufträge für 851 Einheiten eingegangen, 787-8 656, 787-9 195.
Bemerkungen: Mit der Familie 787 Dreamliner lanciert Boeing eine neue Generation von Verkehrsflugzeugen. Zwei Neuerungen sind dabei zentral: Der erhöhte Passagierkomfort und die Wirtschaftlichkeit. So will man den Passagierraum besonders attraktiv gestalten. Nebst bequemen Stühlen mit mehr Sitzabstand fallen die großen Fenster auf. Durch ein Bündel von Maßnahmen, vor allem aber durch zukunftsweisende Technologien, sollen bezüglich Wirtschaftlichkeit und Ökologie neue Bestwerte erreicht werden. Erstmals stellt man bei einem so großen Flugzeug den Rumpf vollständig aus Verbundwerkstoffen her. Von den neuen Triebwerken verlangt Boeing vor allem hohen Wirkungsgrad, einfache Wartung und geringen Lärm. Bei einer typischen Auslastung soll der Treibstoffverbrauch pro Person, gemessen an der zurückgelegten Distanz, drei Mal geringer als bei einem Personenwagen sein.
Hersteller: The Boeing Company, Commercial Airplane Group, Seattle/Chicago, Werk Everett, Washington, USA.

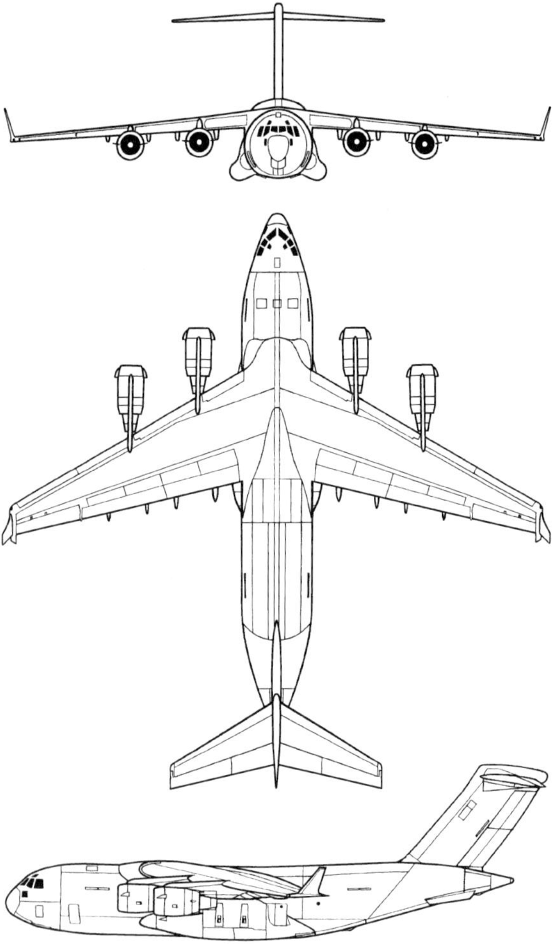

Abmessungen:
Spannweite 50,29 m
Länge 53,04 m
Höhe 16,79 m
Flügelfläche 353 m²

BOEING (MDD) C-17A GLOBEMASTER III

Ursprungsland: USA.
Kategorie: Schwerer Militärfrachter.
Triebwerke: Vier Mantelstromtriebwerke Pratt & Whitney F117-PW-100 von je 18914 kp (185,5 kN) Standschub.
Leistungen: Max. Reisegeschwindigkeit 818 km/h auf 10975 m (Mach 0,77), 650 km/h in niedriger Höhe; Dienstgipfelhöhe 13700 m; Reichweite mit 75000 kg Nutzlast 5100 km; Überführungsreichweite 11575 km.
Gewichte: Rüstgewicht 122016 kg; max. Startgewicht 263083 kg.
Zuladung: Zwei Piloten und zwei Lademeister. Im 26,82 m langen, 5,49 m breiten und 4,11 m hohen Frachtraum können Nutzlasten bis zu 75750 kg mitgeführt werden. Typische Lasten: Drei Kampfhubschrauber AH-64 oder ein voll ausgerüsteter Kampfpanzer M-1 Abrams, bis zu 102 Fallschirmspringer. Einzellasten von 27215 kg oder mehrere Paletten von max. 49895 kg können im Flug abgeworfen werden.
Entwicklungsstand: Der Prototyp flog erstmals am 15. September 1991; erste Ablieferungen an die USAF im Juni 1993. Die USAF beschafft insgesamt 223 Einheiten, die bis 2012 abzuliefern sind. Weitere Besteller: Australien 4, Großbritannien neu 7, Kanada 4, NATO 3, Qatar 2, UAE 6. Ende 2009 waren 212 Einheiten gebaut. Ev. beschafft Indien 10 C-17.
Bemerkungen: Das Besondere an der C-17A ist die Fähigkeit, schwere Lasten auf strategischen Distanzen direkt in die Nahkampfzone fliegen zu können. Für diese Aufgabe wurde sie sehr robust ausgelegt und ist beispielsweise in der Lage, Lande- und Startbahnen mit einer Länge von nur 915 m zu benützen. Das superkritische Tragwerk mit einer Pfeilung von 250 ist mit Winglets und einem angeblasenen Klappensystem ausgerüstet. Das stabile Fahrwerk erlaubt ein Manövrieren mit eigener Kraft am Boden. Seit 2001 erhalten alle C-17 einen Zusatztank von 39000 l im Flügelkasten. Damit erhöht sich die Reichweite bei einer Nutzlast von 18145 kg von 8150 auf 9815 km. Boeing prüft die Lancierung einer Version C-17B u.a. mit stärkeren Triebwerken, überarbeiteten Klappen und mit zusätzlichem zentralen Fahrwerk zur Verbesserung der Start- und Landefähigkeit auf unvorbereiteten Pisten.
Hersteller: The Boeing Company, Defence & Space Group, Seattle, Washington, Werk Long Beach, Kalifornien, USA.

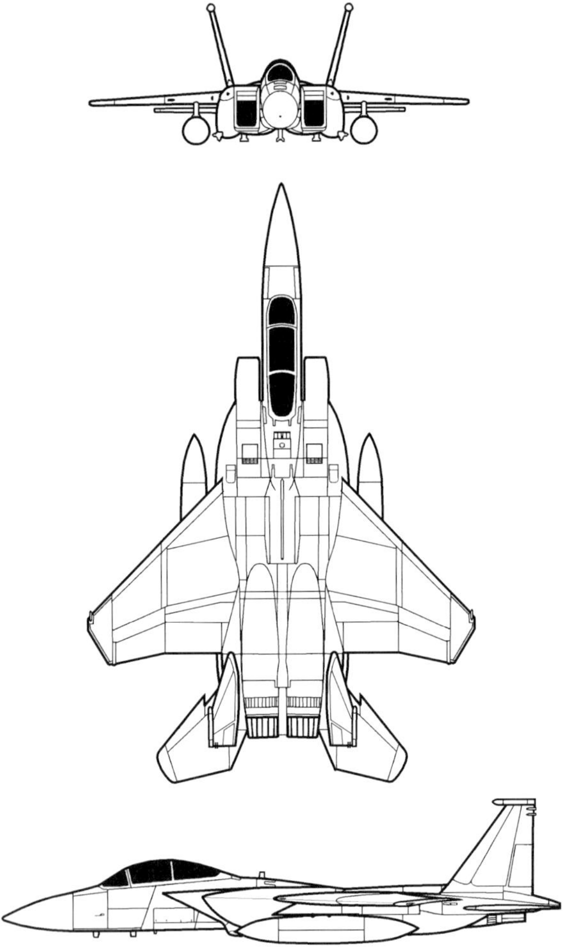

Abmessungen:
Spannweite 13,05 m
Länge 19,45 m
Höhe 5,65 m
Flügelfläche 56,50 m²

BOEING (MDD) F-15E/K/T EAGLE / SILENT EAGLE

Ursprungsland: USA.
Kategorie: Zweisitziger Luftüberlegenheitsjäger und Erdkämpfer.
Triebwerke: Zwei Mantelstromtriebwerke (F-15E) Pratt & Whitney F100-PW-229 bzw. (F-15K) General Electric F-110-GE-129 von je 8073 kp (79,20 kN) Standschub ohne und 13200 kp (129,40 kN) mit Nachbrenner.
Leistungen: Kurzzeitig erreichbare Spitzengeschwindigkeit 2698 km/h oder Mach 2,54 auf 12190 m; länger dauernde Höchstgeschwindigkeit 2443 km/h oder Mach 2,4 auf 12190 m; Dienstgipfelhöhe 18300 m; max. Aktionsradius 1270 km; Überführungsreichweite mit Zusatztanks 4445 km.
Gewichte: Rüstgewicht 14379 kg; max. Startgewicht 36741 kg.
Bewaffnung: Eine sechsläufige 20-mm-Revolverkanone M61A1 und bis zu 11113 kg Außenlasten (Erdkampf) bzw. je vier Luft-Luft-Lenkwaffen AIM-7F Sparrow und AIM-9L Sidewinder oder bis zu acht AIM-120 (Luftüberlegenheitsseinsatz).
Entwicklungsstand: Die erste F-15E begann mit den Testflügen am 11. Dezember 1986. Ablieferungen in einer Stückzahl von 245 an die USAF ab 1988. Der F-15E ähnliche Ausführungen bestellten Israel 25 F-15I und Saudi Arabien 99 F-15S (Beschreibung siehe Ausgabe 2002). Vorläufig letzte Aufträge: Südkorea 60 F-15K, Singapur 24 F-15T. Von allen F-15-Versionen sind insgesamt über 1500 Einheiten gebaut worden.
Bemerkungen: Die Ausführung F-15K für Südkorea unterscheidet sich vom Ausgangsmuster F-15E u.a. durch neue Triebwerke, neues Cockpit, verbesserte Sensoren und Avionik. Das ebenfalls neue APG-63V1 oder V-2-Radar erlaubt, bewegte Ziele auf dem Land wie auch im Meer zu verfolgen. Die Ablieferungen begannen 2005. Neu wird die auf der F-15K basierende Variante F-15T gebaut, die mit einer neuen Version des AESA-APG-63-Radars ausgerüstet ist. Anfangs 2009 präsentierte Boeing unter dem Namen Silent Eagle eine überarbeitete F-15 mit Stealth-Eigenschaften (siehe Foto und Dreiseitenriss). Dazu wurden die Seitenleitwerke schräg gestellt und an verschiedenen Stellen absorbierendes Material verwendet. Nebst einer digitalen Fly-By-Wire-Steuerung werden seitlich an den Triebwerken integrierte Waffenschächte eingebaut.
Hersteller: The Boeing Company, Defence & Space Group, Seattle, Washington, Werk St. Louis, Missouri, USA.

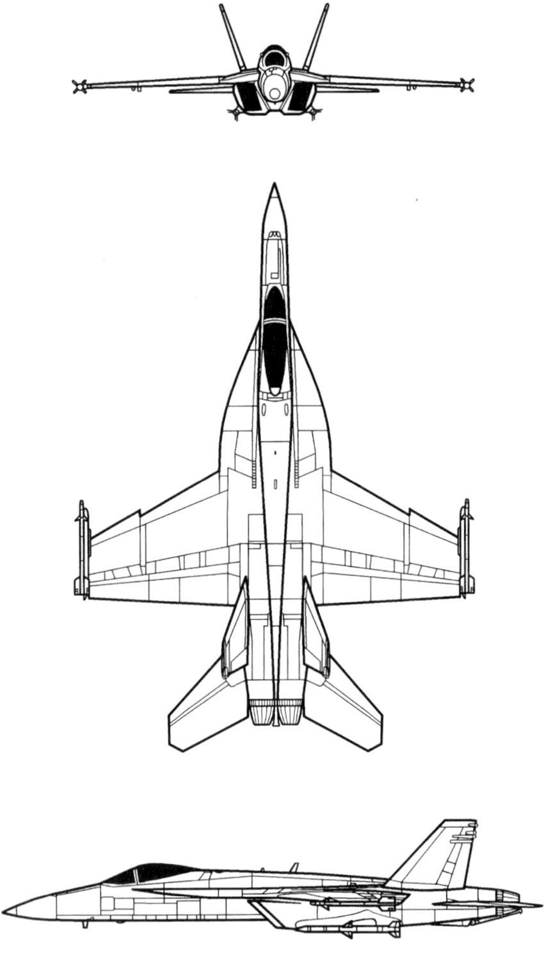

Abmessungen:
Spannweite 13,70 m
Länge 18,40 m
Höhe 4,88 m
Flügelfläche 46,45 m²

BOEING (MDD) F/A-18E/F SUPER HORNET

Ursprungsland: USA.
Kategorie: Einsitziges und zweisitziges bord- und landgestütztes Mehrzweckkampfflugzeug.
Triebwerke: Zwei Mantelstromtriebwerke General Electric F414-GE-400 von je 6470 kp (63,4 kN) Standschub ohne und 9978 kp (97,86 kN) mit Nachverbrennung.
Leistungen: Höchstgeschwindigkeit auf optimaler Höhe Mach 1,8 +; Dienstgipfelhöhe 15240 m; Radius als Abfangjäger mit je zwei Luft-Luft-Lenkwaffen Sidewinder und AMRAAM 760 km, bei Tiefangriffseinsätzen mit vier 450-kg-Bomben, zwei Sidewinders und zwei 1818-l-Außentanks (hoch-tief-tief-hoch) 722 km.
Gewichte: Leergewicht 13876 kg; norm. Startgewicht 23541 kg, max. 29964 kg.
Bewaffnung: Eine 20-mm-Revolverkanone M61A2 und eine Waffenlast verschiedenster Auslegung von 8050 kg.
Entwicklungsstand: Der erste von sieben Prototypen flog erstmals am 29. November 1995. Die USN beschafft 482 F/A-18E/F. Rund 400 davon waren Ende 2009 übergeben. Eine Nachbestellung wird derzeit in Erwägung gezogen. Australien erhält ab 2010 24 F/A-18F Block II Super Hornets.
Bemerkungen: Die F/A-18E/F Super Hornet ist eine leistungsfähigere Weiterentwicklung der F/A-18C/D Hornet. Die Hauptflügel sind größer, der Rumpf wurde um eine zusätzliche Sektion von 86 cm verlängert. Rund ein Drittel der Zelle besteht aus Verbundwerkstoffen, vorwiegend Karbonfaser. Die Triebwerkeinläufe sind rechteckig gestaltet. Gegenüber dem Ausgangsmuster ist die Super Hornet um rund 25 % größer. Im Übrigen sind alle Konturen möglichst reflektionsarm ausgelegt, um die Radarsignatur klein zu gestalten. Dank um rund 35 % stärkeren Triebwerken und einer um einen Drittel erhöhten Treibstoffkapazität resultieren in allen Bereichen wesentlich bessere Flugleistungen und insbesondere eine deutlich erhöhte Reichweite. Alle ab 2005 gebauten Super Hornets erhalten in einer neu konfigurierten Rumpfnase das wesentlich leistungsfähigere Radar vom Typ APG-79 AESA.
Hersteller: The Boeing Company, Defence & Space Group, Seattle, Washington, Werk St. Louis, Missouri, USA.

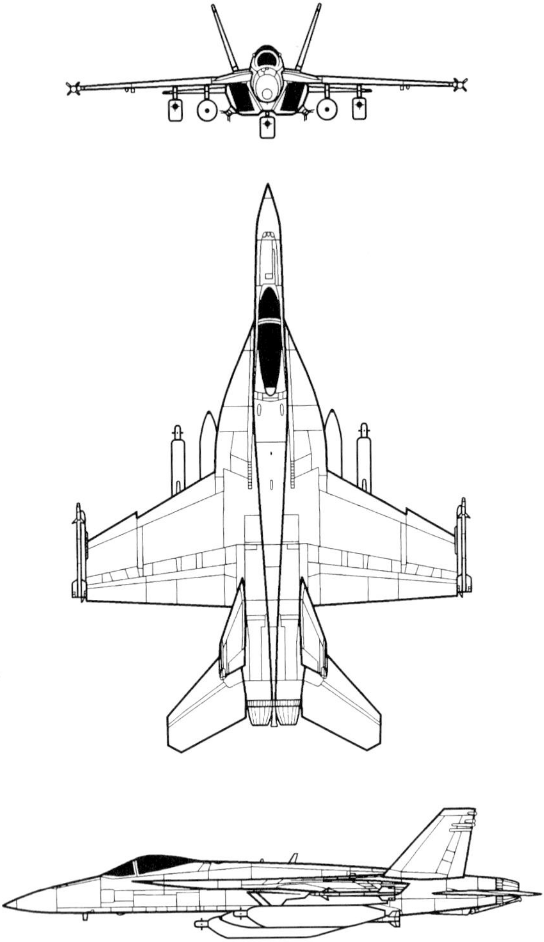

Abmessungen:
Spannweite 13,70 m
Länge 18,40 m
Höhe 4,88 m
Flügelfläche 46,45 m²

BOEING (MDD) EA-18G Growler

Ursprungsland: USA.
Kategorie: Zweisitziges bord- und landgestütztes Elektronikkampfflugzeug.
Triebwerke: Zwei Mantelstromtriebwerke General Electric F414-GE-400 von je 6470 kp (63,4 kN) Standschub ohne und 9978 kp (97,86 kN) mit Nachverbrennung.
Leistungen: Höchstgeschwindigkeit auf optimaler Höhe Mach 1,8 +; Dienstgipfelhöhe 15240 m; Radius als Abfangjäger mit je zwei Luft-Luft-Lenkwaffen Sidewinder und AMRAAM 760 km, bei Tiefangriffseinsätzen mit vier 450-kg-Bomben, zwei Sidewinders und zwei 1818-l-Außentanks (hoch-tief-tief-hoch) 722 km.
Gewichte: Leergewicht 15010 kg; max. Startgewicht 29964 kg.
Bewaffnung: Eine 20-mm-Revolverkanone M61A2 und an insgesamt neun Aufhängepunkten unter den Flügeln und unter dem Rumpf bis zu fünf ALQ-99/-218/-227-Störbehälter, Zusatztanks oder AGM-88-HARM-Radarabwehr-Lenkwaffen.
Entwicklungsstand: Der erste von zwei Prototypen der EA-18G nahm die Flugerprobung am 16. August 2006 auf, gefolgt vom ersten Serienflugzeug im September 2007. Die USN beschafft neu 114 Einheiten, eventuell sogar mehr. Insgesamt werden 10 Staffeln gebildet, die erste erlangte im Oktober 2009 die Einsatzbereitschaft.
Bemerkungen: Die EA-18G basiert auf der zweisitzigen Variante der F/A-18F (siehe Seiten 72/73). Ihre Hauptaufgabe ist die Bekämpfung von Radar-/Flabanlagen und anderen Verteidungseinrichtungen in einem modernen Kampfumfeld mit elektronischen Störmitteln (sog. SEAD-Kapazität, Suppression of Enemy Air Defence). Die ersten Maschinen des Blocks I werden mit folgenden Behältern ausgerüstet: Empfänger-System ALQ-218(V2), ALQ-227 zur Bekämpfung der Kommunikations-Einrichtungen sowie Störsystem im Nieder- und Hochfrequenzbereich ALQ-99. Im Übrigen behält die EA-18G die gleiche Einsatz- und Waffenkapazität wie die F/A-18F bei. Spätere Beschaffungsblocks erhalten weiter entwickelte Systeme, so u.a. eines zur Egalisierung gegnerischer Gegenmaßnahmen, so dass die Freund-Feind-Erkennung und die Kommunikation in der Angriffsphase jederzeit aufrechterhalten bleiben kann.
Hersteller: The Boeing Company, Defence & Space Group, Seattle, Washington, Werk St. Louis, Missouri, USA.

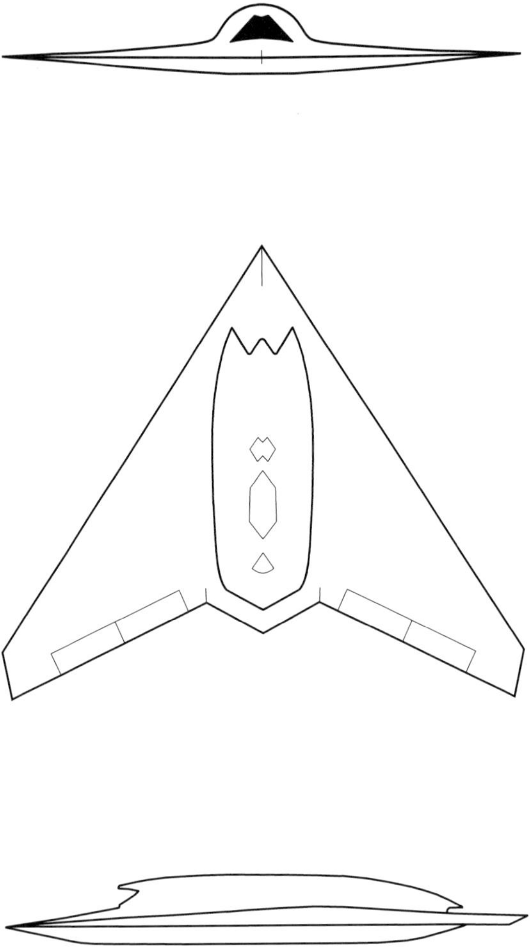

Abmessungen (X-45C):
Spannweite 14,95 m
Länge 11,89 m
Höhe ohne Fahrwerk ca. 1,15 m

BOEING PHANTOM RAY

Ursprungsland: USA.
Kategorie: Erprobungsträger für ein umbemanntes Waffensystem für Kampfeinsätze.
Triebwerk (X-45C): Ein Mantelstromtriebwerk General Electric F404-GE-102D von rund 5100 kp (50,00 kN) Standschub.
Leistungen (X-45C, provisorische Angaben): Höchstgeschwindigkeit knapp unter Mach 1,0; normale Einsatzgeschwindigkeit voraussichtlich Mach 0,85; Dienstgipfelhöhe 12190 m; Aktionsradius mehr als 2200 km.
Gewichte (X-45C): Leergewicht 8165 kg; max. Startgewicht 16555 kg.
Bewaffnung: In einem internen Schacht können Waffen bis zu einem Gewicht von 2041 kg mitgeführt werden.
Entwicklungsstand: Der vorläufig einzige Erprobungsträger soll im Dezember 2010 erstmals fliegen. Es ist ein Programm von einstweilen nur 10 Flügen vorgesehen. Je nach Resultat soll ein eigentlicher Prototyp abgeleitet werden.
Bemerkungen: Mit der Phantom Ray plant Boeing einen UAV-Erprobungsträger und Demonstrator mit teilweise völlig neuer Technologie zu entwickeln. Dabei wird der vor einigen Jahren konstruierte Prototyp X-45C (siehe Ausgabe 2006) entsprechend umgebaut. Dieser war im Rahmen des J-UCAS-Programms von USAF und USN für ein unbemanntes Kampfflugzeug entwickelt worden. Im Vordergrund steht einerseits die Erprobung von Aufklärungs- und Überwachungseinsätzen, andererseits aber auch die Bekämpfung von gegnerischen Verteidigungsanlagen und elektronischen Störmaßnahmen. Die Phantom Ray soll in der Lage sein, autonom eine Flugbetankungsoperation durchzuführen.
Hersteller: The Boeing Company, Phantom Works, Advanced Military Aircraft Division, St. Louis, Missouri, USA.

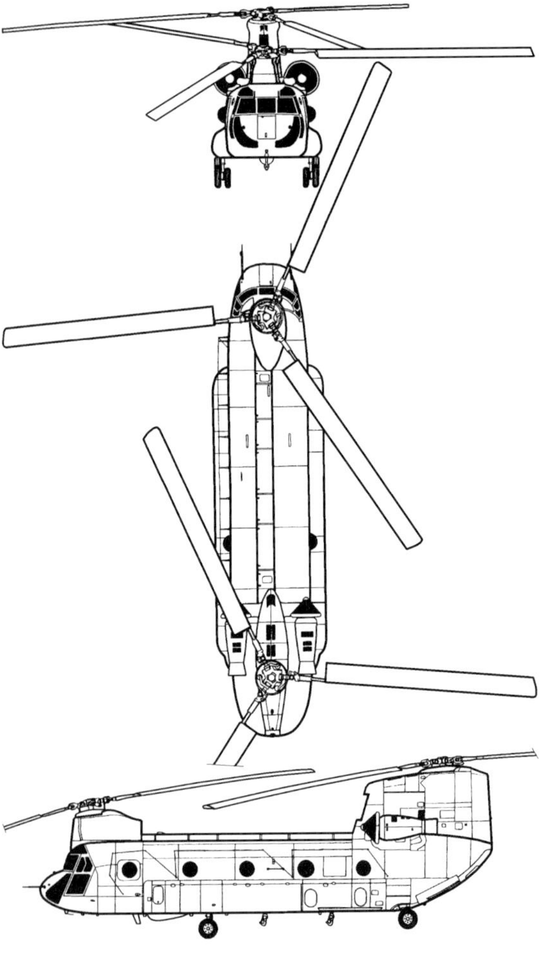

Abmessungen:
Durchmesser jedes der beiden Rotoren 18,29 m
Rumpflänge 15,84 m
Rumpfhöhe ohne Rotor 5,20 m

BOEING CH-47SD/F CHINOOK

Ursprungsland: USA.
Kategorie: Schwerer Transporthubschrauber.
Triebwerke: Zwei Gasturbinen AlliedSignal T55-714A von je 4733 WPS (3529 kW) Leistung.
Leistungen: Höchstgeschwindigkeit 298 km/h auf Meereshöhe; Durchschnittsgeschwindigkeit 245 km/h; max. Schrägsteiggeschwindigkeit 9,38 m/Sek; Schwebehöhe mit Bodeneffekt 1837 m, ohne Bodeneffekt 1675 m; max. Flughöhe 6030 m; max. Einsatzradius 600 km; Überführungsreichweite 1902 km.
Gewichte: Leer 11550 kg; norm. Startgewicht 22688 kg.
Zuladung: Zwei Piloten und 45 Personen; als Ambulanzhubschrauber 24 Patienten plus zwei Sanitäter. Max. 11340 kg Außenlasten.
Entwicklungsstand: Der Erstflug der neuesten Ausführung CH-47SD fand am 25. August 1999 statt. Der erste Serienhubschrauber wurde im Juli 2006 der US Army übergeben. 452 CH-47F werden beschafft. 302 davon wurden bereits in Auftrag gegeben. Bei rund der Hälfte handelt es sich um neue Hubschrauber, die restlichen sind Umbauten aus der Version CH-47D. Weitere Besteller dieser Ausführung: Italien 16 (+ 4 Optionen), Kanada 15, Niederlande sechs und neu Großbritannien 22. Weitere Aufträge sind pendent. 61 Einheiten einer der CH-47F angeglichenen Version MH-47G bezieht die US Special Operations der US Army durch Umbauten von bisherigen CH-47D/MH-47D/E.
Bemerkungen: Die CH-47SD (= »Super« D) ist eine wesentlich weiterentwickelte Ausführung. Das Äquivalent der US Army heißt CH-47F und flog erstmals am 25. Juni 2001. Die wichtigsten Neuerungen sind: Stark verbesserte Avioniksysteme mit einem MIL-STD-1553-Databus und ein voll integriertes Glascockpit, welches für NVG-Einsätze geeignet ist. Die Triebwerke erzeugen eine um rund 22 % höhere Leistung. Zudem werden größere Treibstofftanks eingebaut. Zur Erhöhung der Lebensdauer und zur Senkung des Vibrationspegels ist die Zelle verstärkt und versteift. Schließlich gelangen neue Elastomerlager an den Rotorköpfen zur Anwendung. Damit steigt die Zuverlässigkeit und sinkt der Wartungsaufwand. Boeing prüft bereits eine neue Variante mit neuem, breiterem Rumpf, stärkeren Triebwerken und nochmals erhöhter Nutzlast.
Hersteller: The Boeing Company, Helicopters Division, Philadelphia, Pennsylvania, USA.

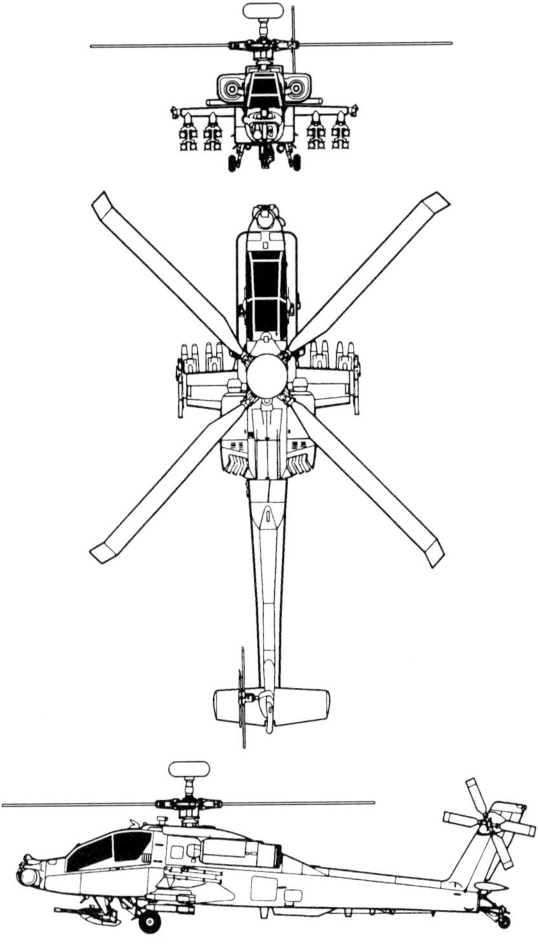

Abmessungen:
Rotordurchmesser 14,63 m
Rumpflänge 14,70 m
Höhe inkl. Mastvisier 4,90 m

BOEING (MDD) AH-64D LONGBOW APACHE

Ursprungsland: USA.
Kategorie: Zweisitziger Kampf- und Aufklärungshubschrauber.
Triebwerke: Zwei Gasturbinen General Electric T700-GE-701C von je 1890 WPS (1409 kW) Leistung.
Leistungen (bei 6552 kg): Höchstgeschwindigkeit 296 km/h; typische Einsatzgeschwindigkeit bei 7158 kg 272 km/h; max. Schrägsteiggeschwindigkeit 12,7 m/Sek; Schwebehöhe mit Bodeneffekt 5246 m, ohne Bodeneffekt 4124 m; Aktionsradius mit max. interner Treibstoffzuladung 407 km, Überführungsreichweite 1701 km.
Gewichte: Leergewicht 5352 kg; max. Startgewicht 9525 kg.
Bewaffnung: Eine einläufige 30-mm-Kanone unter dem Vorderrumpf sowie bis zu 16 lasergelenkte Hellfire-Panzerabwehrraketen oder 76 ungelenkte 70-mm-Raketen. Als Defensivbewaffnung können Luft-Luft-Lenkwaffen wie Stinger, Sidewinder oder Mistral mitgeführt werden.
Entwicklungsstand: Der erste AH-64D Longbow Apache startete am 15. April 1992 zum Erstflug. Aktuellen Plänen zufolgte bringt die US Army nun alle 717 AH-64A auf diesen Standard und kauft 128 neue AH-64D. Die ersten Einheiten sind seit Mitte 1998 im Einsatz. Von allen AH-64-Varianten sind derzeit ca. 1100 von 14 Luftwaffen beschafft worden. Neueste Besteller: Saudi Arabien 12, Aegypten 12. Der AH-64D Block III-Erprobungsträger flog erstmals am 9. Juli 2008, gefolgt vom ersten vollständig ausgerüsteten Prototypen am 4. Dezember 2009. 634 Hubschrauber sollen für die US Army entsprechend umgebaut werden.
Bemerkungen: Die AH-64D verfügt über ein Mastvisier (Longbow millimetre-wave = Millimeterwellenradar) zur Rundumgefechtsfeldbeobachtung. Sie ist in der Lage, mehr als ein Dutzend Ziele gleichzeitig zu entdecken. Die AH-64D ist zudem mit leistungsfähigeren Triebwerken ausgerüstet und kann die neuesten radiogesteuerten Hellfire-Lenkwaffen mitführen. Ab 2003 werden neue Umbauten mit faltbaren Rotoren ausgerüstet. Eine weitere Umrüstung erfolgt seit 2006 mit einem neuen Infrarot-Navigations- und Zielsystem Arrowhead. Ab 2011 erhalten die AH-64D weitere Verbesserungen in Etappen zum sog. Block III-Niveau. Sie umfassen u.a. stärkere Triebwerke 701D, verstärktes Getriebe und längere Rotorblätter. Eine Folge davon sind verbesserte Flugleistungen und eine größere Überlebensfähigkeit.
Hersteller: The Boeing Company, Helicopters Division, Philadelphia, Pennsylvania, Werk Mesa, Arizona, USA.

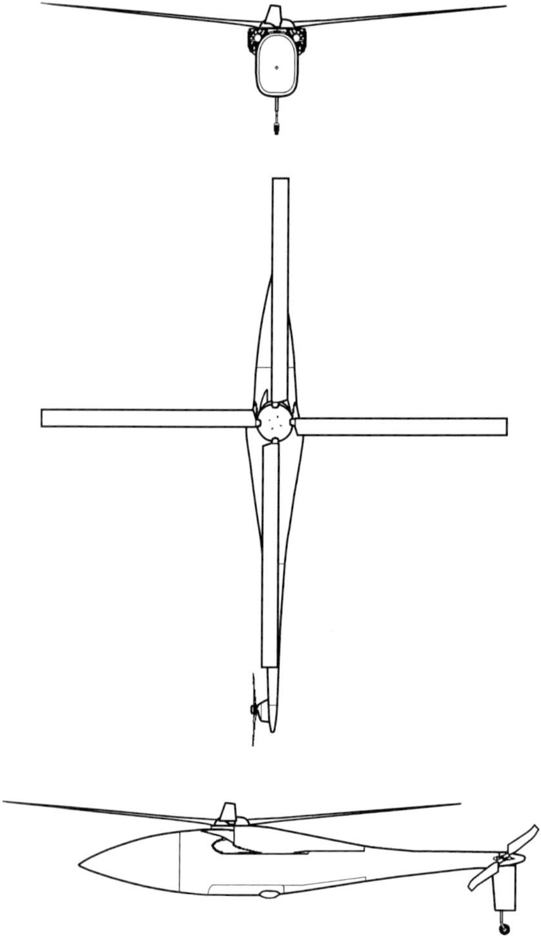

Abmessungen:
Rotordurchmesser 11,00 m
Rumpflänge alleine 10,70 m, inkl. drehendem Rotor 13,04 m
Höhe 2,95 m

BOEING A160T HUMMINGBIRD

Ursprungsland: USA.
Kategorie: Erprobungsträger für einen unbemannten Langstrecken-Überwachungs- und Auflärungshubschrauber.
Triebwerke: Eine Gasturbine Pratt & Whitney Canada PW207D von 550 WPS (410 kW) Leistung.
Leistungen (nach Angaben des Hersellers): Höchstgeschwindigkeit 263+ km/h; Dienstgipfelhöhe 9144 m; Schwebehöhe ohne Bodeneffekt 6096 m; Reichweite mit max. Treibstoffzuladung von 1040 kg rund 4050 km; Flugdauer mehr als 20 Std.
Gewichte: Leergewicht 1050 kg; max. Startgewicht 2950 kg.
Zuladung: Nutzlast intern 800 kg.
Bewaffnung: Eine Serienausführung soll eine Waffenlast von bspw. sechs Hellfire-Lenkwaffen an Trägern seitlich am Rumpf mitführen können.
Entwicklungsstand: Der noch mit einem Kolbenmotor ausgerüstete Erprobungsträger A160T Hummingbird flog erstmals im Januar 2002. Drei weitere teilweise stark modifizierte Modelle haben zwischen 2005 und 2007 die Flugerprobung aufgenommen. Weitere fünf folgten anschließend. Eine Serienausführung soll 2010 erstmals fliegen. Zwölf davon wurden vorläufig bestellt.
Bemerkungen: Nach einer langen, teilweise mit Rückschlägen verbundenen Entwicklungszeit ist mit der A160T eine recht revolutionäre Konstruktion eines unbemannten Hubschraubers entstanden. Aus diesem Erprobungsträger soll eine Serienvariante entwickelt werden. Das Bemerkenswerte an der Hummingbrid sind seine Reichweiten- und Höhenleistungen. Während eines Erprobungsfluges erzielte der Erprobungsträger mit einer ununterbrochenen Flugzeit von 18 Std. und 42 Min. einen Weltrekord. Der Rumpf ist sehr aerodynamisch ausgelegt und weist zudem »Stealth«-Eigenschaften auf. Das Fahrwerk ist einziehbar. Der aus Verbundwerkstoffen hergestellte Vierblatt-Rotor wurde starr ausgelegt und verfügt über einen gelenklosen Rotorkopf. Die Hummingbird soll nur rund die Hälfte des Lärms eines anderen Hubschraubers in dieser Klasse verursachen. Alle diese Maßnahmen sollen beitragen, ihn möglichst schwer erkennbar zu machen. Je nach Nutzlast soll die A160T für vielfältige Aufgaben eingesetzt werden.
Hersteller: The Boeing Company bzw. Tochtergesellschaft von Frontier Aircraft Systems, San Diego, Kalifornien, USA.

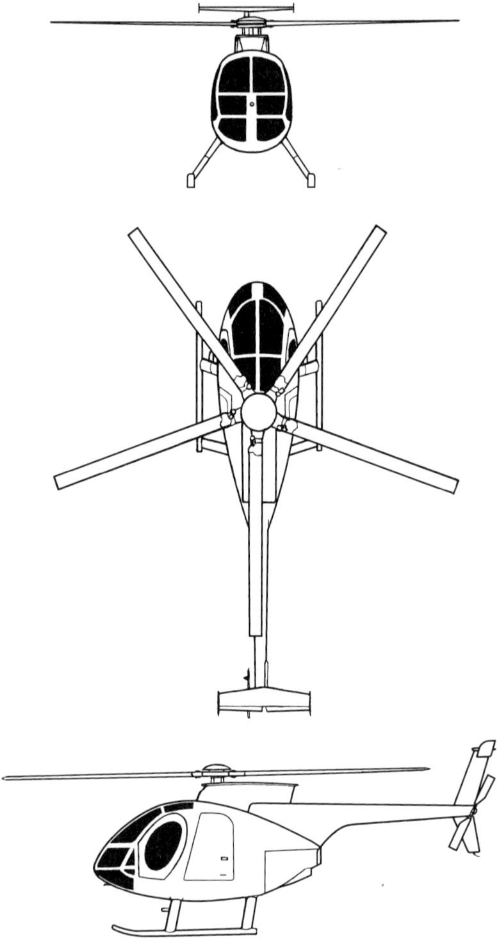

Abmessungen (MD 530F):
Rotordurchmesser 8,34 m
Rumpflänge ohne Rotor 7,04 m
Höhe über Rotorkopf 2,62 m

BOEING AH-6M/ULB/AH-6i

Ursprungsland: USA.
Kategorie: Bewaffneter bemannter (AH-6M/AH-6i) oder unbemannter Aufklärungshubschrauber (ULB).
Triebwerke (MD 530F): Eine Gasturbine Allison 250-C30 von 650 WPS (485 kW) Leistung.
Leistungen (MD530F): Höchstgeschwindigkeit 282 km/h; normale Reisegeschwindigkeit 249 km/h auf 1500 m; max. Schrägsteiggeschwindigkeit 10,5 m/Sek; Dienstgipfelhöhe 6096 m; Schwebehöhe mit Bodeneffekt 4877 m, ohne 4389 m, Reichweite rund 430 km.
Gewichte (MD 530F): Leergewicht 722 kg; max. Startgewicht 1701 kg.
Zuladung: Ein Pilot und fünf Personen; Nutzlast extern 908 kg.
Bewaffnung: Ein Maschinengewehr Minigun, ungelenkte oder gelenkte Hellfire-Lenkwaffen an zwei Auslegern seitlich am Rumpf.
Entwicklungsstand: Ein Erprobungsträger der AH-6M fliegt seit Anfang 2007. Der Beschaffungsentscheid der US Army steht noch aus. Sofern dieses Muster die Rolle der ARH-70 einnimmt, ist mit einer Bestellung von über 500 Hubschraubern zu rechnen. Die erste unbemannte ULB fliegt seit 30. Juni 2006. Die neueste Ausführung AH-6i nahm die Flugerprobung am 16. September 2009 auf.
Bemerkungen: Die AH/MH-6 basiert auf einer relativ alten und bewährten Konstruktion Hughes 500/AH-6A/MD500, welche am 7. März 1963 erstmals flog. Seitdem wurde dieses Muster konsequent weiter entwickelt. Nachdem die Produktion des Bell ARH-70A (siehe Ausgabe 2008) aus technisch-finanziellen Schwierigkeiten gestoppt wurde, prüft die US Army die Beschaffung der AH-6M als Ersatz. Eine weitere Ausführung der AH/MH-6X ist der umbenannte Erprobungsträger ULB, welcher sowohl mit wie auch ohne Pilot geflogen werden kann. Ganz neu ist die AH-6i, ausgerüstet mit Allison 250-C30R/3M-Triebwerk und einer open-architecture-Avionik.
Hersteller: The Boeing Company, Helicopters Division, Philadelphia, Pennsylvania, Werk Mesa, Arizona, USA.

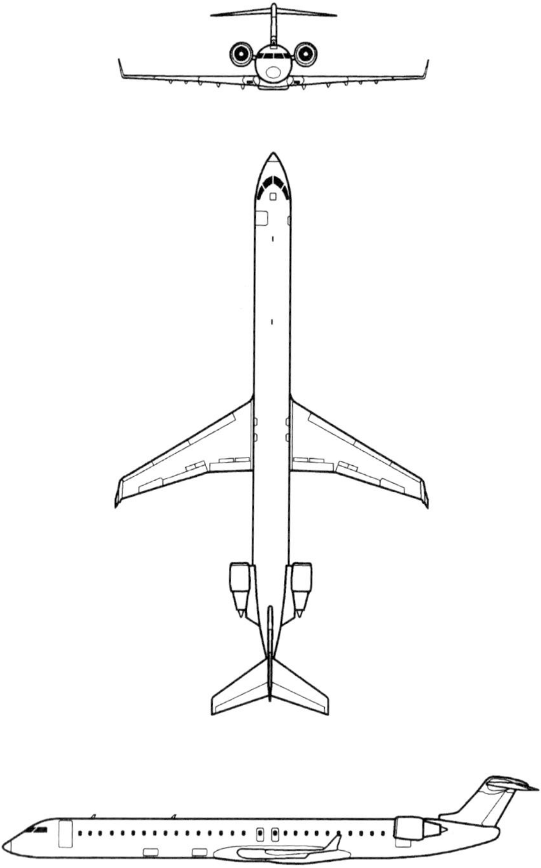

Abmessungen:
Spannweite 26,18 m
Länge 39,13 m
Höhe 7,13 m
Flügelfläche 75,81 m²

BOMBARDIER REGIONAL JET CRJ1000 NEXTGEN

Ursprungsland: Kanada.
Kategorie: Regionalverkehrsflugzeug.
Triebwerke: Zwei Mantelstromtriebwerke General Electric CF34-8C5A oder A1 von je 6168 bis 6577 kp (60,48 bis 64,49 kN) Standschub.
Leistungen (nach Angaben des Herstellers): Max. Reisegeschwindigkeit 870 km/h (Mach 0,82); normale Reisegeschwindigkeit 827 km/h (Mach 0,78); Dienstgipfelhöhe 12600 m; Reichweite mit 100 Passagieren (1000) 2760 km, (ER) 3130 km.
Gewichte: Rüstgewicht 23179 kg; max. Startgewicht (EuroLite, EL) 38995 kg, (ER) 41640 kg.
Zuladung: Zwei Piloten und normalerweise 98 oder bis zu 104 Passagiere in Viererreihen; max. Nutzlast 11975 kg.
Entwicklungsstand: Der Prototyp der CRJ1000 flog erstmals am 3. September 2008. Die erste Serienmaschine soll Ende erstes Quartal 2010 abgeliefert werden. Durch Annullationen reduzierte sich der Auftragsbestand auf rund 30 Maschinen von zwei Gesellschaften.
Bemerkungen: Anfang 2007 hat Bombardier eine weitere Entwicklung der CRJ-Serie angekündigt. Nachdem die Nachfrage nach immer größeren Regionaljets wächst und die geplante C-Serie später als geplant gebaut wird, will man mit dieser vermutlich letzten Verlängerung CRJ1000 im Markt der 100-Plätzigen mitzuhalten versuchen. Gegenüber der CRJ900 (siehe Ausgabe 2009) ist der Rumpf um 1,58 m vor und 1,37 m hinter dem Flügel verlängert. Diverse strukturelle Verstärkungen waren zudem nötig. Dies betrifft vor allem das Mittelrumpfsegment und Teile des Flügels. Seine Spannweite wurde durch Zusätze an den Flügelspitzen um je 66 cm vergrößert. Das Fahrwerk und die Bremsen sind verstärkt. Schließlich mussten auch die Klappenstellungen an die neuen aerodynamischen Erfordernisse angepasst werden. Neben der Standard- und der Extend-Range-Ausführung gibt es auch eine leichtere EuroLite-Variante mit geringerem Startgewicht. Damit lassen sich Flughafengebühren senken.
Hersteller: Bombardier Aerospace, Montreal, Quebec, Werk Montreal-Mirabel, Quebec, Kanada.

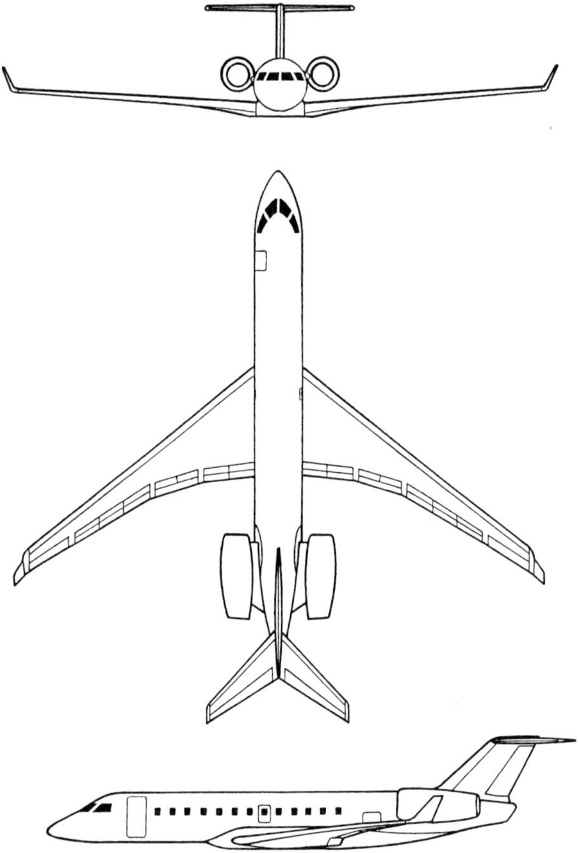

Abmessungen:
Spannweite inkl. Winglets 28,65 m
Länge (XRS) 30,30 m, (Global 5000) 29,50 m
Höhe 7,70 m
Flügelfläche 94,94 m^2

BOMBARDIER GLOBAL EXPRESS XRS/GLOBAL 5000

Ursprungsland: Kanada.
Kategorie: Firmenflugzeug.
Triebwerke: Zwei Mantelstromtriebwerke BMW/Rolls-Royce BR710-48A2-20 von je 6690 kp (65,6 kN) Standschub.
Leistungen: Max. Reisegeschwindigkeit 950 km/h (Mach 0,89); Langstrecken-Reisegeschwindigkeit 907 km/h (Mach 0,85); max. Anfangssteiggeschwindigkeit 18,3 m/Sek; Dienstgipfelhöhe 15545 m; Reichweite bei Mach 0,85 (XRS) 11390 km, (Global 5000) 9620 km.
Gewichte: Rüstgewicht (XRS) 23224 kg, (Global 5000) 23056 kg; max. Startgewicht (XRS) 44452 kg, (Global 5000) 42000 kg.
Zuladung: Zwei Piloten und je nach Innenausstattung (XRS) 8 bis 19 Passagiere, (Global 5000) bis 17 Passagiere; Innenmaße der Kabine: 14,74 m lang, (Global 5000 12,94 m), 2,49 m breit und 1,91 m hoch; max. Nutzlast 3266 kg.
Entwicklungsstand: Der erste Prototyp der Global Express begann mit der Flugerprobung am 13. Oktober 1996. Die Auslieferungen starteten Ende 1998. Die Global Express XRS fliegt seit 16. Januar 2005, die Global 5000 seit 7. März 2003. Bisher sind von der Global Express inkl. XRS rund 250, von der Global 5000 über 70 Einheiten abgeliefert worden. Vier Global 5000 beschafft die Flugbereitschaft des deutschen Verteidigungsministeriums.
Bemerkungen: Große Kabine und hohe Zuladung, sowie bisher unübertroffene Reichweitenleistungen bei hoher Reisegeschwindigkeit sind die besonderen Merkmale der Global Express-Familie. Ein völlig neu konstruierter superkritischer Flügel mit einer Pfeilung von 350 und einem sog. Walfischprofil, zusammen mit weiteren Verfeinerungen am Rumpf, verhelfen zu besonders guter Aerodynamik. Im Cockpit ist ein voll integriertes Multifunktionssystem Honeywell Primus 2000XP eingebaut. Ab 2006 ersetzte eine unter der Bezeichnung XRS verbesserte Ausführung die Ursprungsversion auf der Montagestraße. Dank zusätzlichem Treibstofftank im Vorderrumpf erzielt die XRS besonders bei hohen Reisegeschwindigkeiten größere Reichweiten. Zudem ist das Kabinen-Management-System neu. Die Global 5000 unterscheidet sich von der Global Express nur durch einen um 81 cm gekürzten Rumpf und wegen reduzierter Tankkapazität geringere Reichweitenleistungen. Seit 3. August 2009 fliegt die erste Global Express XRS mit einem Flugdeck von Global Vision.
Hersteller: Bombardier Aerospace, Montreal, Quebec, Werk Montreal-Mirabel, Quebec, Kanada.

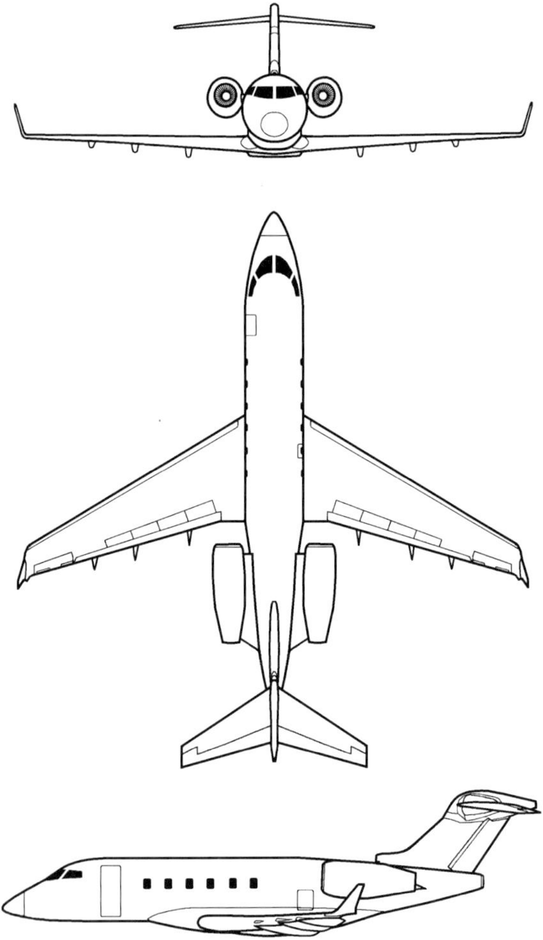

Abmessungen:
Spannweite 19,46 m
Länge 20,93 m
Höhe 6,20 m
Flügelfläche 48,50 m²

BOMBARDIER CHALLENGER 300

Ursprungsland: Kanada.
Kategorie: Firmenflugzeug.
Triebwerke: Zwei Mantelstromtriebwerke Honeywell HTF7000 von je 3100 kp (30,40 kN) Standschub.
Leistungen: Max. Reisegeschwindigkeit 870 km/h (Mach 0,82); normale Reisegeschwindigkeit 850 km/h (Mach 0,80); Dienstgipfelhöhe 13716 m; Reichweite mit acht Passagieren und IFR-Reserven 5740 km.
Gewichte: Rüstgewicht 10659 kg; max. Startgewicht 17622 kg.
Zuladung: Zwei Piloten und je nach Innenausstattung 8 bis 16 Passagiere; max. Nutzlast 1588 kg, mit vollen Treibstofftanks 612 kg.
Entwicklungsstand: Der erste noch als BD-100 Continental bezeichnete Prototyp nahm die Flugerprobung am 14. August 2001 auf, gefolgt vom zweiten von insgesamt fünf am 8. Oktober 2001. Die Zulassung erfolgte rund ein Jahr später als vorgesehen Mitte 2003. Bei einer Auftragslage von rund 300 Einheiten (+ Optionen), darunter 25 für die Bombardier-eigene FlexJet, sind die ersten Auslieferungen im letzten Quartal 2003 angelaufen. Bis Ende 2009 sind über 250 Maschinen ausgeliefert worden.
Bemerkungen: Bombardier's jüngstes Mittelstrecken-Firmenflugzeug ist gedacht, die Lücke zwischen der Learjet 60 (siehe Seiten 94/95) und der Challenger 604 (siehe Ausgabe 1997) zu schließen. Technisch ist die Challenger 300 auf dem neuesten Stand. Sie weist für ihre Klasse einen sehr großen Rumpfquerschnitt auf (Innenmaße 8,72 m lang, 2,19 m breit, 1,85 m hoch), so dass durchgehend Stehhöhe ermöglicht wird. Normalerweise umfasst die Innenausstattung acht Einzelsitze, eine kleine Küche vorne und hinten eine Toilette sowie direkten Zugang zum Gepäckraum. Die Avionik Pro Line 21 stammt von Rockwell-Collins. Mit einem Preis von US$ 17,40 Mio. soll sie für ihre Klasse günstig sein und steht vor allem in Konkurrenz zur Hawker 4000 (siehe Seiten 190/191).
Hersteller: Bombardier Aerospace, Montreal, Quebec, Werk Montreal-Dorval, Quebec, Kanada.

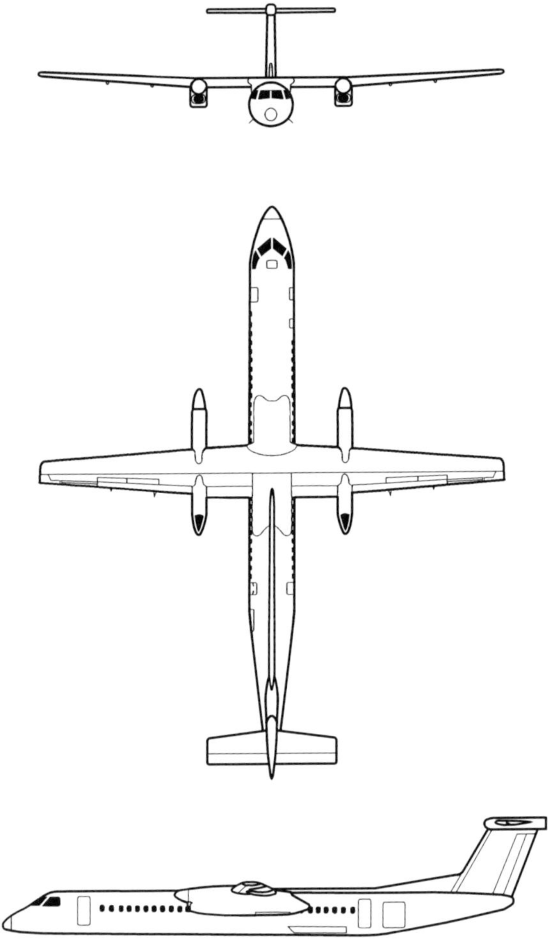

Abmessungen:
Spannweite 28,42 m
Länge 32,84 m
Höhe 8,36 m
Flügelfläche 63,08 m²

BOMBARDIER (DE HAVILLAND CANADA) DASH 8 Q400

Ursprungsland: Kanada.
Kategorie: Regionalverkehrs- und Mehrzweckflugzeug.
Triebwerke: Zwei Propellerturbinen Pratt & Whitney Canada PW150A von je 4580 WPS (3415 kW) Leistung.
Leistungen: Max. Reisegeschwindigkeit 667 km/h; ökonom. Reisegeschwindigkeit 565 km/h; Dienstgipfelhöhe 7620 m; Reichweite mit max. Nutzlast 1596 km, mit 70 Passagieren 2522 km.
Gewichte: Rüstgewicht 17108 kg; max. Startgewicht 29574 kg.
Zuladung: Zwei Piloten und Standard-Innenausstattung für 70 Passagiere in Viererreihen. Max. Nutzlast 8625 kg.
Entwicklungsstand: Die erste Dash 8-400 (neu als Dash 8 Q400 bezeichnet) startete am 31. Januar 1998 zum Erstflug, Ablieferung im Januar 2000. Ende 2009 waren von der Version Q400 bzw. Q400 NextGen 363 Einheiten von 30 Betreibern in Auftrag gegeben, rund 260 davon hergestellt worden.
Bemerkungen: Die Dash 8 Q400 ist eine nochmals vergrößerte Ausführung des Grundmusters Dash 8. Gegenüber der Dash 8-300 (siehe Ausgabe 1996) unterscheidet sie sich durch den 7,16 m längeren Rumpf, leistungsfähigere Triebwerke und ein verstärktes Flügelmittelstück. Dadurch vergrößert sich die Spannweite um rund 1 m. Neue, besonders lärmarme Sechsblattrotoren von Dowty sind rund 20 cm weiter vom Rumpf entfernt platziert worden. Zur weiteren Lärmreduktion ist ein sog. »active cabin-noise control system« (= aktives Lärmunterdrückungssystem) eingebaut, welches den in die Kabine eindringenden Lärm erheblich auf 77 dB abdämpft, weshalb der Name des Musters auf Q400 (**Q** = quiet/ruhig) abgeändert wurde. Einige ältere Maschinen werden zu Frachtern Q400PF umgebaut. Die derzeit angebotene Variante Q400 NextGen (Erstablieferung im Mai 2009) weist einige Verbesserungen in der Inneneinrichtung auf. Bombardier prüft unter der Bezeichnung Dash 8 Q400X eine weitere Verlängerung des Musters für 90 Passagiere.
Hersteller: Bombardier (The de Havilland Aircraft of Canada Ltd.), Downsview, Ontario, Kanada.

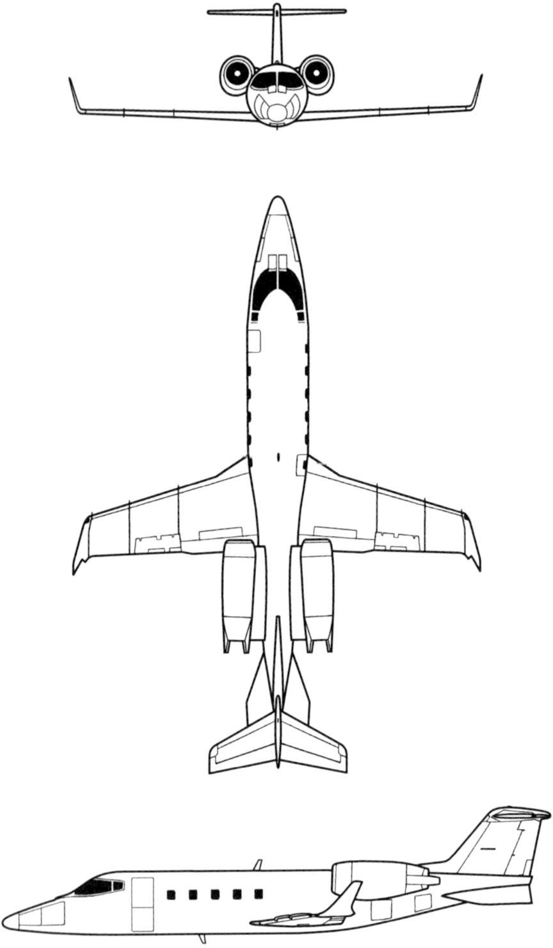

Abmessungen (Learjet 60 XR/85):
Spannweite einschließlich Winglets 13,35 m/18,75 m
Länge 17,89 m/20,76 m
Höhe 4,44 m/5,88 m
Flügelfläche 24,57 m^2/37,25 m^2

BOMBARDIER LEARJET 60 XR/85

Ursprungsland: USA/Kanada.
Kategorie: Firmenflugzeug.
Triebwerke: Zwei Mantelstromtriebwerke Pratt & Whitney (Learjet 60 XR) PW305A von je 2086 kp (20,46 kN) bzw. (Learjet 85) PW307C von je 2677 kp (27,12 kN) Standschub.
Leistungen (Learjet 60XR): Max. Reisegeschwindigkeit 863 km/h (Mach 0,81); norm. Reisegeschwindigkeit 839 km/h (Mach 0,79); Zeit um 12500 m zu erreichen 18,5 Min; Dienstgipfelhöhe 15545 m; max. Reichweite mit vier Passagieren 4539 km.
Gewichte (Learjet 60 XR): Leergewicht 7711 kg; max. Startgewicht 10659 kg.
Zuladung (Learjet 60 XR): Zwei Piloten und in der Kabine normalerweise acht, maximal neun Passagiere; Nutzlast mit vollen Treibstofftanks 388 kg, max. 914 kg.
Entwicklungsstand: Die erste Learjet 60 XR startete am 3. April 2006 zum Erstflug. Erste Exemplare wurden Mitte 2007 an Kunden geliefert. Bis Ende 2009 waren rund 50 gebaut. Die Learjet 60 XR (siehe Dreiseitenriss und Foto) wird parallel mit den Mustern Learjet 45 XR und 40 XR produziert (Bestand Ende 2009 rund 30 bzw. 160 Flugzeuge). Der Erstflug der Learjet 85 ist für 2011 vorgesehen.
Bemerkungen: Nachdem die bewährten und seit langem gebauten Modelle der Learjet 31 in die Versionen 45/XR und 40/XR weiterentwickelt wurden (siehe Ausgabe 2008) ist nun die größte Ausführung dieser Reihe einer entsprechenden Verjüngung unterzogen worden. Die als Learjet 60 XR bezeichnete Variante weist folgende Neuerungen auf: Die Avionik ist völlig neu, das Cockpit weist die heute üblichen Flachbildschirme Pro Line 21 von Collins auf. Völlig überarbeitet hat man die Passagierkabine und nebst Gestaltung besonders auf verbesserte Funktionalität geachtet. Die Learjet 60 XR ist die einzige Maschine dieser Reihe, in der die Passagiere in der Kabine aufrecht stehen können. Der Kaufpreis für eine Standardausführung beläuft sich auf US$ 13,3 Mio. Im Mai 2008 stellte Bombardier die Learjet 85 vor. Obwohl äußerlich als klassische Learjet zu erkennen, handelt es sich um eine vollständige Neukonstruktion. Sie ist der erste Businessjet, dessen Rumpf vollständig aus Faserverbundwerkstoffen besteht.
Hersteller: Bombardier Aerospace, Werk Wichita, Kansas, USA, Montreal, Quebec, Kanada.

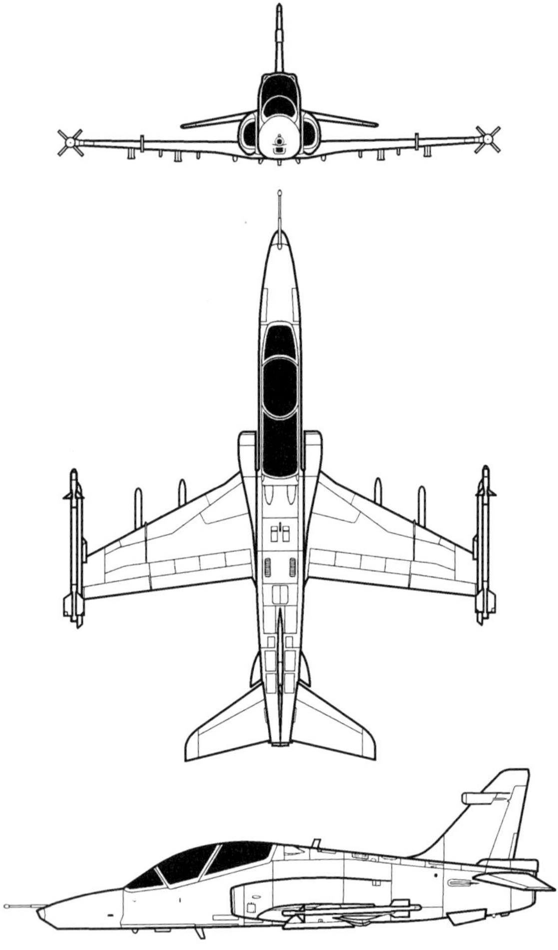

Abmessungen:
Spannweite inkl. Lenkwaffen 9,94 m
Länge 12,43 m
Höhe 3,98 m
Flügelfläche 16,69 m^2

BRITISH AEROSPACE HAWK Mk.128

Ursprungsland: Großbritannien.
Kategorie: Zweisitziger Fortgeschrittenentrainer und Erdkämpfer.
Triebwerke: Ein Mantelstromtriebwerk Rolls-Royce/Turboméca Adour 951 von 2950 kp (28,89 kN) Standschub.
Leistungen: Höchstgeschwindigkeit 1040 km/h oder Mach 0,85; max. Reisegeschwindigkeit 1019 km/h auf Meereshöhe; Dienstgipfelhöhe 13565 m; taktischer Einsatzradius je nach Bewaffnung zwischen 583 und 925 km; Überführungsreichweite mit zwei 860-l- und einem 590-l-Zusatztank 2584 km.
Gewichte: Rüstgewicht 4570 kg; max. Startgewicht 9100 kg.
Bewaffnung: Eine 25-mm-Aden- oder eine 27-mm-Mauser-Kanone und maximal 3000 kg externe Waffenlasten, verteilt auf sieben Stationen unter Flügeln und Rumpf.
Entwicklungsstand: Ein Erprobungsträger der neuesten Ausführung LIFT, welche die Basis der aktuellsten Variante Mk.128 darstellte, fliegt seit 1998. Insgesamt sind bisher (ohne T-45 der USN, siehe Ausgabe 2003) über 600 Maschinen aller Versionen für 19 Luftwaffen bestellt und zum größten Teil ausgeliefert worden. Neueste Besteller: Großbritannien 28 T.2/Mk. 128, Indien 66 Mk. 132 (z.T. Lizenzbau), evtl. Nachbeschaffung von weiteren 57.
Bemerkungen: Die als LIFT (Lead-In-Fighter-Trainer) bezeichnete Ausführung der Hawk weist, besonders was die Avionik angeht, einige bedeutende Verbesserungen auf: MIL-Std-1553B-Databus, überarbeitetes Cockpit mit drei Flachbildschirmen und HUD, Nachtsichtgeräte, INS/GPS und weitere elektronische Hilfen. Die Zelle wurde für eine längere Lebensdauer verstärkt, das Bugfahrwerk kann aktiv gesteuert werden. Zudem ist ein APU (= **A**uxiliary **P**ower **U**nit = Starthilfstriebwerk) installiert. Seit Mitte August 2002 fliegt eine neue Ausführung Mk.120 mit voll digitalisiertem Cockpit und Adour 951-Triebwerken, von der schließlich die Mk. 128 für die RAF (Erstflug 27. Juli 2005) abgeleitet wurde. Diese verfügt über ein neues Avioniksystem mit offener Architektur. Eine weitere Entwicklung dieser Variante wird derzeit geprüft.
Hersteller: British Aerospace PLC, Military Aircraft Division, Warton, Preston, Lancashire, Großbritannien.

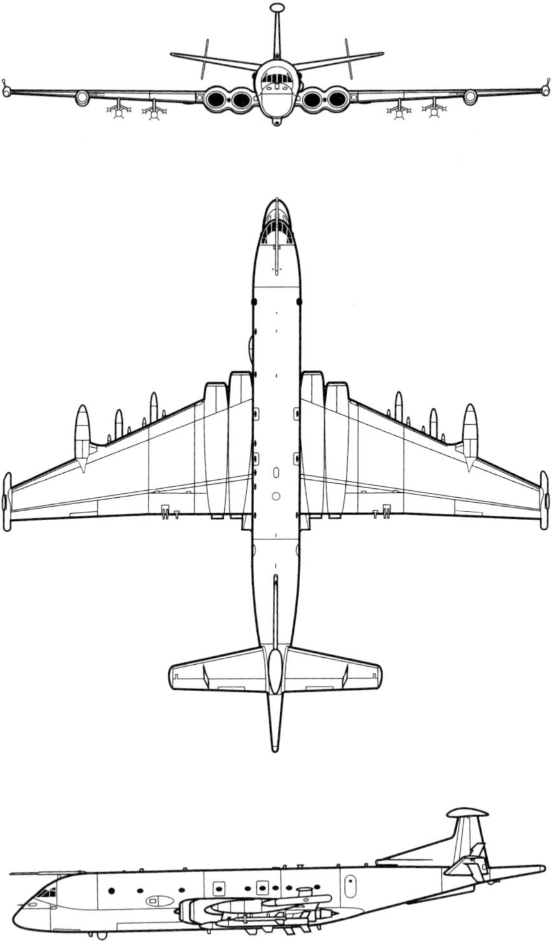

Abmessungen:
Spannweite inkl. Pods an den Flügelenden 38,71 m
Länge ohne Betankungssonde 38,63 m
Höhe 9,60 m
Flügelfläche 235,80 m²

BRITISH AEROSPACE NIMROD MRA.4

Ursprungsland: Großbritannien.
Kategorie: Seeaufklärungs- und Angriffsflugzeug.
Triebwerke: Vier Mantelstromtriebwerke BMW Rolls-Royce BR710-48 von je 7030 kp (68,95 kN) Standschub.
Leistungen: Höchstgeschwindigkeit 787 km/h (Mach 0,77); Dienstgipfelhöhe 12800 m; Reichweite mit max. internem Treibstoff 11200 km; max. Flugzeit bis zu 15 Stunden.
Gewichte: Leergewicht 46500 kg; max. Startgewicht 106217 kg.
Zuladung: Zwei Piloten und sieben Systemoperateure, zwei Reservepersonen und Platz für weitere 13 Passagiere.
Bewaffnung: Luft-Luft- und Luft-Boden-Lenkwaffen, Torpedos, Minen und Bomben im internen Waffenschacht und an vier Flügelstationen von mehr als 5500 kg.
Entwicklungsstand: Der Erstflug des ersten von zwei vollständig umgebauten Erprobungsmustern ist nach Auftreten von erheblichen Konstruktionsproblemen nach mehrjähriger Verspätung am 26. August 2004 erfolgt. Angesichts der massiven Kostenüberschreitungen erhält die RAF ab 2010 nur noch 12 Einheiten, welche aus den übrig gebliebenen Beständen von ursprünglich 46 MRA. Mk.1/2 umgebaut werden. Das erste Serienmuster fliegt seit dem 10. September 2009.
Bemerkungen: Vom Ausgangsmuster bleibt fast nur der Rumpf übrig. Dieser wird aber strukturell überarbeitet und verstärkt, um eine Lebensdauer von weiteren 25 Jahren zu ermöglichen. Zu 80 % handelt es sich bei der MRA.4 um ein neues Flugzeug. So gelangt ein vollständig neuer Flügel größerer Spannweite zum Einbau. Die Missionsavionik ist ebenfalls neu und sehr leistungsfähig. Das Überwachungsradar Searchwater 2000MR stammt von Racal-Thorn. Neu ist auch das Cockpit für nur noch zwei Piloten, ausgerüstet mit Flachbildschirmen. Als Hauptzulieferer ist Boeing für die wichtigsten Teile der Aufklärungs- und Waffenelektronik verantwortlich. Das neue Fahrwerk wird durch Messier-Dowty hergestellt.
Hersteller: British Aerospace PLC, Military Aircraft Division, Warton, Preston, Lancashire, Großbritannien.

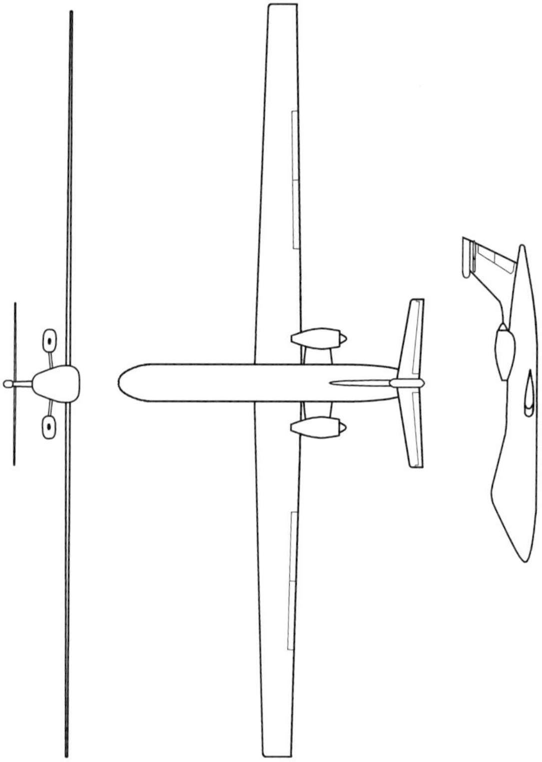

Abmessungen:
Spannweite rund 20 m

BRITISH AEROSPACE MANTIS

Ursprungsland: Großbritannien.
Kategorie: Drone für Erdkampf-, Aufklärungs- und ELINT-Aufgaben in großen Höhen.
Triebwerke: Zwei Propellerturbinen Rolls Royce RB250B-17 von je 450 WPS (336 kW) Leistung.
Leistungen (noch sehr unvollständige Angaben): Höchstgeschwindigkeit 550 km/h; Dienstgipfelhöhe 16800 m; max. Flugdauer von rund 30 Std.
Gewichte: Keine Angaben bekannt.
Zuladung: Aufklärungs- und Elekronikausrüstung bis zu einem Gewicht von 1000 kg.
Bewaffnung: Beispielsweise vier Lenkbomben Paveway IV von je 227 kg und sechs Brimstone-Lenkwaffen an Aufhängepunkten unter den Flügeln.
Entwicklungsstand: Die Entwicklung der Mantis startete Ende 2007, eine Attrappe wurde 2008 vorgestellt. Der als Spiral 1 bezeichnete Konzeptträger absolvierte am 21. Oktober 2009 den Erstflug. Ein Produktionsentscheid ist noch nicht gefallen.
Bemerkungen: Die Mantis soll ein ähnliches Leistungsspektrum wie die General Atomics MQ-9A Reaper aufweisen (siehe Seiten 170/171). Sie ist von Anfang an nebst für Aufklärungsaufgaben auch für Kampfeinsätze konzipiert worden und kann entsprechende Waffen mitführen. Die einzelnen Systeme sollen im »plug-and-play-Verfahren« jeweils sehr einfach ausgewechselt werden können. Vorne am Rumpf sind ein nach oben ausgerichtetes Satelliten-Kommunikationssystem sowie ein optisches Senorsystem L-3 Wescam MX-20 HD eingebaut. Die allfällige Serienversion erhält zudem ein SAR-Radar. Der Hersteller bezeichnet die Mantis als ein UAV der Folgegeneration, welche vollständig elektrisch gesteuert wird. Ein wesentlicher Unterschied zu anderen Mustern besteht darin, dass sie vollständig autonom eingesetzt werden kann. So ist ein am Boden stationierter Pilot nicht erforderlich. Eine Serienausführung Spiral 2 wird voraussichtlich größer ausfallen und andere Triebwerke aufweisen.
Hersteller: British Aerospace PLC, Military Aircraft Division, Warton, Preston, Lancashire, Großbritannien.

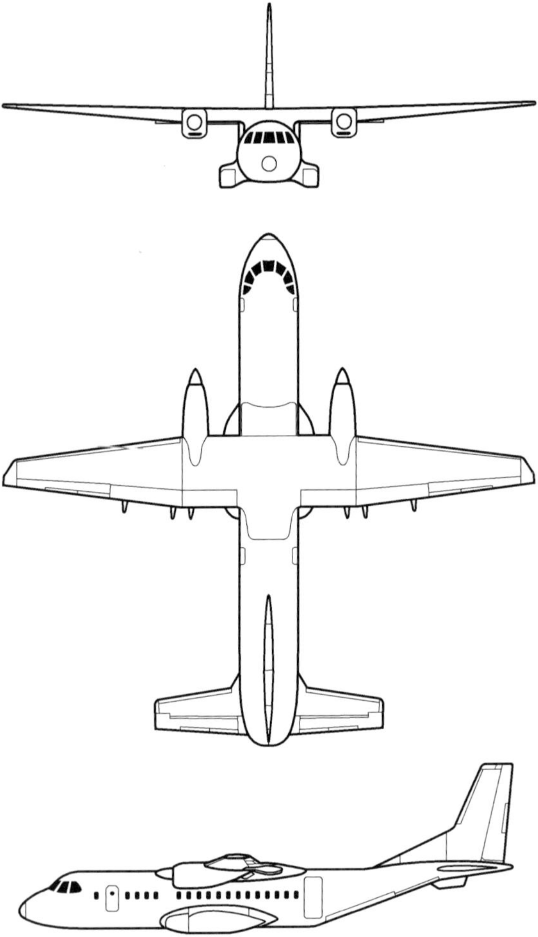

Abmessungen:
Spannweite 25,81 m
Länge 24,45 m
Höhe 8,60 m
Flügelfläche 59,10 m^2

CASA C-295

Ursprungsland: Spanien.
Kategorie: Mehrzwecktransporter.
Triebwerke: Zwei Propellerturbinen Pratt & Whitney Canada PW127G von je 2645 WPS (1972 kW) Startleistung.
Leistungen: Max. Reisegeschwindigkeit 474 km/h auf 7620 m; Steigzeit auf Dienstgipfelhöhe von 7620 m 12 Min; Reichweite mit max. Nutzlast 1445 km, max. Reichweite 5278 km.
Gewichte: Leergewicht 11000 kg; max. Startgewicht 23200 kg.
Zuladung: Zwei Piloten und normalerweise 69 oder bis zu 78 voll ausgerüstete Soldaten; für Evakuationseinsätze 27 liegende Personen und vier Helfer; als Frachter fünf Standard-Container oder drei leichte Fahrzeuge; max. Nutzlast 9250 kg.
Entwicklungsstand: Der erste, bereits dem Serienstandard entsprechende Prototyp, nahm die Flugerprobung am 22. Dezember 1998 auf. Im Oktober 2001 begann CASA mit den Auslieferungen. Folgende Luftwaffen haben bisher Bestellungen aufgegeben: Algerien 6, Brasilien 12, Finnland 2, Jordanien 2, Kolumbinen 4, Mexico neu 2, Polen 12, Portugal 12, Spanien 13, neu Tschechien 4. Rund 60 davon waren Ende 2009 ausgeliefert.
Bemerkungen: Basierend auf der CN-235 (siehe Seiten 36/37) wurde die C-295 von CASA alleine entwickelt. Von der Größe und der Leistungsfähigkeit her ist sie eine Klasse höher und kann als direkter Konkurrent zur Alenia C-27J (siehe Seiten 38/39) angesehen werden. Durch Einfügen von Rumpfsegmenten vor und hinter dem Flügel wurde die Außenlänge um 3,10 m, die Kabinenlänge um 3,00 m vergrößert. Stärkere Triebwerke gelangen zum Einbau, verbunden mit Sechsblatt-Propellern neuester Technologie von Hamilton. Weiter mussten wegen der höheren Gewichte Flügel und Fahrwerk verstärkt werden. Dank dieser Maßnahmen steigt die Ladekapazität gegenüber dem Ausgangsmuster um rund 50 %. Schließlich verfügt die C-295 über eine neue Avionik Topdeck von Sextant und ist für Luftbetankungen ausgelegt. Eine Seeüberwachungs- und U-Bootbekämpfungsversion C-295MPA »Persuader« wird ebenfalls angeboten. Die Vereinigten Arabischen Emirate haben vier, die chilenische Marine neu sechs Einheiten bestellt. Fünf der zwölf von Portugal bestellten Maschinen haben eine ähnliche Konfiguration und werden als C-295 VIMAR bezeichnet.
Hersteller: CASA, Werk Sevilla, Madrid, Spanien.

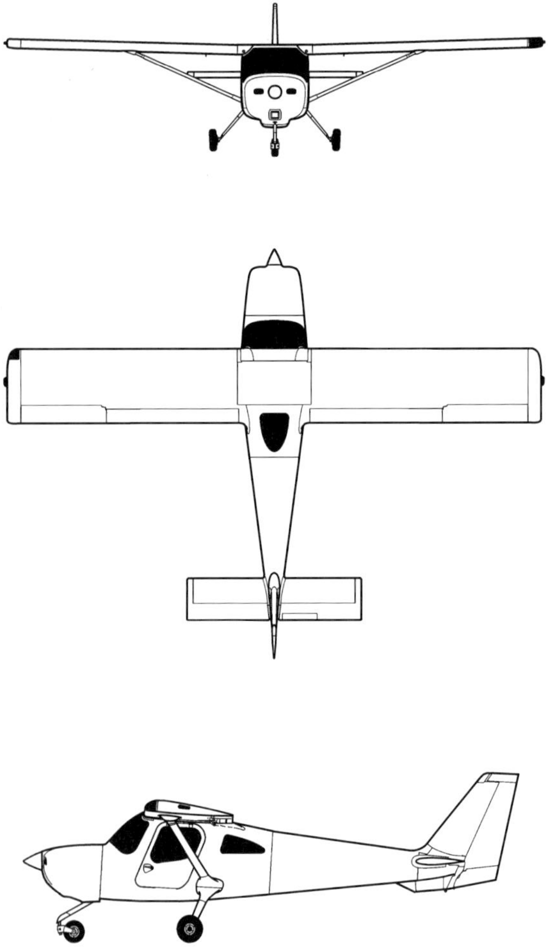

Abmessungen:
Spannweite 9,14 m
Länge 6,95 m
Höhe 5,53 m
Flügelfläche 11,50 m²

CESSNA 162 SKYCATCHER

Ursprungsland: USA.
Kategorie: Sport- und Reiseflugzeug.
Triebwerke: Ein luftgekühlter Vierzylinder-Boxermotor Teledyne Continental O-200D von 100 PS (74 kW) Leistung.
Leistungen: Max. Reisegeschwindigkeit 220 km/h; norm. Reisegeschwindigkeit 207 km/h; Anfangssteiggeschwindigkeit 4,52 m/Sek; Dienstgipfelhöhe 4724 m; max. Reichweite 890 km; max. Flugdauer 4,8 Std.
Gewichte: Rüstgewicht 376 kg; max. Startgewicht 599 kg.
Zuladung: Pilot und ein Passagier, max. Nutzlast 222 kg; Nutzlast bei max. Treibstoffzuladung 157 kg.
Entwicklungsstand: Der erste von zwei Prototypen startete am 13. Oktober 2006 zum Erstflug. Leider gingen beide während der Testphase durch Absturz verloren, was zur Verzögerung des ganzen Zulassungsprozesses führte. Nach diversen technischen Anpassungen sind nun die ersten Serienflugzeuge Mitte Dezember 2009 an Kunden ausgeliefert worden. Der aktuelle Bestellungsstand beläuft sich auf mehr als 1000 Skycatchers. Nach einer gewissen Anlaufphase sollen jährlich 700 Maschinen gebaut werden.
Bemerkungen: Mit der Skycatcher verfolgt Cessna das Ziel, ein modernes und sehr preisgünstiges Sport- und Trainingsflugzeug anzubieten. Der Basispreis beträgt derzeit US$ 112250.–, mit einer besseren Ausstattung bis zu US$ 136000.–. Um dies zu ermöglichen, wurde eine robuste und sehr einfache Konstruktion gewählt. Rumpf und Flügel bestehen aus Aluminium. Es ist ein einfaches Festfahrwerk eingebaut. Die Produktion findet nicht zuletzt aus Kostengründen in der VR China bei Shenyang Aircraft statt. Trotzdem umfassen die Ausrüstung und die Avionik State-of-the-Art-Systeme. Eingebaut ist das speziell für diesen Typ entwickelte Avionik-Package Garmin G300.
Hersteller: Cessna Aircraft Company, Wichita, USA; Werk Huanggu, Schenyang, VR China.

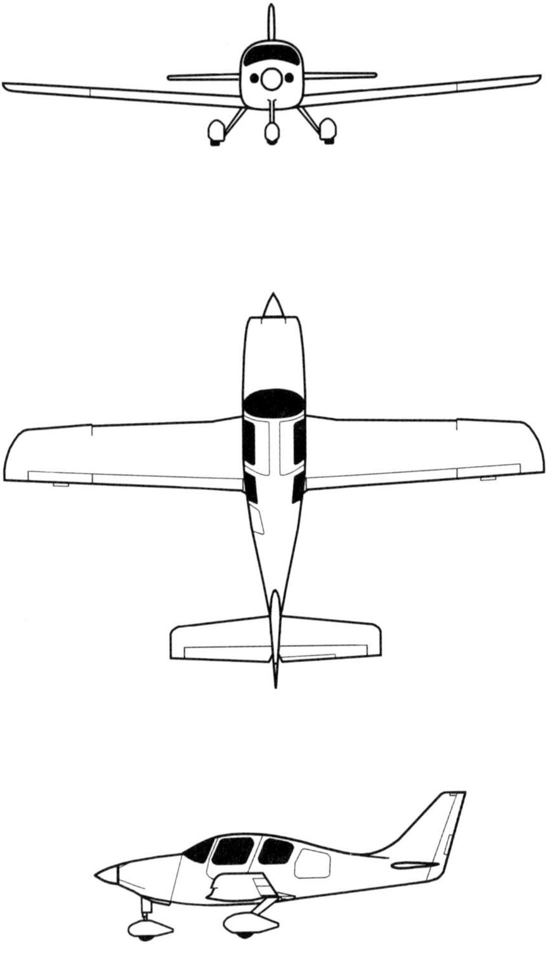

Abmessungen (350/400 TT):
Spannweite 10,91 m
Länge 7,67/7,72 m
Höhe 2,74 m
Flügelfläche 13,12 m^2

CESSNA 350 CORVALIS/400 CORVALIS TT

Ursprungsland: USA.
Kategorie: Sportflugzeug.
Triebwerke: Ein luftgekühlter Sechszylinder-Boxermotor Teledyne Continental (350) IO 550N von 310 PS (231 kW) bzw. (400 TT) TSIO-550-C von 310 PS (231 kW).
Leistungen (350/400 TT): Max. Reisegeschwindigkeit 344/435 km/h; max. Steiggeschwindigkeit 6,21/7,1 m/Sek; Dienstgipfelhöhe 5488/7620 m; max. Reichweite 2584/2315 km.
Gewichte (350/400 TT): Rüstgewicht 1111/1157 kg; max. Startgewicht 1542/1633 kg.
Zuladung (350/400 TT): Pilot und drei Passagiere; max. Zuladung 353/340 kg, mit max. Treibstoff 153/199 kg.
Entwicklungsstand: Die Auslieferungen der Ursprungsausführung Lancair IV begannen Mitte 2001, jene der Columbia 400 im 2004. Unter dem Namen Cessna sind die ersten Modelle 350 Corvalis und 400 Corvalis TT Mitte 2009 an Kunden übergeben worden. Der aktuelle Bestellungsstand ist nicht bekannt.
Bemerkungen: Cessna übernahm 2007 die Columbia Aircraft, überarbeitete zwei ihrer Flugzeugmodelle Lancair IV und Columbia und bietet sie neu unter den Namen Cessna 350 bzw. 400 TT an. Beide Modelle sind vollständig aus Verbundwerkstoffen hergestellt und für ihre Klasse sehr aerodynamisch ausgelegt. Dies verbunden mit starkem Triebwerk, bei der 400 TT mit Turbolader, macht diese beiden Modelle zu den schnellsten derzeit angebotenen einmotorigen Sportflugzeugen. Die 400 TT verfügt zudem über eine Druckkabine. Eingebaut ist die neueste Garmin-1000-Avionik, u.a. ausgerüstet mit sog. Synthetic Vision Technology-Screens. Was die Inneneinrichtung angeht, wurde sehr auf edles Design und qualitativ hoch stehende Materialverwendung geachtet. Cessna verlangt für die Basisversion der 350 US$ 550000.–, für die 400 TT US$ 635000.–.
Hersteller: Cessna Aircraft Company, Wichita, Werk Independence, Kansas, USA.

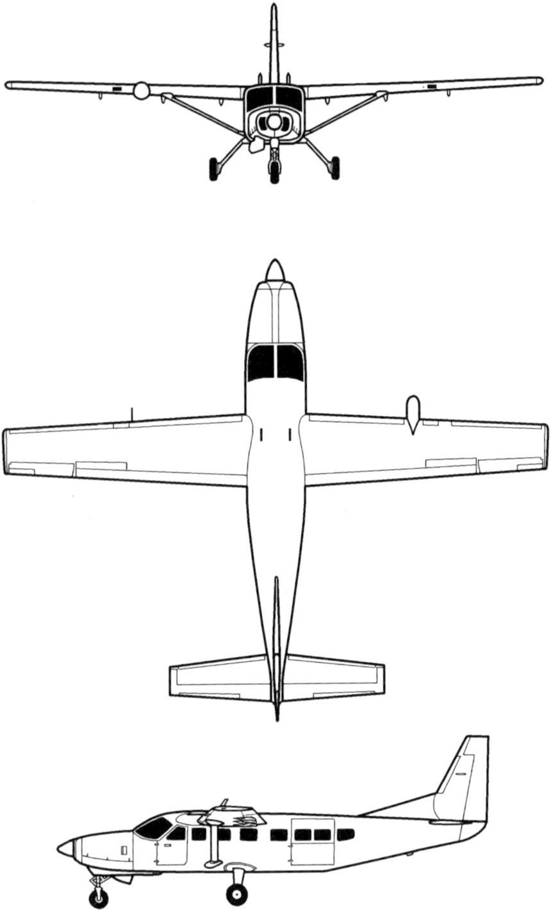

Abmessungen:
Spannweite 15,87 m
Länge (Caravan) 11,50 m, (Grand Caravan) 12,72 m
Höhe (Caravan) 4,52 m, (Grand Caravan) 4,70 m
Flügelfläche 25,96 m²

CESSNA 208B GRAND CARAVAN

Ursprungsland: USA.
Kategorie: Mehrzweckflugzeug.
Triebwerke: Eine Propellerturbine Pratt & Whitney Canada PT6A-114A von 675 WPS (503 kW) Leistung.
Leistungen: Max. Reisegeschwindigkeit 340 km/h auf 3050 m, 295 km/h auf 6095 m; Anfangssteiggeschwindigkeit 4,9 m/Sek; Dienstgipfelhöhe 7620 m; max. Reichweite mit 45 Min. Reserven 1680 km auf 3050 m.
Gewichte: Leergewicht 1861 kg; max. Startgewicht (Caravan) 3629 kg, (Grand Caravan) 3969 kg.
Zuladung: Ein bis zwei Piloten und in der Standardausführung neun Passagiere, maximal jedoch 14 Passagiere oder (Caravan) 1758 kg, (Grand Caravan) 1933 kg Fracht.
Entwicklungsstand: Der Prototyp der 208 flog erstmals am 9. Dezember 1982; Beginn der Kundenablieferungen im Februar 1985. Die militärische Variante U-27A wurde 1986 eingeführt. Die verbesserte Version 208B nahm am 3. März 1986 die Flugerprobung auf, gefolgt von der Grand Caravan 1991. Bisher sind rund 1800 Caravan aller Versionen ausgeliefert worden. Nebst der 208B werden derzeit angeboten: Caravan 675, Caravan Amphibian, Grand Caravan und Super Cargomaster. Nach wie vor ist die Nachfrage nach diesem Typ hoch, einige der neuesten Bestellungen: Susi Air 30, Luftwaffe Kolumbinens 5.
Bemerkungen: Die neueste Variante der um 1,22 m verlängerten Cessna 208B, die Grand Commander, verfügt über ein stärkeres Triebwerk und entsprechend verbesserte Flugleistungen. Auch eine Ausführung mit Schwimmern ist erhältlich. Besonders für diese Variante offeriert Aero Twin einen Umbausatz mit dem leistungsstärkeren Triebwerk Honeywell TPE331-12 von 850 WPS (633 kW) Leistung und einem Vierblattpropeller. Damit verbessern sich insbesondere die Startleistungen. Als eigentliches »Arbeitspferd« ist die Caravan für die verschiedensten Aufgaben eingesetzt, sei es als Frachter bis zum Passagierflugzeug mit VIP-Einrichtung.
Hersteller: Cessna Aircraft Company, Wichita, Kansas, USA.

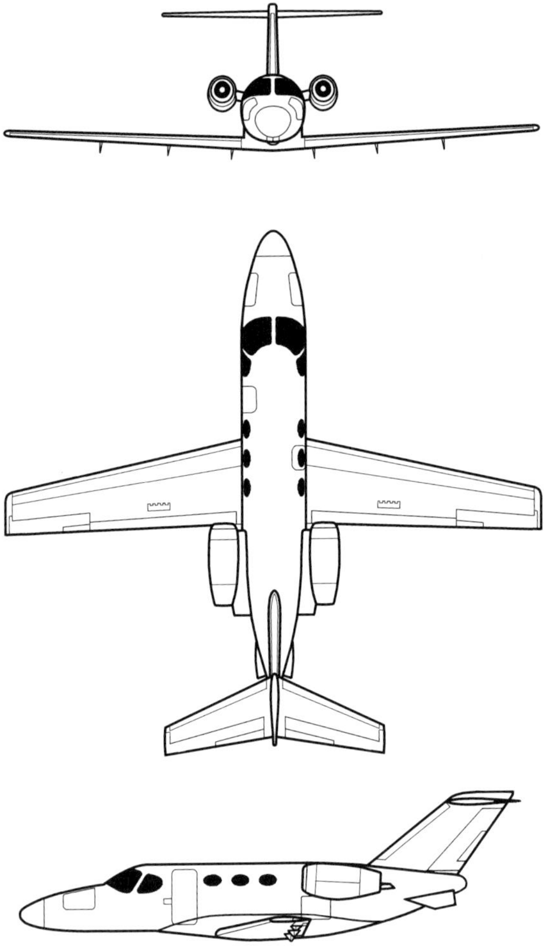

Abmessungen:
Spannweite 13,16 m
Länge 12,17 m
Höhe 4,09 m
Flügelfläche 19,50 m²

CESSNA 510 CITATION MUSTANG

Ursprungsland: USA.
Kategorie: Taxi- und Firmenflugzeug.
Triebwerke: Zwei Mantelstromtriebwerke Pratt & Whitney PW615F von je 662 kp (6,49 kN) Standschub.
Leistungen: Typische Reisegeschwindigkeit 630 km/h auf 10688 m; Dienstgipfelhöhe 12500 m; Reichweite unter IFR-Bedingungen bei einer Nutzlast von 270 kg 2161 km.
Gewichte: Leergewicht 2480 kg; max. Startgewicht 3921 kg.
Zuladung: Pilot und bis zu fünf Passagiere; Nutzlast bei voller Treibstoffzuladung 272 kg.
Entwicklungsstand: Der Prototyp der Citation Mustang absolvierte den Erstflug am 23. April 2005, das erste Serienflugzeug folgte am 29. August 2005. Bisher sind über 500 Einheiten bestellt worden. Davon waren Ende 2009 fast 300 ausgeliefert. Jährlich will Cessna rund 150 Mustangs herstellen.
Bemerkungen: Mit diesem neuesten und kleinsten Jet will sich Cessna gegenüber der neu aufkommenden Konkurrenz von sehr leichten und preisgünstigen Düsenflugzeugen am Markt behaupten. Die Citation Mustang stellt eine Brücke zwischen mit Kolbenmotoren ausgerüsteten Sport- und Reiseflugzeugen und den eigentlichen Businessjets dar. Der Basispreis soll US$ 2,7 Mio. betragen. Von der Auslegung her ist die ganz aus Aluminium hergestellte Mustang der CitationJet-Familie ähnlich, in den Außenabmessungen jedoch kleiner. Der Flügel ohne Pfeilung wurde völlig neu konzipiert. Die kleine Passagierkabine (Länge 4,42 m, Breite 1,42 m, Höhe 1,37 m) verfügt jedoch über eine Toilette. Im Cockpit gelangt die Garmin G100-Avionik zum Einbau, welche drei große Flachbildschirme und als Erleichterung für den Piloten ein umfassendes Flight Management System umfasst.
Hersteller: Cessna Aircraft Company, Werk Independence, Wichita, Kansas, USA.

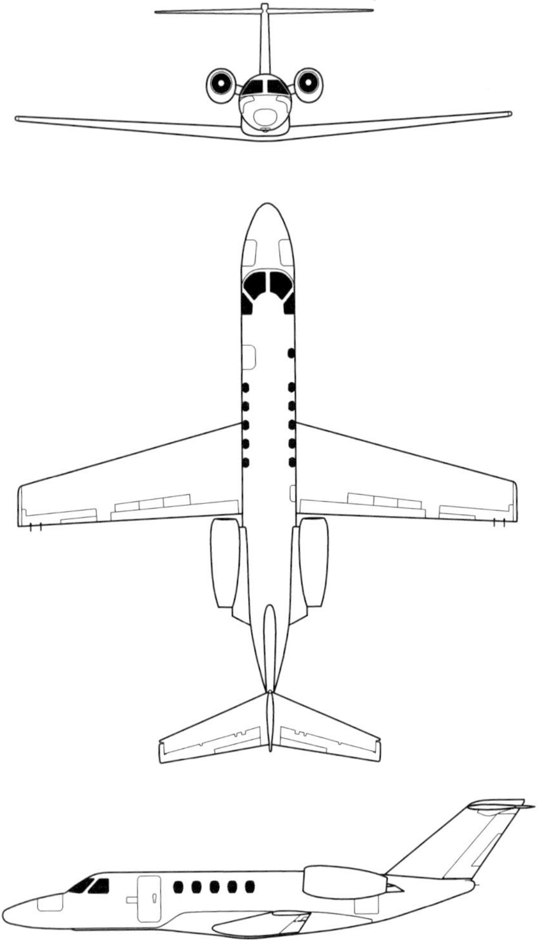

Abmessungen:
Spannweite (CJ1+) 14,30 m, (CJ2+) 15,19 m, (CJ3) 16,26 m, (CJ4) 15,49 m
Länge (CJ1+) 12,98 m, (CJ2+) 14,53 m, (CJ3) 15,29 m, (CJ4) 16,26 m
Höhe (CJ2) 4,24 m, (CJ3) 4,62 m, (CJ4) 4,67 m
Flügelfläche (CJ4) 30,66 m²

CESSNA 525B CITATION CJ4

Ursprungsland: USA.
Kategorie: Firmenflugzeug.
Triebwerke: Zwei Mantelstromtriebwerke Williams Rolls-Royce FJ44-4A von je 1542 kp (15,12 kN) Standschub.
Leistungen: Max. Reisegeschwindigkeit 838 km/h auf 10668 m; Steigzeit auf 13106 m 28 Min, Dienstgipfelhöhe 13716 m; max. Reichweite (CJ1+) 2380 km, (CJ2+) 3200 km, (CJ3) 3518 km, (CJ4) 3638 km.
Gewichte: Rüstgewicht 2517 kg; max. Startgewicht 3921 kg.
Zuladung: Pilot und Copilot/Passagier im Cockpit und sechs bis acht Passagiere; Nutzlast bei voller Treibstoffzuladung 454 kg, max. 952 kg.
Entwicklungsstand: Am 5. Mai 2008 startete der Prototyp CJ4 zum Erstflug, gefolgt vom ersten Serienmuster am 19. August 2008. Mit den Auslieferungen begann Cessna Anfang 2010. Die aktuelle Auftragslage ist nicht bekannt. Von der CJ1, CJ2 und CJ3 hat Cessna mittlerweile über 1000 Einheiten gebaut, von allen Citations zusammen über 5600.
Bemerkungen: Die Familie der CitationJet wird kontinuierlich erweitert und modernisiert. Nach dem Ausgangsmuster CJ1 (siehe Ausgabe 2002), der verlängerten CJ2 (siehe Ausgabe 2003), der abermals gestreckten CJ3 (siehe Ausgabe 2007) lancierte Cessna 2008 die CJ4. Der Rumpf wurde um 0,93 m verlängert. Völlig neu ist der Flügel mit leichter Pfeilung. Die Triebwerke sind gegenüber der CJ3 wesentlich leistungsfähiger. Obwohl es sich um ein kleines Firmenflugzeug handelt, ist die Passagierkabine mit einer Länge ohne Cockpit von 5,29 m, einer Breite von 1,47 m und einer Höhe von 1,45 m recht geräumig. Wie bei den anderen CitationJet-Mustern gelangt die Collins Pro Line21-Avionik zum Einbau. Aufgrund der Testergebnisse konnten einige Leistungsparameter erhöht werden. Die CJ4 soll die Citation Bravo im Angebot von Cessna ersetzen. Der Hersteller gibt einen Basispreis von US$ 8,76 Mio. an
Hersteller: Cessna Aircraft Company, Wichita, Kansas, USA

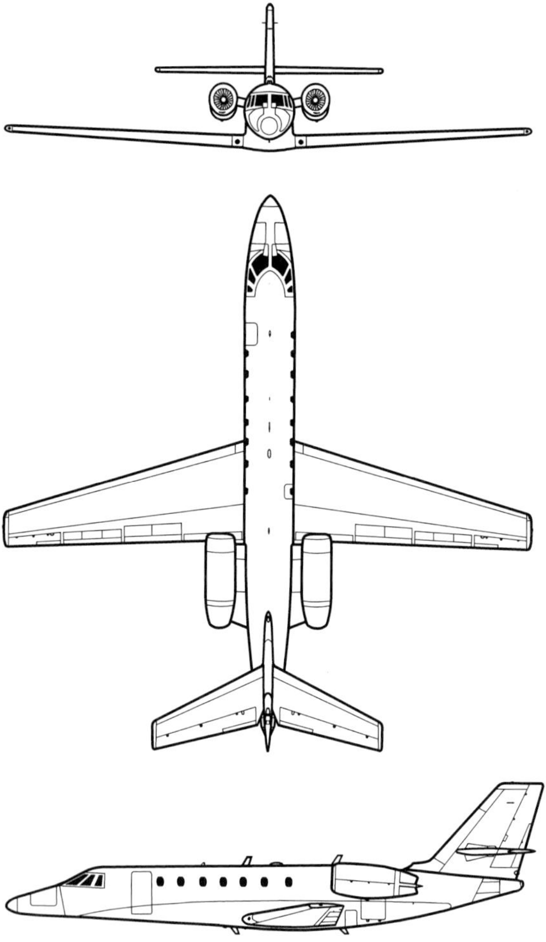

Abmessungen:
Spannweite 19,24 m
Länge 19,37 m
Höhe 6,20 m
Flügelfläche 47,94 m²

CESSNA 680 CITATION SOVEREIGN

Ursprungsland: USA.
Kategorie: Firmenflugzeug.
Triebwerke: Zwei Mantelstromtriebwerke Pratt & Whitney Canada PW306C von je 2570 kp (25,30 kN) Standschub.
Leistungen: Max. Reisegeschwindigkeit 846 km/h (Mach 0,80) auf 9449 m; Zeit um 13100 m zu erreichen 26 Min; Dienstgipfelhöhe 14325 m; Reichweite mit acht Passagieren und IFR-Reserven 4962 km, bei VFR-Regeln 5339 km.
Gewichte: Leergewicht 7892 kg; max. Startgewicht 13743 kg.
Zuladung: Zwei Piloten und bis zu zehn Passagiere; Nutzlast mit max. Treibstoffzuladung 898 kg, max. Nutzlast 1270 kg.
Entwicklungsstand: Der Prototyp der Sovereign nahm die Flugerprobung am 27. Februar 2002 auf, gefolgt vom ersten Serienmuster am 27. Juni 2002. Im September 2004 starteten die Auslieferungen. Die amerikanische ExecutiveJet alleine hat 100 Exemplare bestellt. Ende 2009 waren über 250 Einheiten gebaut.
Bemerkungen: Als Antwort auf die neuen Konkurrenzmuster im Bereich der mittelgroßen Geschäftsflugzeuge lancierte Cessna die neue Sovereign. Um den Verkaufspreis (voll ausgerüstet ca. US$ 13,3 Mio.) möglichst günstig zu halten, basiert sie konstruktiv auf der Cessna Excel (siehe Ausgabe 2003), ist aber größer und zeichnet sich durch eine sehr geräumige Kabine aus. Der Rumpf ist gegenüber dem Ausgangsmuster um 1,80 m verlängert. Neu ist der superkritische Flügel mit einer leichten Pfeilung von 16,10 und einem besonders geringen aerodynamischen Widerstand. Dadurch lassen sich hohe Reisegeschwindigkeiten erzielen. Seitenleitwerk und Höhenruder sind aus dem gleichen Grund ebenfalls leicht gepfeilt. Die Sovereign soll die guten Start- und Landeeigenschaften der Citation-Familie beibehalten (Startlänge ca. 1130 m, Landelänge ca. 975 m). Die Avionik Epic CDS stammt von Honeywell, das Cockpit ist mit vier großen Multifunktions-Flachbildschirmen ausgestattet.
Hersteller: Cessna Aircraft Company, Wichita, Kansas, USA.

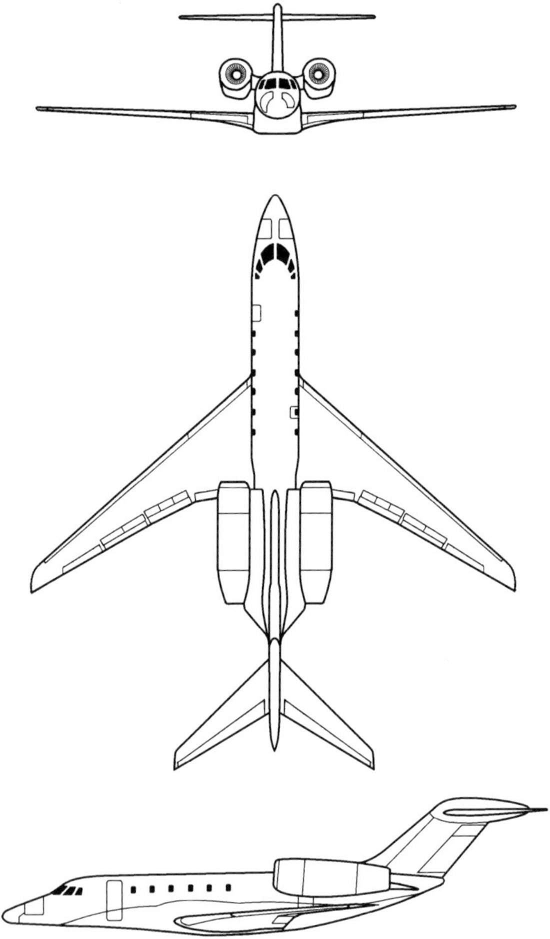

Abmessungen:
Spannweite 19,48 m,
Länge 22,04 m
Höhe 5,86 m
Flügelfläche 48,96 m²

CESSNA 750 CITATION X

Ursprungsland: USA.
Kategorie: Firmenflugzeug.
Triebwerke: Zwei Mantelstromtriebwerke Rolls Royce (Allison) AE 3007C-1 von je 3068 kp (30,09 kN) Standschub.
Leistungen: Höchstgeschwindigkeit 972 km/h (Mach 0,92); max. Reisegeschwindigkeit auf 11275 m 934 km/h oder Mach 0,88; Langstrecken-Reisegeschwindigkeit 851 km/h; Anfangssteiggeschwindigkeit 22,4 m/Sek; Dienstgipfelhöhe 15545 m; VFR-Reichweite bei Mach 0,82 mit sechs Passagieren und 45 Min. Reserven 6115 km, IFR-Reichweite 5586 km.
Gewichte: Leergewicht 9843 kg; max. Startgewicht 16374 kg.
Zuladung: Zwei Mann Cockpitbesatzung und normalerweise acht, maximal aber bis zu 12 Passagiere in Einzelsitzen und einer dreiplätzigen Couch; Nutzlast mit vollen Treibstofftanks 617 kg, max. 1179 kg.
Entwicklungsstand: Das erste Erprobungsmuster nahm die Flugtests am 21. Dezember 1993 auf. Mit den Kundenauslieferungen wurde nach Erhalt der Zulassung im Juni 1996 begonnen. Im November 2009 ist die 300. X abgeliefert worden, darunter 31 für die ExecutiveJet.
Bemerkungen: Derzeit ist die Citation X noch das schnellste Zivilflugzeug außer der Concorde. Dazu erhielt sie einen neuartigen und hoch entwickelten Flügel, der eine Pfeilung von 35° aufweist. Als erstes Cessna-Flugzeug verfügt sie über eine servounterstützte Flugsteuerung. Der Rumpfquerschnitt erlaubt durchgehend Stehhöhe. Das Cockpit ist mit dem digitalen EFIS-System Honeywell Primus 2000 ausgerüstet. Citations X ab dem Modelljahr 2002 verfügen über Triebwerke mit um 180 kp größerer Startleistung und erhöhtes Maximalgewicht. Auch die Avionik von Honeywell wurde aufgerüstet. Ab der Seriennummer 225 erhielt das Topmodell von Cessna ein neu gestaltetes Interieur. Neu ist die Citation X auch mit Winglets erhältlich. Dadurch soll die Reisegeschwindigkeit um 28 km/h zunehmen, 545 kg mehr Nutzlast auf hochgelegenen heißen Flugplätzen ermöglicht sowie die Reichweite um 280 km erhöht werden.
Hersteller: Cessna Aircraft Company, Wichita, Kansas, USA.

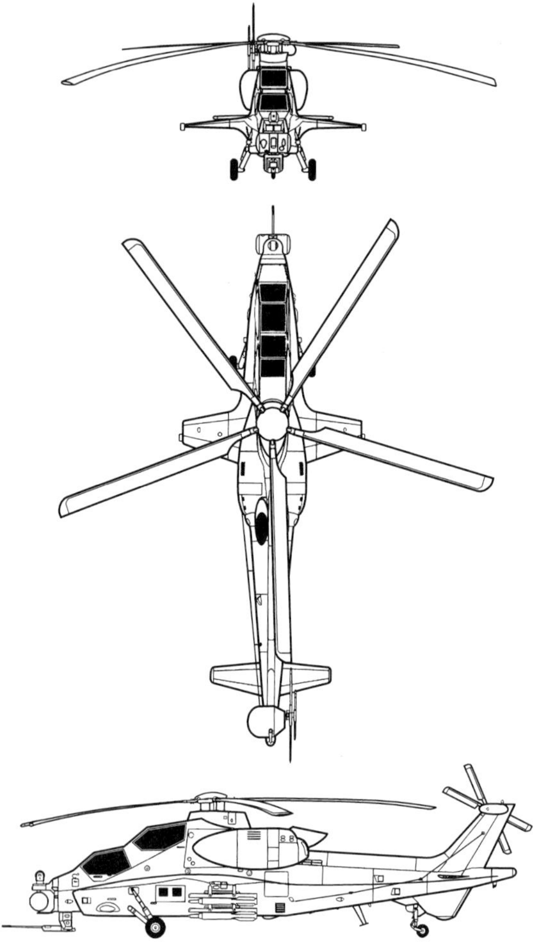

Abmessungen:
Keine Angaben erhältlich

CHANGHE WZ-10

Ursprungsland: VR China.
Kategorie: Zweisitziger Kampfhubschrauber.
Triebwerke: Zwei Gasturbinen Pratt & Whitney Canada PT6C-67C von je 1531 WPS (1142 kW) Leistung.
Leistungen: Höchstgeschwindigkeit 300 km/h; weitere Angaben nicht bekannt.
Gewichte: Keine Angaben erhältlich.
Bewaffnung: An der Rumpfspitze eine Kanone mit einem Kaliber von vermutlich 23 mm sowie an zwei Auslegern seitlich am Rumpf bis zu acht Antitank-Lenkwaffen des neuen chinesischen Typs HJ-10. Alternativ können aber auch ungelenkte Raketen für den Erdkampf sowie infrarotgesteuerte Luft-Luft-Lenkwaffen TY-90 mitgeführt werden.
Entwicklungsstand: Der erste Prototyp flog erstmals am 29. April 2003, ging aber im Laufe der Flugerprobung verloren. Inzwischen sollen rund acht weitere Prototypen bzw. Vorserienhubschrauber gebaut worden sein. Über einen Produktionsentscheid ist bisher nichts bekannt geworden.
Bemerkungen: Die WZ-10 bzw. gemäß anderen Quellen Z-10 (oder auch als Zhisheng bzw. Zhi-10 bezeichnet) ist von der Auslegung her mit der AgustaWestland AW 129 oder mit dem Eurocopter Tiger zu vergleichen. Die Hauptaufgabe des Musters wird die Bekämpfung von mechanisierten Verbänden, Kampffeld-Aufklärung sowie in zweiter Linie Einsätze gegen gegnerische Hubschrauber sein. Offenbar handelt es sich bei der WZ-10 um eine vollständige chinesische Eigenentwicklung. Dabei wurde eine ähnliche Konzeption wie bei westlichen Mustern gewählt. Der Rumpf ist schlank mit einem Tandemcockpit für Piloten und Waffenoperateur. Zur Reduktion der Radarabstrahlung weist er verschiedene Verwinklungen auf. Die zwei Triebwerke treiben einen Fünfblatt-Hauptrotor und einen Vierblatt-Heckrotor an. Ob das PW-Triebwerk bei einer Serienausführung beibehalten wird oder eine alternative chinesische Lösung verwendet wird, ist noch offen. Der Hubschrauber soll ein Fly-By-Wire-Kontrollsystem und ein modernes Cockpit mit Multifunktions-Displays aufweisen. Die elektronische Ausrüstung umfasst u.a. ein FLIR sowie diverse ECM-Komponenten wie Infrarot-Jammer, Laser Warngerät und Chaff-/Flare-Werfer.
Hersteller: CAIG Changhe Aircraft Industries Group, Ingdezhen, Jiangxi-Provinz, VR China.

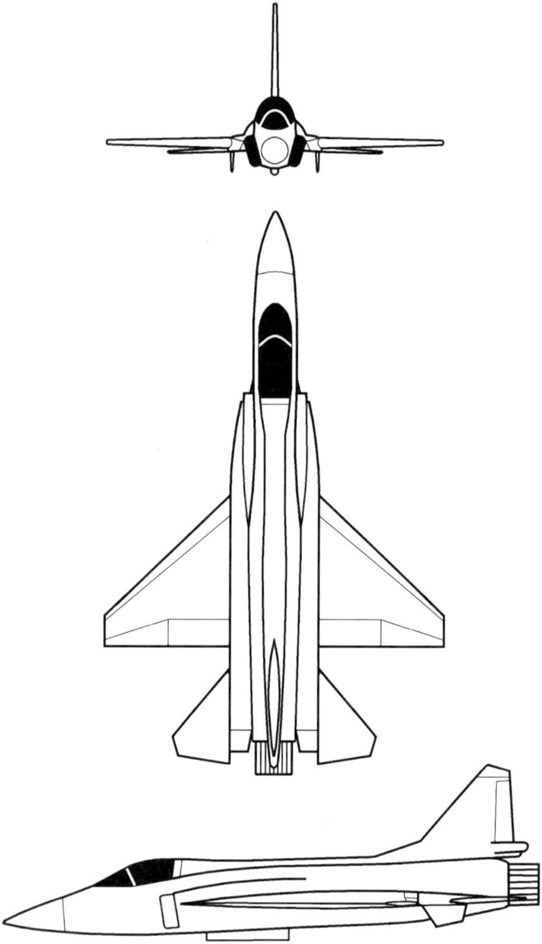

Abmessungen:
Spannweite 9,46 m
Länge 14,97 m
Höhe 4,77 m
Flügelfläche 24,40 m²

CHENGDU FC-1/JF-17 SUPER 7

Ursprungsland: Volksrepublik China.
Kategorie: Einsitziger Luftüberlegenheitsjäger und Erdkämpfer.
Triebwerke: Ein Mantelstromtriebwerk Klimow RD-93 von 5040 kp (49,4 kN) ohne und 8300 kp (81,4 kN) mit Nachverbrennung.
Leistungen (geschätzt): Höchstgeschwindigkeit ohne Außenlasten 1800 km/h (Mach 1,8); Dienstgipfelhöhe 16700 m; Aktionsradius als Jäger 1200 km, als Erdkämpfer 700 km; Reichweite mit internem Kraftstoff 1600 km; Überführungsreichweite 3000 km.
Gewichte: Leergewicht 6350 kg; Startgewicht normal beladen ohne Außenlasten 9100 kg; max. Startgewicht 12700 kg.
Bewaffnung: Eine doppelläufige 23-mm-Kanone GSh-223-2 unter dem Rumpf und Luft-Luft- bzw. Luft-Boden-Lenkwaffen sowie Bomben an vier Stationen unter den Flügeln und zwei an den Flügelspitzen. Max. Waffenladung 3600 kg.
Entwicklungsstand: Das erste Erprobungsmuster nahm nach längerer Verzögerung die Flugerprobung am 25. August 2003 auf. Das erste Serienmuster wurde im März 2007 der pakistanischen Luftwaffe übergeben. China soll 250 FC-1 erhalten. Das erste in pakistanischer Lizenz gebaute Muster wurde im November 2009 fertig gestellt. Neu will Pakistan bis zu 250 Einheiten beschaffen und hat bis Ende 2009 42 Einheiten geordert. Weiterer Besteller: Azerbeijan 26.
Bemerkungen: Das chinesisch-pakistanische Gemeinschaftsprojekt FC-1 wurde in enger Zusammenarbeit mit der russischen MAPO entwickelt. Dieses Muster basiert auf der nie fertig gestellten einmotorigen Variante der MiG-29, der MiG-33. Als kompakter Allwetter-Mehrzweckjäger soll er den Leistungen der F-16 nahe kommen. Die Auslegung der FC-1 ist recht konventionell. Rumpf wie Flügel bestehen aus Aluminium. Die Steuerung ist noch vollständig servogesteuert. Spätere Ausführungen sollen ein Fly-By-Wire-System erhalten. Die ersten 50 pakistanischen Exemplare verfügen über chinesische Avionik, danach sollen entweder die westlichen Mehrzweckradar-Modelle Grifo S7 oder RC400 eingebaut werden. Eine zweisitzige Ausführung ist ebenfalls vorgesehen. Aufgrund von Erkenntnissen in der Erprobung wurde ein vierter Prototyp mit überarbeiteten Triebwerkeinläufen und Flügelvorderkanten sowie erhöhtem Seitenleitwerk gebaut.
Hersteller: Chengdu Aircraft Industrial Corp., Chengdu, Sichuan, VR China.

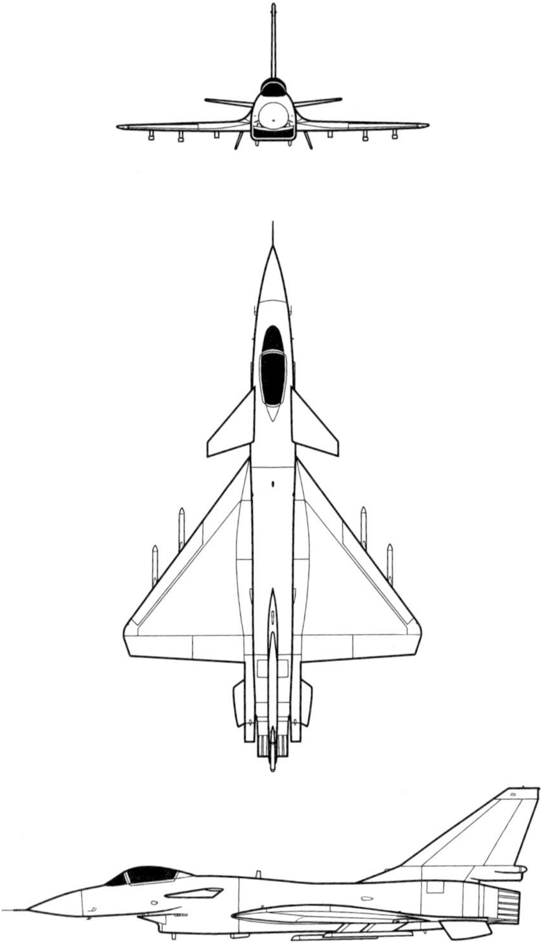

Abmessungen:
Spannweite Hauptflügel 8,78 m, Vorflügel 5,30 m
Länge 14,57 m
Höhe 4,78 m
Fläche Hauptflügel 45,50 m², Vorflügel 4,70 m²

CHENGDU J-10

Ursprungsland: Volksrepublik China.
Kategorie: Einsitziger Mehrzweckjäger und zweisitziger Einsatztrainer.
Triebwerke: Ein Mantelstromtriebwerk Saturn/Lyulka AL-31FN von 8100 kp (79,4 kN) Standschub ohne und 12800 kp (125,50 kN) mit Nachverbrennung.
Leistungen (geschätzt): Höchstgeschwindigkeit Mach 2,2 in großen Höhen, auf Meereshöhe Mach 1,2; Dienstgipfelhöhe 18000 m; Aktionsradius 550 km; Reichweite 1850 km.
Gewichte: Leergewicht 9730 kg; max. Startgewicht 24650 kg.
Bewaffnung: Eine Kombination von Kurzstrecken-Luft-Luft-Lenkwaffen PL-8, Mittelstrecken-Luft-Luft-Lenkwaffen PL-11 und Zusatztanks/Luft-Boden-Raketen/Bomben an bis zu elf Waffenstationen; max. Waffenlast rund 5500 kg. Zudem ist eine 23-mm-Kanone eingebaut.
Entwicklungsstand: Der erste von vier Prototypen führte am 24. März 1998 seinen Erstflug aus, der doppelsitzige Prototyp J-10B folgte im 2004. Seit 2004 ist die J-10 bei der Luftwaffe der VR China im Einsatz. Insgesamt soll sie 300 Exemplare bekommen, etwa 100 davon sind bereits abgeliefert. Pakistan wird voraussichtlich 36 J-10 beschaffen.
Bemerkungen: Der Mehrzweckjäger J-10 ist das Resultat einer gemeinsamen Entwicklung von Chengdu und der israelischen IAI. Diese brachte das Know-how des früheren Abfangjägers Lavi (siehe Ausgabe 1987/88) in das Projekt ein. Deshalb gleichen sich äußerlich die beiden Muster. Ein neues Bordradar chinesischer Provenienz ist eingebaut, welches die halbaktiven Radar gesteuerten Lenkwaffen PL-12/SD-10 führt. Die J-10 verfügt über ein Fly-By-Wire-Steuerungssystem. Vermutlich Anfang 2009 startete die verbesserte Ausführung J-10B zum Erstflug. Gemäß bisher gesehenen Fotos ist der Triebwerkeinlauf überarbeitet, die Rumpfnase vermutlich für ein neues Radar umkonstruiert, die Zelle verstärkt und das Seitenleitwerk vergrößert. Zudem befinden sich zwei weitere Waffenaufhängepunkte unter den Flügeln. Auch soll ein verstärktes Triebwerk eventuell auch mit Vektor-Steuerung eingebaut sein.
Hersteller: CAC, Chengdu Aircraft Industrial Corporation, Chengdu, Sichuan, VR China.

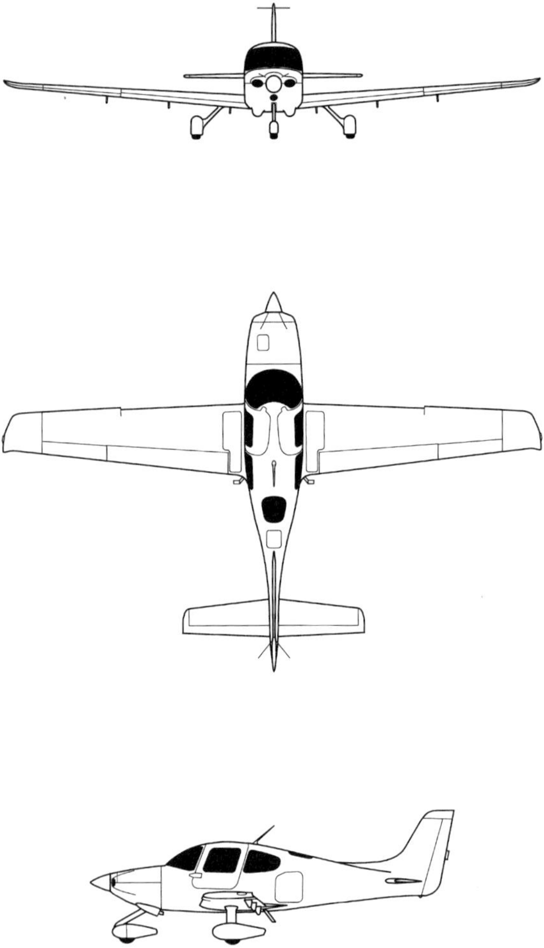

Abmessungen:
Spannweite 11,68 m
Länge 7,92 m
Höhe 2,71 m
Flügelfläche 13,46 m^2

CIRRUS SR22-G3

Ursprungsland: USA.
Kategorie: Sport- und Reiseflugzeug.
Triebwerke: Ein luftgekühlter Sechszylinder-Boxermotor Teledyne Continental IO-550-N von 310 PS (230 kW) Leistung.
Leistungen: Höchstzulässige Geschwindigkeit 378 km/h; max. Reisegeschwindigkeit 335 km/h; Anfangssteiggeschwindigkeit 7,10 m/Sek; Dienstgipfelhöhe 5334 m, max. Reichweite mit IFR-Reserven 2166 km.
Gewichte: Leergewicht 1009 kg; max. Startgewicht 1542 kg.
Zuladung: Pilot und drei Passagiere, max. Nutzlast rund 500 kg.
Entwicklungsstand: Die Weiterentwicklung SR22G-3 wird seit Anfang 2007 angeboten. Von allen Varianten wurden bisher über 4000 Exemplare gebaut. Die Jahresproduktion musste angesichts der sinkenden Nachfrage von früher 600 auf rund 250 Maschinen reduziert werden.
Bemerkungen: In die mittlerweile recht lange Reihe von CR-Modellen fügt Cirrus als neuestes Produkt die SR22-G3 an. Laut Hersteller wurden gegenüber dem Vormodell über 300 Modifikationen und Verbesserungen vorgenommen. Neu ist der Flügel, der dank eines neuen Karbonfiber-Kernträgers leichter und robuster ist. Er fasst auch 42 l mehr Treibstoff. Die allgemeine Aerodynamik wurde im Detail verbessert, das Fahrwerk ist leicht erhöht. Als Option kann eine Klimaanlage eingebaut werden. Schließlich hat man die Bedienung durch verschiedene Maßnahmen optimiert. Seit Mitte 2008 kann als Option ein völlig neu gestaltetes Cockpit von Garmin u.a. mit zwei zentralen 12 inch-Displays, die über vielfältige neue Funktionen verfügen eingebaut werden. Weiterhin angeboten werden die Versionen SR20/SR20-GTS, SR22/SR-22-GTS sowie die SR22 Turbo GTS.
Hersteller: Cirrus Design Corp., Duluth, Minnesota, USA.

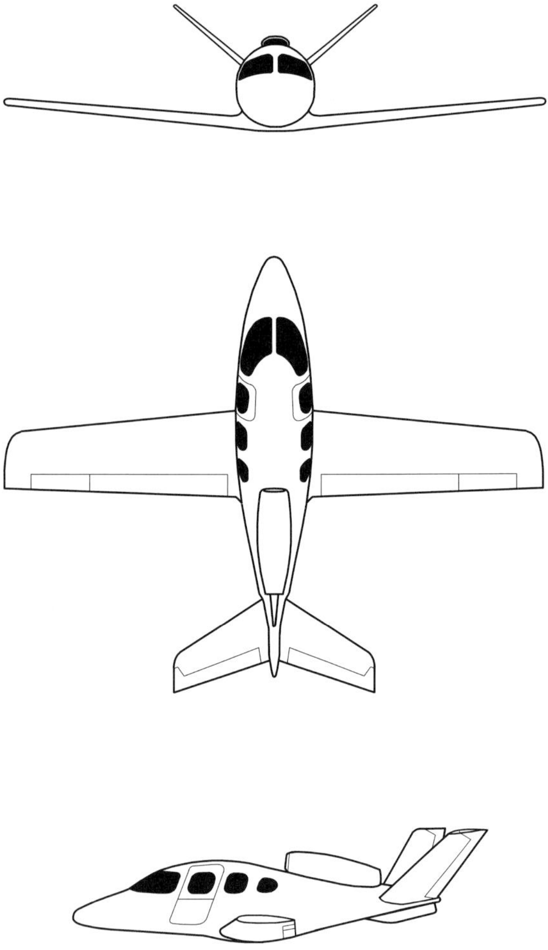

Abmessungen:
Spannweite 11,73 m
Länge (Prototyp) 9,02 m, (Serie) 8,91 m
Höhe 3,05 m

CIRRUS SF50 VISION

Ursprungsland: USA.
Kategorie: Leichtes düsengetriebenes Sport- und Reiseflugzeug.
Triebwerke: Ein Mantelstromtriebwerk Williams International FJ33-4A-9 von 860 kp (8,45 kN) Standschub.
Leistungen (prov. Angaben für Prototypen): Maximale Reisegeschwindigkeit 590 km/h; normale Reisegeschwindigkeit 555 km/h auf 8700 m; normale Reichweite 1800 km, maximal 2590 km.
Gewichte: Rüstgewicht 1681 kg; max. Startgewicht 2727 kg.
Zuladung: Ein Pilot und normal vier, maximal bis zu sechs Passagiere; Nutzlast bei vollen Treibstofftanks 180 kg, max. Nutzlast 545 kg.
Entwicklungsstand: Der vorläufig einzige Prototyp flog erstmals am 3. Juli 2008. Obwohl gemäß Hersteller bereits Aufträge für rund 350 SF50 vorliegen, wurde ein Produktionsentscheid noch nicht getroffen. Im positiven Fall könnten die ersten Maschinen 2012 geliefert werden.
Bemerkungen: In mehreren Belangen ist das erste Flugzeug mit Strahlantrieb von Cirrus eine echte Innovation. Im Gegensatz zu den meisten übrigen ähnlichen Konstruktionen fokussiert dieses Muster nicht auf den Taxiflugmarkt, sondern auf jenen der Privatpiloten, welche ihr einmotoriges Sportflugzeug durch ein höherwertiges Düsenflugzeug ersetzen möchten. Die Vision soll besonders einfach zu fliegen sein. Die Cockpitausrüstung sieht sehr futuristisch aus. Dem Passagierkomfort wird größte Beachtung geschenkt. So soll die Kabine mehr Raum pro Person bieten als einige Konkurrenzmuster. Die Konstruktion besteht vollständig aus Verbundwerkstoffen, wobei das V-förmige Höhenruder besonders auffällt. Einmalig für Jets ist das Rettungssystem mit Fallschirm, welches von den CR20/22-Modellen übernommen wird. Markant ist auch das oben am Rumpf angebrachte Triebwerk, welches für dieses Muster diverse Vorteile bringen soll. Der Wirtschaftlichkeit wird große Beachtung geschenkt. So sollen die Betriebskosten sehr niedrig sein. Cirrus gibt für die ersten Exemplare einen Kaufpreis von US$ 1,25 Mio. an.
Hersteller: Cirrus Design Corp., Duluth, Minnesota, USA.

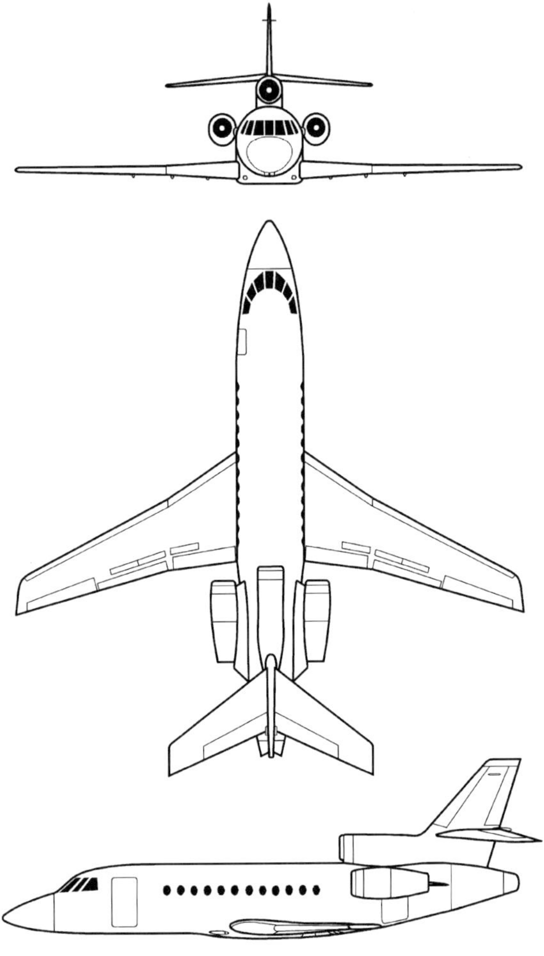

Abmessungen:
Spannweite 19,33 m
Länge 20,21 m
Höhe 7,55 m
Flügelfläche 49,03 m²

DASSAULT FALCON 900DX

Ursprungsland: Frankreich.
Kategorie: Firmenflugzeug.
Triebwerke: Drei Mantelstromtriebwerke Honeywell TFE731-60 von je 2268 kp (22,24 kN) Standschub.
Leistungen: Höchstgeschwindigkeit 924 km/h auf 10975 m (Mach 0,87); max. Reisegeschwindigkeit 881 km/h auf 11890 m (Mach 0,84); Langstrecken-Reisegeschwindigkeit 788 km/h; Dienstgipfelhöhe 15550 m; Reichweite mit sechs Passagieren und maximaler Treibstoffzuladung und IFR-Reserven 7590 km.
Gewichte: Rüstgewicht 11100 kg; max. Startgewicht 21183 kg.
Zuladung: Zwei Piloten und je nach Innenausstattung 8 bis 15 Passagiere. Maximale Passagierkapazität 19 Personen in Dreierreihen; max. Nutzlast 2170 kg.
Entwicklungsstand: Erstflug des ersten Prototypen der Falcon 900 am 21. September 1984, gefolgt vom ersten Serienflugzeug im März 1986. Seither wurde der Typ immer weiter entwickelt. Ende 2009 waren über 500 Falcon 900 bestellt und zum größten Teil abgeliefert. 230 davon betrafen die Ausführungen 900EX und 900DX (siehe Foto). Derzeit werden nur noch die Versionen EX/DX und ab Mitte 2010 neu die LX als Ersatz für die EX gebaut und zwar jährlich etwa 30 Einheiten davon.
Bemerkungen: Die 900DX positioniert sich mit einem Preis von rund US$ 31,7 Mio. zwischen der Falcon 900C und der Falcon 900EX. Die Außen- und Innenabmessungen sind bei allen drei Mustern gleich. Bei der DX wurde besonderer Wert auf Wirtschaftlichkeit gelegt. So sollen dank der neuen Triebwerke die Betriebskosten um rund 5 % tiefer sein. Gegenüber der 900C zeichnet sie sich durch größere Reichweite und höhere Steigleistungen aus. Sie ist in der Lage, ab wesentlich kürzeren Pisten zu operieren. Das gleiche Avionik-System EASy der 900C gelangt auch bei der 900DX zum Einbau. Basierend auf der 900DX offeriert Dassault auch eine Seeaufklärervariante 900MPA mit einem Suchradar Ocean Master von Thales. Mitte 2008 lancierte Dassault die Version 900LX, welche einige aerodynamische Modifikationen, darunter Winglets aufweist. Dazu mussten die Flügel verstärkt werden. Dank dieser Maßnahmen steigert sich die Reichweite um 7%, aber auch die Steigleistungen konnten dadurch verbessert werden.
Hersteller: Dassault Falcon Jet Corporation, Werk Bordeaux-Mérignac, St. Cloud, Frankreich.

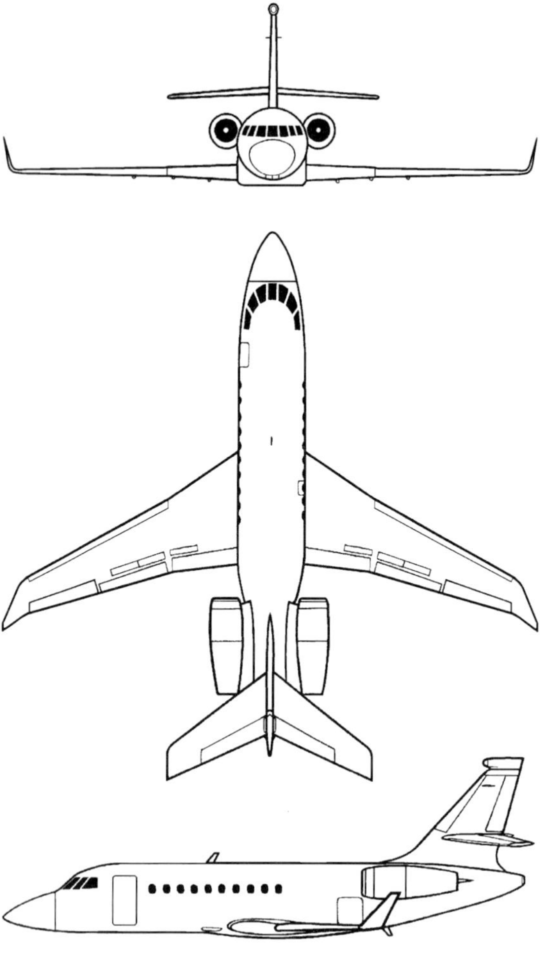

Abmessungen:
Spannweite (DX) 19,33 m, (LX) 21,38 m
Länge 20,21 m
Höhe 7,06 m
Flügelfläche 49,02 m²

DASSAULT FALCON 2000DX/LX

Ursprungsland: Frankreich.
Kategorie: Firmenflugzeug.
Triebwerke: Zwei Mantelstromtriebwerke Pratt & Whitney Canada PW308C von je 3175 kp (31,13 kN) Standschub.
Leistungen: Max. Reisegeschwindigkeit auf 11890 m 903 km/h (Mach 0,85); Anfangssteiggeschwindigkeit 17,4 m/Sek; Dienstgipfelhöhe 14300 m; Reichweite mit sechs Passagieren und NBAA-Reserven (DX) 6019 km, (LX) 7400 km.
Gewichte: Rüstgewicht 10519 kg; max. Startgewicht (DX/LX) 18597/19142 kg.
Zuladung: Zwei Piloten im Cockpit und je nach Innenausstattung acht bis zwölf Passagiere in der Kabine, bei enger Bestuhlung 19 Passagiere.
Entwicklungsstand: Erstflug des Erprobungsmusters Falcon 2000 am 4. März 1993. Zulassung und Beginn der Ablieferungen an Kunden im Februar 1995. Die neuesten Ausführungen 2000LX (siehe Dreiseitenriss) und 2000DX flogen erstmals im Frühjahr 2007 bzw. am 19. Juni 2007. Bis Ende 2009 sind von allen Falcon 2000-Varianten über 460 Einheiten gebaut worden, davon rund 170 der Version 2000EX (siehe Foto). Die Jahresproduktion beläuft sich derzeit auf etwa 30 Einheiten.
Bemerkungen: Die Falcon 2000 verfügt über den gleichen komfortablen Rumpfquerschnitt mit durchgehender Stehhöhe wie die Falcon 900 (siehe Seiten 128/129). Die Kabine ist aber mit 9,46 m Länge etwas kürzer. Dank nur zwei Triebwerken kann die Falcon 2000 deutlich wirtschaftlicher betrieben werden. Das Cockpit ist mit vier CRT EFIS-Displays des Typs Collins Pro Line 4 ausgerüstet. Als Option ist ein HUD erhältlich. Die seit 2004 gebaute verbesserte Ausführung 2000EX wird ab 2010 durch die 2000LX abgelöst. Der Hauptunterschied besteht in der größeren Spannweite mit Winglets. Die dadurch erzielte Treibstoffeinsparung von rund 5% ermöglicht eine erhöhte Reichweite und bessere Steigleistungen. Frühere 2000EX können in die 2000LX umgebaut werden. Alle seit 2004 gebauten Falcon 2000 sind mit dem interaktiven Cockpit-Management-System »EASy« versehen. Seit Ende 2007 wird die preisgünstigere Version Falcon 2000DX mit um 900 l geringerem Tankinhalt produziert.
Hersteller: Dassault Falcon Jet Corporation, Werk Bordeaux-Mérignac, St. Cloud, Frankreich.

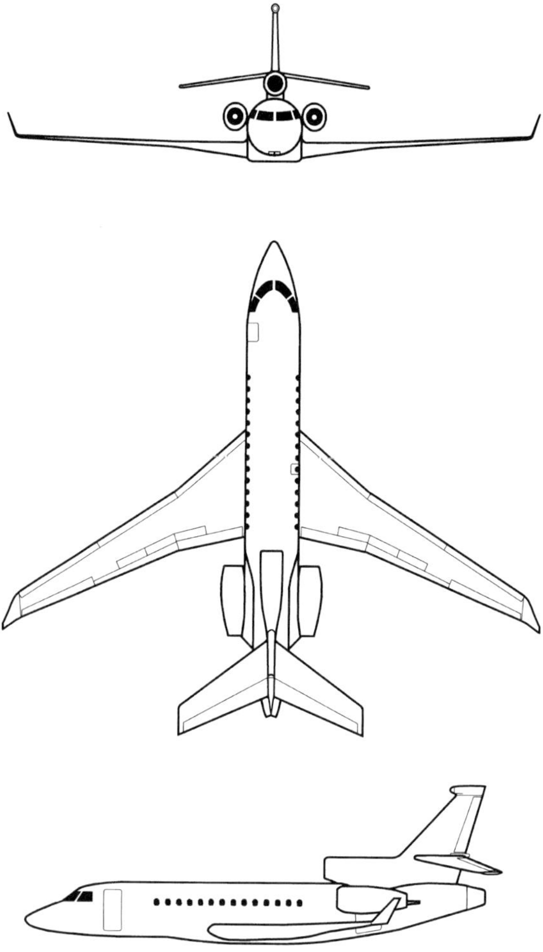

Abmessungen:
Spannweite 26,21 m
Länge 23,19 m
Höhe 7,83 m
Flügelfläche 70,70 m²

DASSAULT FALCON 7X

Ursprungsland: Frankreich.
Kategorie: Firmenflugzeug.
Triebwerke: Drei Mantelstromtriebwerke Pratt & Whitney Canada PW307A von je 2900 kp (28,47 kN) Standschub.
Leistungen: Max. Reisegeschwindigkeit Mach 0,90; Langstreckenreisegeschwindigkeit Mach 0,80; Dienstgipfelhöhe 15554 m; Reichweite mit acht Passagieren und NBAA-Reserven bei Mach 0,80 11119 km.
Gewichte: Rüstgewicht 15545 kg; max. Startgewicht 31290 kg.
Zuladung: Zwei Piloten im Cockpit und je nach Innenausstattung acht bis zwölf Passagiere in der Kabine, bei enger Bestuhlung 19 Passagiere; Nutzlast bei max. Treibstoffzuladung 1355 kg.
Entwicklungsstand: Die Dassault 7X absolvierte den Erstflug am 5. Mai 2005, gefolgt von einer zweiten am 5. Juli 2005. Bis Ende 2009 waren über 250 Maschinen bestellt und rund 40 davon abgeliefert.
Bemerkungen: Mit der Falcon 7X baut Dassault sein Angebot an Businessjets im obersten Segment aus. Der Rumpf ist gegenüber der Falcon 900 um 2,98 m länger. Bei gleichem Kabinenquerschnitt misst der Passagierraum nun 11,90 m. Dem Komfort wurde größte Aufmerksamkeit geschenkt. So ist der Lärmpegel nochmals reduziert worden. Auch die Klimatisierung wurde verbessert. Mit rund 4,45 m^3 ist der Gepäckraum sehr großzügig ausgefallen. Ganz neu ist der Flügel, welcher für aeroelastische Effekte optimiert wurde, sehr hohe Reisegeschwindigkeiten ermöglicht, die guten Langsamflugeigenschaften jedoch beibehält. Im Vergleich zur Falcon 900EX weist er eine um 44 % größere Fläche auf und ist um 5° stärker gepfeilt. Wie alle neuen Falcons ist auch die 7X mit dem EASy-Cockpit ausgerüstet. Gesteuert wird mit einem Fly-By-Wire-System. Anstelle von Steuerhörnern sind Sidesticks eingebaut. Dank der leistungsstarken Triebwerke ist die Falcon 7X derzeit der schnellste Businessjet seiner Klasse. Dassault gibt einen Listenpreis von US$ 40 Mio. an.
Hersteller: Dassault Falcon Jet Corporation, Werk Bordeaux-Mérignac, St. Cloud, Frankreich.

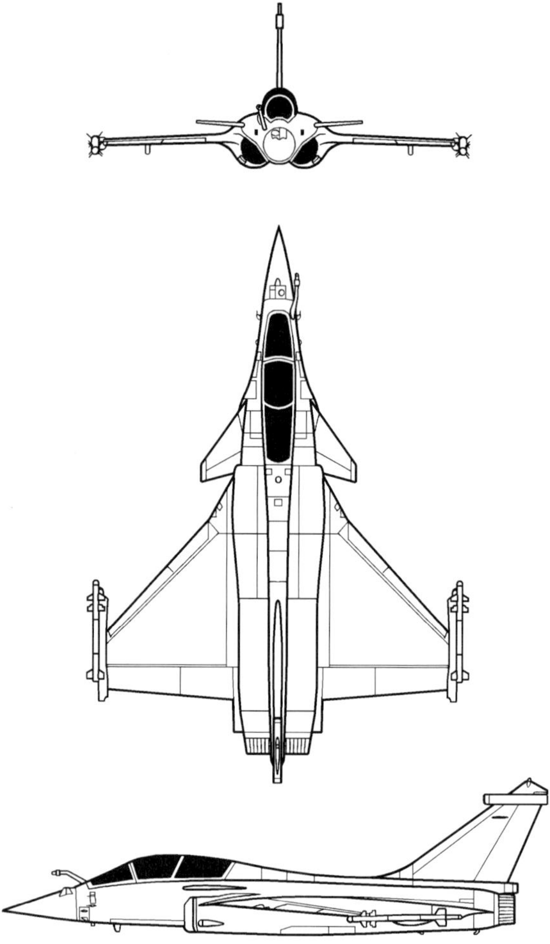

Abmessungen:
Spannweite inkl. Lenkwaffen an den Flügelspitzen 10,90 m
Länge 15,30 m
Höhe 5,34 m
Flügelfläche 45,70 m²

DASSAULT RAFALE F3

Ursprungsland: Frankreich.
Kategorie: Zweisitziges Mehrzweckkampfflugzeug B, einsitziger bordgestützter oder landgestützter Abfangjäger M bzw. C.
Triebwerke: Zwei Mantelstromtriebwerke SNECMA M88-2E4s von je 5100 kp (50,04 kN) Standschub ohne und 7711 kp (75,61 kN) mit Nachbrenner.
Leistungen: Höchstgeschwindigkeit 2124 km/h über 10975 m (Mach 2,0), 1390 km/h im Tiefflug (Mach 1,15); Anfangssteiggeschwindigkeit 305 m/Sek; Dienstgipfelhöhe 16775 m; taktischer Einsatzradius in Abfangmission mit acht Mica Luft-Luft-Lenkwaffen, einem Zusatztank von 1700 l unter dem Rumpf und je einem von 1300 l unter den Flügeln 1853 km, bei einem Einsatzprofil hoch-tief-tief-hoch mit 12 250-kg-Bomben, vier Mica-Lenkwaffen und Zusatztanks von insgesamt 4300 l 1093 km.
Gewichte: Rüstgewicht (C) 9100 kg, (B) 10000 kg, (M) 9700 kg; max. Startgewicht 19500 bis 24500 kg.
Bewaffnung: Eine 30-mm-GIAT-DEFA-Kanone 791B und eine Waffenlast von max. 9500 kg, verteilt auf (Rafale M) 13, (Rafale C/B) 14 Aufhängepunkte unter Rumpf und Flügeln sowie an den Flügelenden.
Entwicklungsstand: Erstflug des ersten Prototypen am 19. Mai 1991. Die französische Luftwaffe erhält 234 Maschinen (84 Doppelsitzer Rafale B und 150 Einsitzer Rafale C; 134 bestellt), die französische Marine 60 Einsitzer Rafale M (bisher 50 bestellt). Im Juni 2004 wurde die erste Staffel der Aéronavale einsatzbereit, die erste der Armée de l'Air im Juni 2006. Jährlich werden 12 Maschinen gebaut, über 70 waren Ende 2009 im Einsatz. Die brasilianische Luftwaffe wird voraussichtlich 36 Maschinen beschaffen.
Bemerkungen: Fast die gesamte Zelle ist aus Verbundwerkstoffen hergestellt, Rumpfspitze und Heck bestehen aus Kevlar. In besonders beanspruchten Bereichen gelangt Titan zum Einsatz. Die Steuerung erfolgt nach dem Fly-By-Wire-Prinzip. Alle seit 2009 produzierten Maschinen entsprechen dem Standard F3, welche primär dank verbesserter Software umfassende Multi-Role-Kapazität aufweisen und neu entwickelte Waffen mitführen können. Frühere Rafales der Versionen F1 und F2 werden auf diesen Standard umgebaut. Ab 2010 erhalten alle neuen F3 ein zweidimensionales Breitbandradar AESA RBE-2 mit aktiv elektronisch scannender Antenne.
Hersteller: Dassault Défense, Vaucresson, Frankreich.

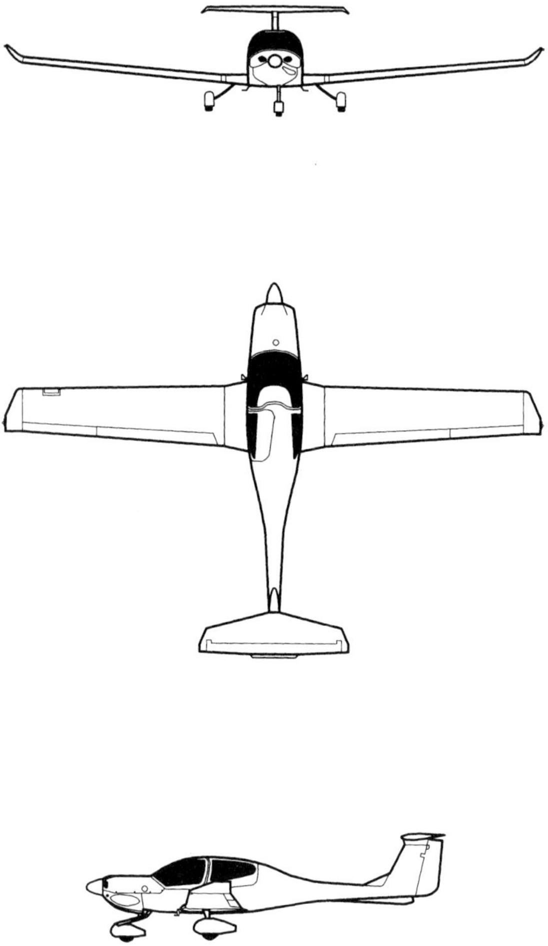

Abmessungen:
Spannweite 11,94 m
Länge 8,01 m
Höhe 2,00 m
Flügelfläche 13,5 m²

DIAMOND DA-40TDI

Ursprungsland: Österreich.
Kategorie: Sport- und Reiseflugzeug.
Triebwerke: Ein luftgekühlter Turbodieselmotor Thielert Centurion 1.7 von 135 PS (100 kW) Leistung.
Leistungen: Max. Reisegeschwindigkeit 285 km/h auf 3048 m; Reisegeschwindigkeit bei 40 % Leistung 165 km/h; Anfangssteiggeschwindigkeit 3,9 m/Sek; Dienstgipfelhöhe 6100 m; normale Reichweite 1390 km, mit optionalem Zusatztank 2030 km.
Gewichte: Leergewicht 750 kg; max. Startgewicht 1150 kg.
Zuladung: Vier Personen einschließlich des Piloten.
Entwicklungsstand: Nach dem Erstflug der Dieselausführung DA-40TDI am 28. November 2001 folgte die Erprobung bis zur Zulassung Mitte 2003. Schätzungen zufolge sind bisher rund 300 Einheiten gebaut worden. 35 davon erhielt die Lufthansa Flugschule. Ein Jahr vorher begann die Auslieferung des Ausgangsmusters DA-40-180 Diamond Star mit Lycoming-Boxermotor von 180 PS.
Bemerkungen: Die Diamond DA-40TDI ist das erste Flugzeug überhaupt, welches von Anfang an die Zulassung mit einem Dieseltriebwerk erhalten hat. Dieses aus einem Mercedes-PW-Motor abgeleitete Modell benötigt nur 17 l pro Flugstunde. Die DA-40-180 mit Benzinmotor benötigt beispielsweise doppelt soviel Treibstoff. Bei einem Tankinhalt von 155 l sind somit Reichweiten von über 1300 km möglich. Zelle und Flügel bestehen weitgehend aus faserverstärktem Kunststoff, wobei die Kabine einschließlich der Sitze eine sehr hohe Crash-Resistenz aufweisen. Dank Sandwich-Bauweise ist das Strukturgewicht vergleichsweise gering. Der Basispreis beläuft sich auf rund 120000 Euro. Inskünftig soll auch die DA-40 mit dem werkseigenen Dieseltriebwerk Austro AE300 angeboten werden.
Hersteller: Diamond Aircraft, (DA-40TDI) Flugplatz Wiener-Neustadt, Österreich, (DA-40-180) London, Ontario, Kanada.

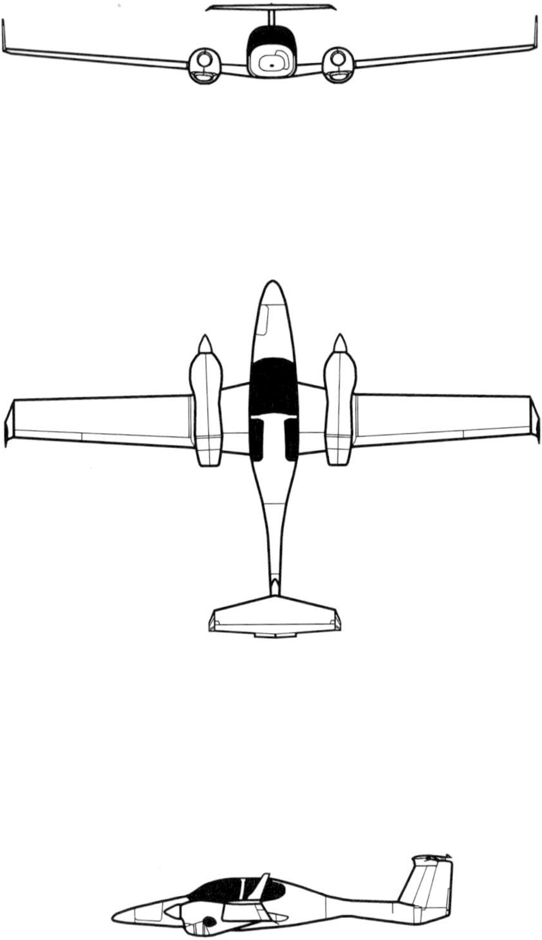

Abmessungen:
Spannweite 13,42 m
Länge 8,56 m
Höhe 2,49 m
Flügelfläche 16,29 m²

DIAMOND DA42 TWIN STAR

Ursprungsland: Österreich.
Kategorie: Sport- und Reiseflugzeug.
Triebwerke: Zwei luftgekühlte Turbodieselmotoren Thielert Centurion 1,7 von je 135 PS (100 kW) Leistung.
Leistungen (mit Centurion-Triebwerken): Höchstzulässige Geschwindigkeit 359 km/h; Reisegeschwindigkeit bei 90 % Leistung auf 3048 m Höhe 302 km/h; Anfangssteiggeschwindigkeit 5,3 m/Sek; Dienstgipfelhöhe 5485 m; Reichweite bei 60 % Leistung 1577 km, mit optionalem Zusatztank 2222 km.
Gewichte: Leergewicht 1260 kg; max. Startgewicht 1785 kg.
Zuladung: Vier Personen einschließlich des Piloten; max. Zuladung 525 kg.
Entwicklungsstand: Der Prototyp nahm am 9. Dezember 2002 die Flugerprobung auf. Rund 550 sind bis Ende 2009 hergestellt worden. Die Produktionsrate wurde aufgrund der Krise merklich zurückgefahren. Von der Version DA42MPP hat Diamond bisher rund 50 hergestellt. Bestellt wurde sie u.a. von Großbritannien (2), Venezuela (6) und Niger (2).
Bemerkungen: Das interessanteste Teil der Twin Star sind sicherlich die Dieselmotoren. Sie zeichnen sich durch geringe Lärm- und Abgaswerte sowie durch äußerst günstige Verbrauchszahlen aus. Der Literverbrauch pro Stunde soll bei 200 km/h gerade mal 17,5 l betragen. Nebst Dieselkraftstoff kann auch A-1 Jet-Treibstoff oder eine beliebige Mischung von beiden getankt werden. Im Übrigen weist die DA42 eine sehr aerodynamische und eigenständige Form auf. Die Avionik entspricht dem heutigen Standard. Auf Wunsch kann das Cockpit mit drei Multifunktions-Displays ausgerüstet werden. Die Basisversion kostet rund US$ 360000. Diamond bietet diverse Überwachungsvarianten DA42MPP (siehe Foto) u.a. mit dem sog. OPALE-System in der Rumpfnase an. Sie verfügen über diverse Sensoren und Seitenscheiben mit Auswölbungen zur besseren Beobachtung. Seit 2009 ist die neu als DA-42NG bezeichnete Ausführung mit dem werkseigenen Dieseltriebwerk Austro AE300 mit 170 PS (125 kW) Leistung als Ersatz für den Thielert-Motor erhältlich. Im Frühjahr 2009 startete die unbemannte DA-42 Dominator 2 zum Erstflug. Sie soll in der Lage sein, ununterbrochen 28 Std. in der Luft zu verbleiben.
Hersteller: Diamond Aircraft, Flugplatz Wiener-Neustadt, Österreich.

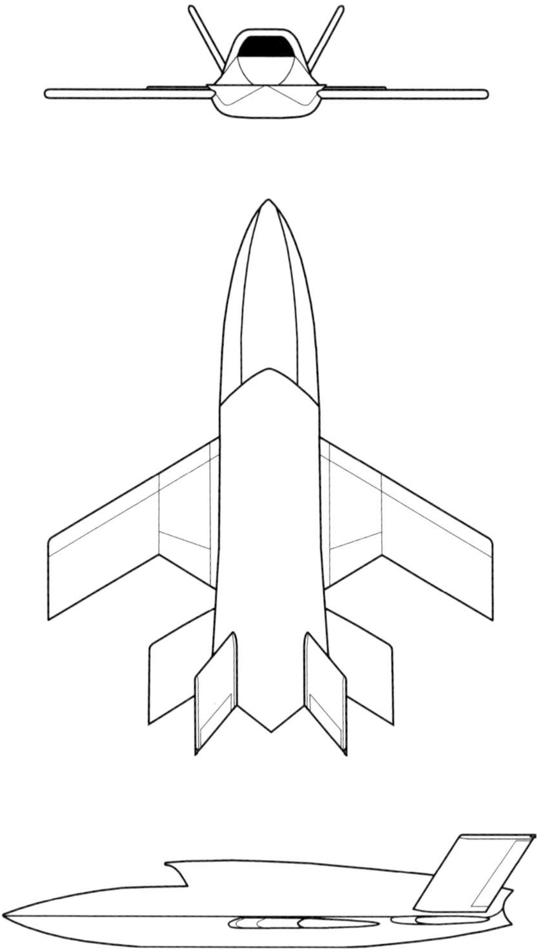

Abmessungen:
Spannweite 7,22 m
Länge 8,25 m

EADS BARRACUDA

Ursprungsland: Deutschland/Spanien.
Kategorie: Erprobungsträger für eine Aufklärungs- und Kampfdrone.
Triebwerke: Ein Mantelstromtriebwerk Pratt & Whitney Canada JT15D-5C von 1447 kp (14,20 kN) Standschub.
Leistungen: Höchstgeschwindigkeit Mach 0,70; weitere Angaben noch nicht erhältlich.
Gewichte: Leergewicht 2300 kg; max. Startgewicht 3250 kg.
Zuladung/Bewaffnung: Der fast 2 m lange und 0,6 m breite Rumpfschacht nimmt Systeme und Sensoren bis zu einem Gewicht von 300 kg auf. Grundsätzlich können darin auch Waffen mitgeführt werden. Bisher ist das aber nicht vorgesehen.
Entwicklungsstand: Der erste Erprobungsträger startete am 2. April 2006 zum Erstflug. Bereits beim zweiten Flug stürzte er jedoch ab. Mehr als drei Jahre danach nahm der zweite Prototyp am 10. Juli 2009 die Flugerprobung auf.
Bemerkungen: Mit der fortschrittlichen Barracuda will EADS Erfahrung für mögliche Weiterentwicklungen von UAV's sammeln. Für welche Anforderungsprofile die mit diesem Prototypen gewonnenen Erkenntnisse angewendet werden, ist noch nicht definiert. Dank der Formgebung und der Anordnung des Triebwerkeinlaufs oberhalb des Rumpfes weist die Barracuda gute Stealth-Eigenschaften auf. Rumpf wie Flügel sind ganz aus Kohlefaser-Verbundwerkstoffen hergestellt. Zur einfacheren und kostengünstigeren Produktion verwendete man möglichst großflächige Teile. Eine dreifach ausgelegte Fly-By-Wire-Flugsteuerungs- und Navigationsanlage soll die Ausfallwahrscheinlichkeit klein halten. Die Avionik ist modular aufgebaut und verfügt über eine offene Architektur, so dass die Einbindung von verschiedenen Systemen und Sensoren erleichtert wird. Sofern so programmiert, kann die Barracuda ohne Hilfe eines Piloten am Boden geflogen werden.
Hersteller: EADS (European Aeronautic Defence and Space Company), Military Air Systems, Ottobrunn, Deutschland.

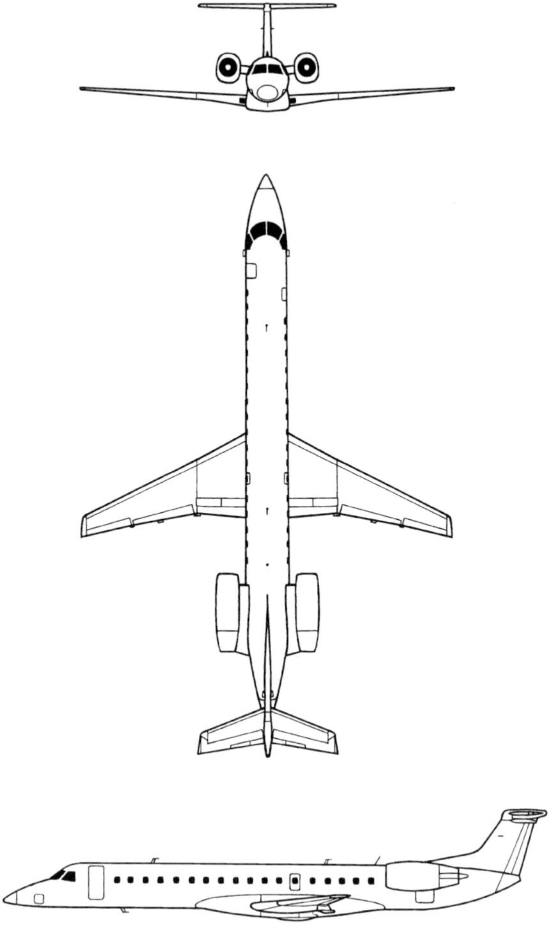

Abmessungen:
Spannweite 21,17 m
Länge 26,33 m
Höhe 6,76 m
Flügelfläche 51,18 m²

EMBRAER LEGACY 600/650

Ursprungsland: Brasilien.
Kategorie: Firmenflugzeug.
Triebwerke: Zwei Mantelstromtriebwerke Rolls Royce Allison (600) AE3007-A1E von je 3600 kp (35,38 kN), (650) AE3007A2 von je 4091 kp (40,12 kN) Standschub.
Leistungen: Höchstgeschwindigkeit Mach 0,80; max. Reisegeschwindigkeit 833 km/h (Mach 0,78); Dienstgipfelhöhe 12500 m; Reichweite mit zehn Passagieren rund (600) 6000 km, (650) 7220 km.
Gewichte (600/650): Leergewicht 13675/14190 kg; max. Startgewicht 22500/24300 kg.
Zuladung (600/650): Zwei Piloten und je nach Inneneinrichtung bis zu 16 Passagiere, als Corporate Shuttle sogar bis zu 37 Personen; Nutzlast mit vollen Treibstofftanks 653/778 kg, max. 2325/2210 kg.
Entwicklungsstand: Die Businessjet-Version Legacy 600 fliegt seit 31. März 2001, die neueste Ausführung 650 seit 23. September 2009. Bestellt waren Ende 2009 rund 150 Einheiten. Weiterhin in kleinen Stückzahlen werden die Regionalverkehrsvarianten ERJ-135/ERJ-145 Amazon (siehe Dreiseitenriss) gebaut, letztere auch in der VR China (890 + Optionen bisher bestellt, 880 davon abgeliefert; siehe Ausgabe 2006).
Bemerkungen: Drei Ausführungen sind erhältlich: Eine 10- bis 16-plätzige Executive-Version, ein 16- bis 37-Plätzer Corporate Shuttle sowie eine Variante als Staatsflugzeug. Abgeleitet ist die Legacy von der ERJ-135. Sie weist nebst einer anderen Inneneinrichtung neue Triebwerke auf. Zudem wurde der Frachtraum umgebaut, um einen Zusatztank von 3978 l aufzunehmen. Im übrigen besteht zum Ausgangsmuster weitgehend Teilegleichheit. Die neu vorgestellte Legacy 650 verfügt über stärkere Triebwerke und insbesondere bessere Reichweitenleistungen. Äußerlich kaum zu unterscheiden, sind doch einige wesentliche Veränderungen vorgenommen worden: Zusatztreibstofftank im zentralen Flügelkasten, verstärkter Flügel, neues Betankungssystem, Cockpit-Avionik Honeywell Primus Elite. Der Kaufpreis soll US$ 29,5 Mio. betragen.
Hersteller: EMBRAER (Emprêsa Brasileira de Aeronautica SA), Sao José dos Campos, Brasilien.

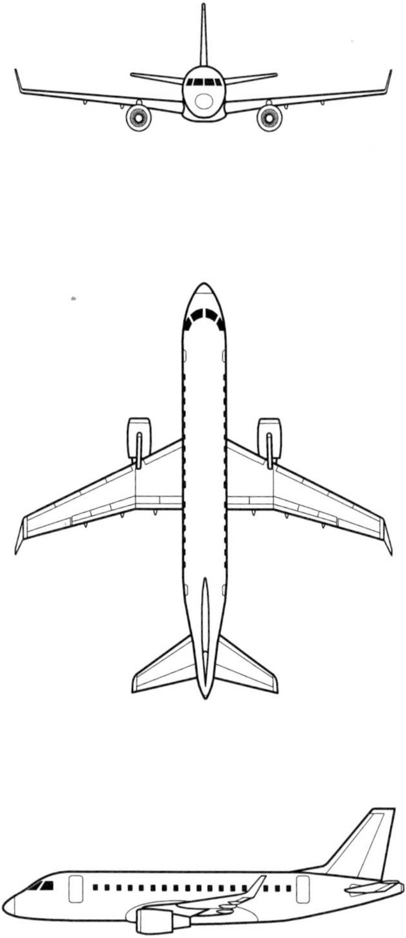

Abmessungen:
Spannweite einschließlich Winglets 26,00 m
Länge (170) 29,90 m, (175) 31,67 m
Höhe 9,67 m
Flügelfläche 72,72 m²

EMBRAER 170/175

Ursprungsland: Brasilien.
Kategorie: Regionalverkehrsflugzeug.
Triebwerke: Zwei Mantelstromtriebwerke General Electric CF34-8E von 6250 kp (62,27 kN) Standschub.
Leistungen: Max. Reisegeschwindigkeit 870 km/h (Mach 0,82); Dienstgipfelhöhe 11890 m; Reichweite bei voller Passagierzahl (170STD) 3334 km, (170LR) 3797 km, (175STD) 2400 km, (175LR) 3519 km.
Gewichte: Leergewicht (170) 20940 kg, (175) 21810 kg; max. Startgewicht (170STD) 35990 kg, (170LR) 37200 kg, (175STD) 37500 kg, (175LR) 38790 kg.
Zuladung: Zwei Piloten und bis zu (170) 70 bzw. (175) normal 78, max. 86 Passagiere in Viererreihen mit Mittelgang. Max. Nutzlast (170) 9000 kg, (175) 9890 kg.
Entwicklungsstand: Der erste Prototyp 170 nahm die Flugerprobung am 19. Februar 2002 auf. Am 14. Juni 2003 folgte die erste 175. Angesichts aufgetauchter Probleme während der Entwicklung verzögerte sich die Erstauslieferung auf Anfang 2004. Der Auftragsbestand belief sich Ende 2009 auf 327 Maschinen + 226 Optionen (187 der Version 170 bzw. 140 der Version 175). Abgeliefert waren rund 290.
Bemerkungen: Die EMBRAER 170 (siehe Foto und Dreiseitenriss) und die etwas längere 175 decken das obere Ende des Regionalflugzeugmarktes ab. Typisch für alle 170 – 195-Modelle ist der »Double bubble-Rumpfquerschnitt«, der einer »Acht« gleicht. Dies bringt für den Passagier erhebliche Komfortverbesserungen. Bei vier Sitzen nebeneinander sind Kopf- und Ellenbogenfreiheit wesentlich größer. Im Übrigen entspricht die Konstruktion dem heute üblichen technischen Stand: Cockpit mit farbigen Flüssigkristall-Bildschirmen, digitale, elektronische Triebwerkkontrolle, Fly-By-Wire-Steuerung usw. Dank vier Türen sollen extrem kurze Bodenzeiten möglich sein. Auch bei der 170/175 werden zwei Ausführungen (STD und LR) angeboten, die sich durch verschiedene Reichweitenleistungen unterscheiden.
Hersteller: EMBRAER (Emprêsa Brasileira de Aeronautica SA), Sao José dos Campos, Brasilien.

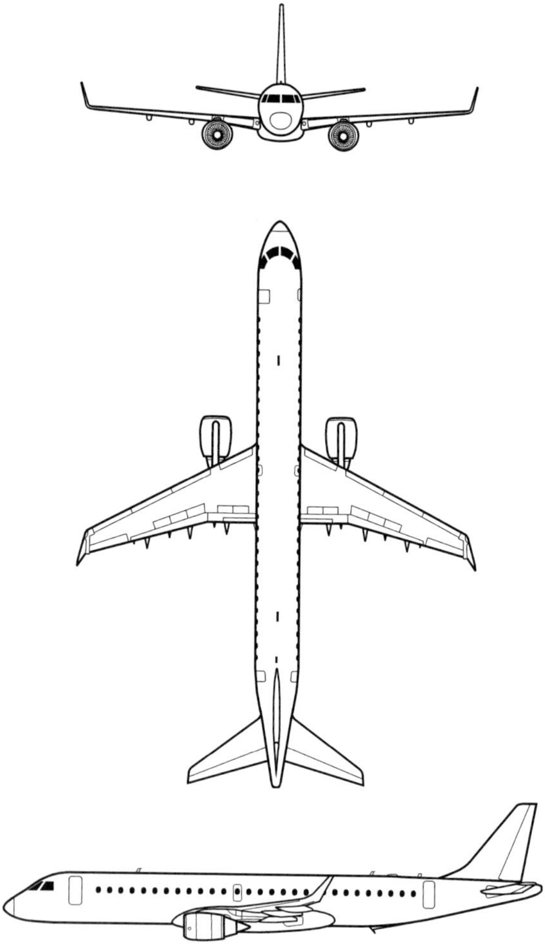

Abmessungen:
Spannweite einschließlich Winglets 28,72 m
Länge (190) 36,24 m, (195) 38,65 m
Höhe 10,55 m
Flügelfläche 92,50 m²

EMBRAER 190/195

Ursprungsland: Brasilien.
Kategorie: Regionalverkehrsflugzeug.
Triebwerke: Zwei Mantelstromtriebwerke General Electric CF34-10E von 8391 kp (82,3 kN) Standschub.
Leistungen: Max. Reisegeschwindigkeit 870 km/h (Mach 0,82); Dienstgipfelhöhe 11890 m; Reichweite bei voller Passagierzahl (190) 3119 km, (190LR) 4074 km, (195) 3334 km.
Gewichte: Rüstgewicht (190) 28080 kg, (195) 28970 kg; max. Startgewicht (190) 46990 kg, (190 LR) 50300 kg, (195) 47990 kg, (195LR) 50790 kg.
Zuladung: Zwei Piloten und bei Zweiklassenbestuhlung (190) 94, (195) 96 bzw. mit Einheitsklasse (190) 98 bis 106 bzw. (195) 108 bis 118 Passagiere in Viererreihen mit Mittelgang. Max. Nutzlast (190) 12720 kg, (195) 13530 kg.
Entwicklungsstand: Am 29. Februar 2004 erhob sich die 190 von EMBRAER erstmals in die Lüfte. Mit den Auslieferungen wurde im dritten Quartal 2005 begonnen. Der Auftragsbestand der Ausführung 190 belief sich Ende 2009 auf 448 Einheiten + 426 Optionen (185 abgeliefert). Von der 195 (Erstflug am 7. Dezember 2004) wurden bisher 87 Maschinen + 70 Optionen bestellt, 47 abgeliefert.
Bemerkungen: Die EMBRAER 190 und 195 (siehe Foto und Dreiseitenriss) reihen sich am obersten Ende der neuen Generation von EMBRAER-Mustern ein. Während Rumpf und Rumpfquerschnitt gleich aufgebaut sind, unterscheiden sich die 190/195 zur 170/175 (siehe Seiten 144/145) vorwiegend durch die Länge. Die Kabine misst bei der 190 25,76 m, bei der 195 28,17 m. Wegen der größeren Rumpflänge musste das Seitenleitwerk leicht vergrößert werden, das Fahrwerk ist höher. Zudem handelt es sich bei diesen Mustern im Vergleich zur 170/175 um wesentlich schwerere Flugzeuge. Trotzdem besteht zu 95 % Teilegleichheit. Wie bei den Verkehrsflugzeugen von EMBARER üblich, gibt es auch von der 190 und 195 schwere Ausführungen LR, welche sich durch höhere Reichweitenleistungen auszeichnen. Neu bietet der Hersteller unter dem Namen Lineage 1000 (Erstflug 26. Oktober 2007) eine von der 190 abgeleitete Geschäftsreiseversion an (bisher 17 bestellt). Erste Ablieferungen erfolgten bereits 2008. Der Basispreis beläuft sich auf US$ 42,95 Mio.
Hersteller: EMBRAER (Emprêsa Brasileira de Aeronautica SA), Sao José dos Campos, Brasilien.

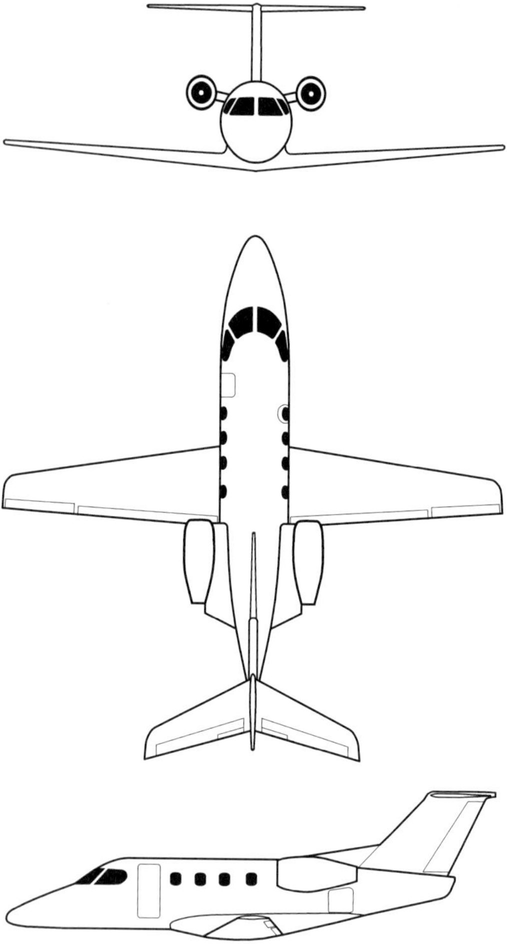

Abmessungen:
Spannweite 12,30 m
Länge 12,82 m
Höhe 4,35 m
Flügelfläche 18,80 m^2

EMBRAER PHENOM 100

Ursprungsland: Brasilien.
Kategorie: Leichtes Firmenflugzeug.
Triebwerke: Zwei Mantelstromtriebwerke Pratt & Whitney Canada PW617F von je 732 kp (7,18 kN) Standschub.
Leistungen: Max. Reisegeschwindigkeit 703 km/h (Mach 0,70); Dienstgipfelhöhe 12497 m; Reichweite mit vier Passagieren unter IFR-Bedingungen 2182 km, unter VFR-Bedingungen 2450 km.
Gewichte: Rüstgewicht 3235 kg; max. Startgewicht 4750 kg.
Zuladung: Ein bis zwei Piloten im Cockpit und vier Passagiere in der Kabine.
Entwicklungsstand: Die Phenom 100 erhob sich erstmals am 26. Juli 2007 in die Lüfte. Bisher sind für die Phenom 100 und der Phenom 300 zusammen Aufträge für 800 Einheiten bekannt gegeben worden, darunter von verschiedenen neu gegründeten Flugtaxiunternehmen (u.a. JetBird 50 + 50 Optionen). Die Erstauslieferungen begannen nach Erhalt der Zulassung im November 2008. Ende 2009 waren 130 Phenom fertig gestellt. Es ist vorgesehen, in Melbourne, Florida, USA, ein zweites Montagewerk zu errichten.
Bemerkungen: Auch EMBRAER will sich am Markt der leichten und kostengünstigen Firmen- und Taxiflugzeuge beteiligen und lancierte dafür die beiden Modelle Phenom 100 und 300 (siehe Seiten 150/151). Die Konstruktion entspricht dem heute üblichen Standard, wobei man dem Komfortaspekt große Beachtung schenkt. So verfügt die Phenom 100 über die größte Kabine in ihrer Klasse. Der Querschnitt beläuft sich auf 1,55 m Breite und 1,50 m Höhe. Dank vergleichsweise großen Fenstern soll der Innenraum besonders hell sein. Im Cockpit gelangt die Avionik Garmin G1000 zum Einbau. Obwohl zwischen Phenom 100 und der wesentlich teureren Phenom 300 weitgehend Teilegleichheit besteht, unterscheiden sich die beiden Muster bezüglich Triebwerke, Gewichte und Flugleistungen wesentlich. Der Verkaufspreis für die Basisausführung wurde von EMBRAER auf US$ 3,29 Mio. angesetzt.
Hersteller: EMBRAER (Emprêsa Brasileira de Aeronautica SA), Sao José dos Campos, Brasilien.

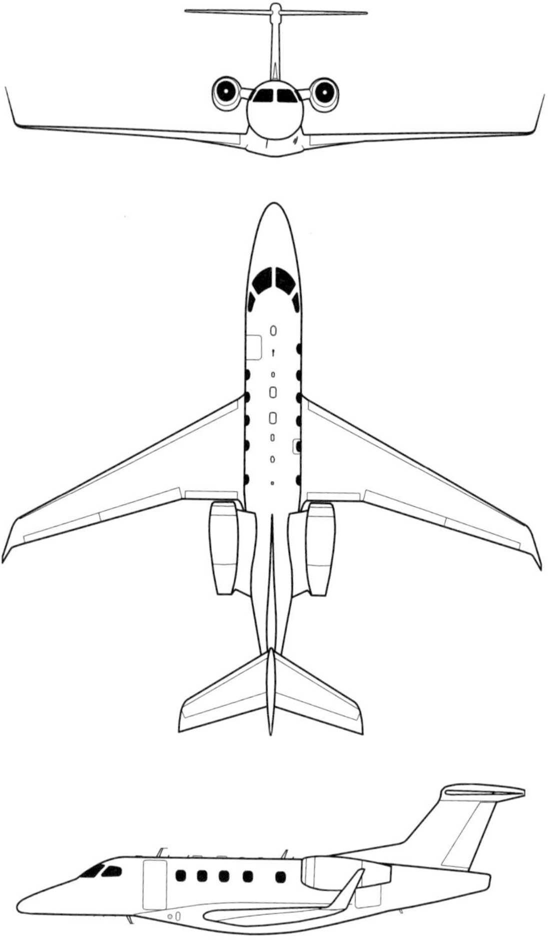

Abmessungen:
Spannweite 15,91 m
Länge 15,64 m
Höhe 5,10 m

EMBRAER PHENOM 300

Ursprungsland: Brasilien.
Kategorie: Leichtes Firmenflugzeug.
Triebwerke: Zwei Mantelstromtriebwerke Pratt & Whitney Canada PW535E von je 1450 kp (14,23 kN) Standschub.
Leistungen: Max. Reisegeschwindigkeit 833 km/h (Mach 0,79); Zeit um 10668 m zu erreichen 12 Min, Dienstgipfelhöhe 13716 m; Reichweite mit sechs Personen unter IFR-Bedingungen 3645 km.
Gewichte: Max. Startgewicht 7950 kg; weitere Angaben noch nicht erhältlich.
Zuladung: Ein bis zwei Piloten im Cockpit und sechs Passagiere in der Kabine, einschließlich einer Galley und einer Toilette. Maximal ist Platz für neun Personen vorhanden.
Entwicklungsstand: Die Phenom 300 nahm die Flugerprobung am 29. April 2008 auf. Mittlerweile fliegen fünf Prototypen. Mit der Erstauslieferung begann der Hersteller Anfang 2010. Der aktuelle Auftragsbestand ist nicht bekannt.
Bemerkungen: Mit der Phenom 100, der hier beschriebenen Phenom 300 und später den Phenom 450, 500 bis hin zur Lineage 1000 entwickelte EMBRAER in kurzer Zeit eine ganze Familie von Businessjets. Sie alle versuchen sich im stark umkämpften Markt dadurch zu positionieren, als sie gegenüber Mitbewerbern preislich eher auf der günstigen Seite liegen. Die Konstruktion entspricht dem heute üblichen Standard, wobei man dem Komfortaspekt große Beachtung schenkt. So verfügt die Phenom 300 über die größte Kabine in ihrer Klasse. Der Querschnitt beläuft sich analog zur Phenom 100 auf 1,55 m Breite und 1,50 m Höhe. Dank vergleichsweise großen Fenstern soll der Innenraum besonders hell sein. Die Inneneinrichtung entstand in Zusammenarbeit mit BMW Group Design Work. Im Cockpit gelangt die Avionik Garmin G1000 zum Einbau. Obwohl zwischen Phenom 100 (siehe Seiten 148/149) und der wesentlich teureren Phenom 300 weitgehend Teilegleichheit besteht, unterscheiden sich die beiden Muster bezüglich Triebwerke, Gewichte und Flugleistungen wesentlich. Der Verkaufspreis wurde von EMBARER auf US$ 8,14 Mio. angesetzt.
Hersteller: EMBRAER (Emprêsa Brasileira de Aeronautica SA), Sao José dos Campos, Brasilien

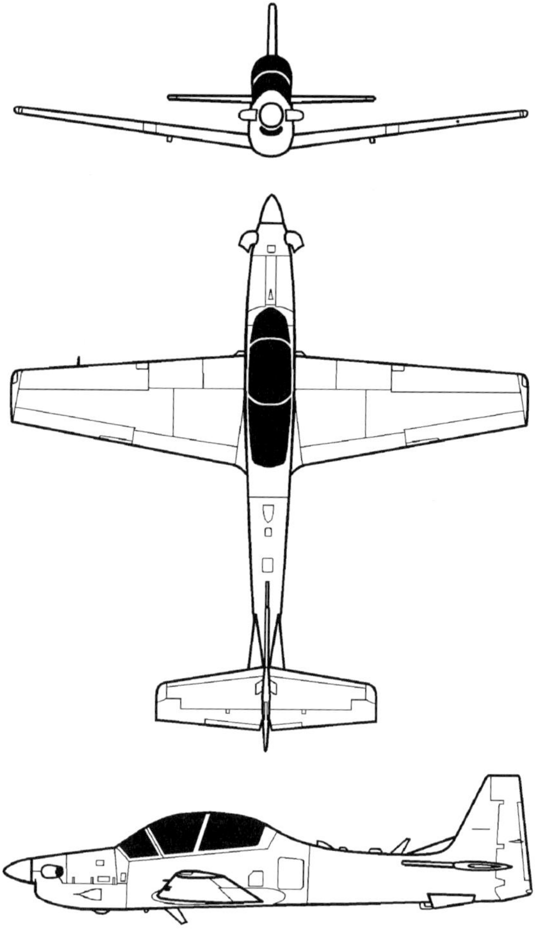

Abmessungen:
Spannweite 11,14 m
Länge 11,38 m
Höhe 3,97 m
Flügelfläche 19,40 m^2

EMBRAER EMB-314/A-29 SUPER TUCANO

Ursprungsland: Brasilien.
Kategorie (EMB-314): Zweisitziger Basis- und Fortgeschrittenentrainer bzw. leichtes einsitziges (A-29) bzw. zweisitziges (AT-29) Erdkampf- und Überwachungsflugzeug.
Triebwerke: Eine Propellerturbine Pratt & Whitney Canada PT6A-68/3 von 1600 WPS (1190 kW) Leistung, reduziert auf 1250 WPS.
Leistungen: Höchstgeschwindigkeit 590 km/h; max. Reisegeschwindigkeit 535 km/h; Anfangssteiggeschwindigkeit 24 m/Sek; Dienstgipfelhöhe 10600 m; Aktionsradius auf 3300 m ohne Bewaffnung 750 km, bei voller Bewaffnung 540 km.
Gewichte: Leergewicht 3150 kg; normales Startgewicht 3600 kg, mit Waffenlast 5250 kg.
Bewaffnung (AT-29): Zwei in den Flügeln fest eingebaute 12,7 mm-Maschinengewehre sowie an fünf Aufhängestationen unter dem Rumpf und unter den Flügeln eine Vielzahl von Waffenlasten bis zu 1500 kg.
Entwicklungsstand: Der erste, bereits dem Serienstandard entsprechende Prototyp YA-29 nahm die Flugerprobung am 2. Juni 1999 auf. Die brasilianische Luftwaffe erhält seit 2003 25 A-29 und 51 AT-29 (+ 23 Optionen). Weitere Besteller: Chile 12, Domenikanische Republik 8, Ecuador 24, Kolumbien 22 und neu eventuell Guatemala 6. Eine Super Tucano wird derzeit von der USN als mögliches neues COIN-Kampfflugzeug erprobt.
Bemerkungen: Die A-29/AT-29 sind die Erdkampf- bzw. COIN-Ausführungen des Trainers EMB-314 Super Tucano. Sie unterscheiden sich von ihm hauptsächlich durch eine missionsbezogene Ausrüstung, sowie punktuell verstärkte Zellen- und Flügelstruktur. Das Cockpit ist gepanzert und druckbelüftet. Die Besatzung kann für Nachteinsätze mit **N**ight-**V**ision-**G**oggles (NVG) ausgestattet werden. Der Zweisitzer AT-29 verfügt zusätzlich über ein nach vorne gerichtetes FLIR-Gerät. So ausgerüstet, soll die A-29 primär zur Bekämpfung von Drogenschmugglern und Guerillas in der Amazonasregion eingesetzt werden. Dabei arbeitet sie mit der AEW-Version der EMB-145SA (siehe Ausgabe 2009) zusammen.
Hersteller: EMBRAER (Emprêsa Brasileira de Aeronautica SA), Sao José dos Campos, Brasilien.

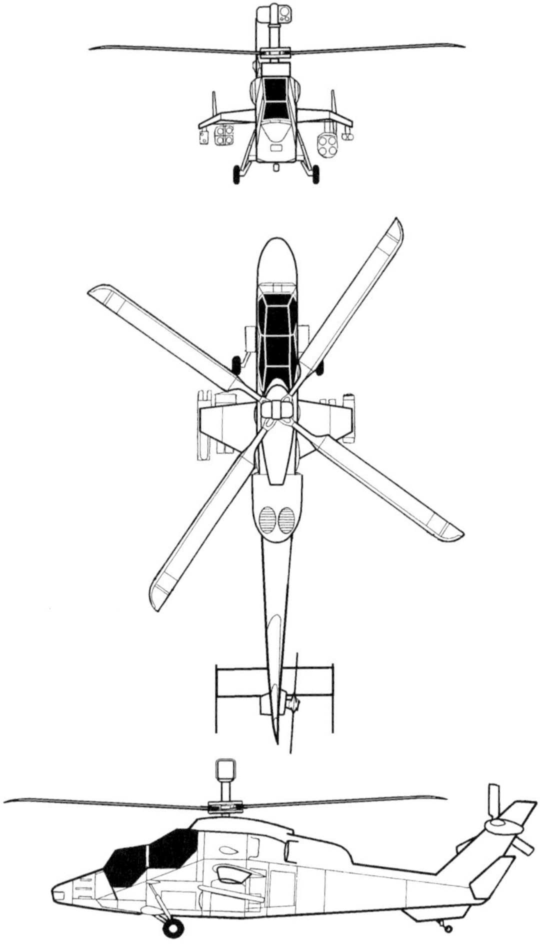

Abmessungen:
Rotordurchmesser 13,00 m
Rumpflänge (HAP mit Kanone) 14,77 m, (UHT) 14,08 m
Höhe inkl. Rotorkopf 3,83 m, inkl. Mastvisier 5,20 m

EUROCOPTER TIGER/UHU

Ursprungsland: Frankreich und Deutschland.
Kategorie: Zweisitziger Panzerabwehr- und Erdkampfunterstützungs-Hubschrauber.
Triebwerke: Zwei Gasturbinen MTU/Rolls-Royce/Turboméca MTR 390-E von je 1467 WPS (1094 kW) Leistung.
Leistungen (HAP): Höchstgeschwindigkeit 322 km/h; max. Reisegeschwindigkeit 287 km/h; normale Reisegeschwindigkeit 250 km/h; max. Schrägsteiggeschwindigkeit 11,5 m/Sek; Dienstgipfelhöhe 3960 m; Schwebehöhe ohne Bodeneffekt 3500 m; Flugdauer 2,85 Std; Reichweite 800 km.
Gewichte: Leer (UHT) 4350 kg; normales Startgewicht 5400 kg; max. Überlast (HAD) 6600 kg.
Bewaffnung (HAP): 30-mm-Kanone, bis zu 68 ungelenkte Raketen und vier Mistral-Luft-Luft-Lenkwaffen; (HAD): u.a. acht Panzerabwehrlenkwaffen HOT/Trigat und zwei Luft-Luft-Lenkwaffen Mistral; (UHT): Zwei Behälter für je 22 ungelenkte 67-mm-Raketen, zwei starre 12,7-mm-Kanonen unter den Flügeln und Stinger-Luft-Luft-Lenkwaffen.
Entwicklungsstand: Fünf Prototypen wurden gebaut, wovon der erste am 27. April 1991 erstmals flog. Die ursprünglich vorgesehenen Beschaffungszahlen wurden zwischenzeitlich massiv gekürzt. Die französische Luftwaffe erhält nur noch 80 Maschinen (je 40 HAP und HAD), die deutsche Armee 80 UHT's. Weitere Besteller: Australische Armee 22, Spanien 24 Einheiten einer verbesserten Ausführung HAD (Lizenzbau, Erstflug 14. Dezember 2007). Bis Ende 2009 waren rund 50 Maschinen abgeliefert.
Bemerkungen: Drei Versionen werden gebaut: HAP (**H**élicoptère d'**A**ppui **P**rotection = Feuerunterstützung, mit Schützenoptik mittels TV-/Infrarotkamera, Laser-Entfernungsmesser) und HAD (**H**élicoptère **A**ppui **D**estruction = Unterstützungs- und Kampfhubschrauber) für die französische Armee und UHT (Unterstützungshubschrauber Tiger, Ausrüstung weitgehend baugleich mit der HAC-Version) für die deutsche Armee. Die Zelle besteht zu über 75 % aus Verbundwerkstoffen. Die Panzerabwehrversion erhält ein auf dem Rotormast montiertes Visier mit Kamera.
Hersteller: Eurocopter Hubschrauber GmbH, München, Deutschland.

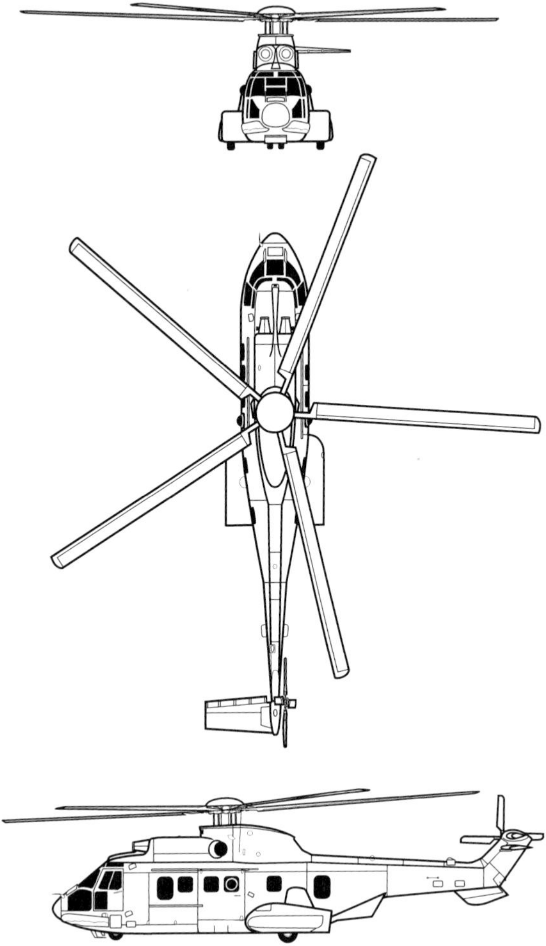

Abmessungen:
Rotordurchmesser 16,20 m
Rumpflänge inkl. Heckrotor 16,79 m
Höhe inkl. Rotorkopf 4,60 m, über Heckrotor 4,97 m

EUROCOPTER EC 225 SUPER PUMA / EC 725 COUGAR

Ursprungsland: Frankreich.
Kategorie: Mittelschwerer ziviler (EC 225) und militärischer (EC 725) Mehrzweckhubschrauber.
Triebwerke: Zwei Gasturbinen Turboméca Makila 2A von je 2100 WPS (1566 kW) Leistung.
Leistungen (EC 225): Höchstgeschwindigkeit 324 km/h; Reisegeschwindigkeit 275 km/h auf Meereshöhe; max. Schrägsteiggeschwindigkeit 8,7 m/Sek; Schwebehöhe mit Bodeneffekt 3670 m, ohne Bodeneffekt 2481 m; Dienstgipfelhöhe 5900 m; Reichweite mit Standardtreibstoffzuladung 871 km.
Gewichte (EC 225): Leer 5256 kg; max. Startgewicht 10400 kg, mit Außenlast 11000 kg.
Zuladung: Zwei Piloten und 24 Passagiere oder 29 Soldaten; max. Nutzlast 5000 kg.
Entwicklungsstand: Erstflug des Prototyps der Ursprungsausführung AS 332 am 13. September 1978. Von allen Super Puma-Varianten sind bis heute rund 770 Maschinen in Auftrag gegeben worden, davon rund zwei Drittel durch 37 militärische bzw. paramilitärische Organisationen. Die aktuell angebotenen Versionen sind die zivile EC 225 (Erstflug 27. November 2000) und die Militärausführung EC 725. Der Auftragsbestand der EC 225 beläuft sich auf rund 120, jener der EC 725 auf etwa 80 Maschinen. Neueste Bestellungen der EC 725: Bolivien 10, Mexico 7; 51 EC 725UL/AL Super Cougar baut Brasilien in Lizenz. Frankreich beschafft zu den bereits erhaltenen 14 EC 725 fünf weitere.
Bemerkungen: Die jüngste Variante ist die EC 725 Cougar Mk.II+ Combat SAR (früher als AS 532Mk.II+ bezeichnet). Nebst Rettungsgeräten ist sie mit Suchscheinwerfer, FLIR und Wetterradar ausgerüstet. Eurocopter entwickelte als Konkurrenz zur S-92 (siehe Seiten 284/285) eine Weiterentwicklung EC 225 Super Puma Mk.III, die seit Ende 2001 verfügbar ist. Sie weist dank leistungsfähigeren Makila 2A-Triebwerken ein höheres max. Startgewicht auf. Das Kabinenvolumen nahm durch Vergrößerung des Rumpfes (Länge + 70 cm, Breite + 25 cm, Innenhöhe + 35 cm) um rund einen Viertel zu. Neu sind auch der fünfblättrige Rotor sowie das verstärkte Getriebe. Diese Ausführung wird für zivile wie auch für militärische Zwecke angeboten.
Hersteller: Eurocopter, Werk Marignane, La Courneuve, Frankreich.

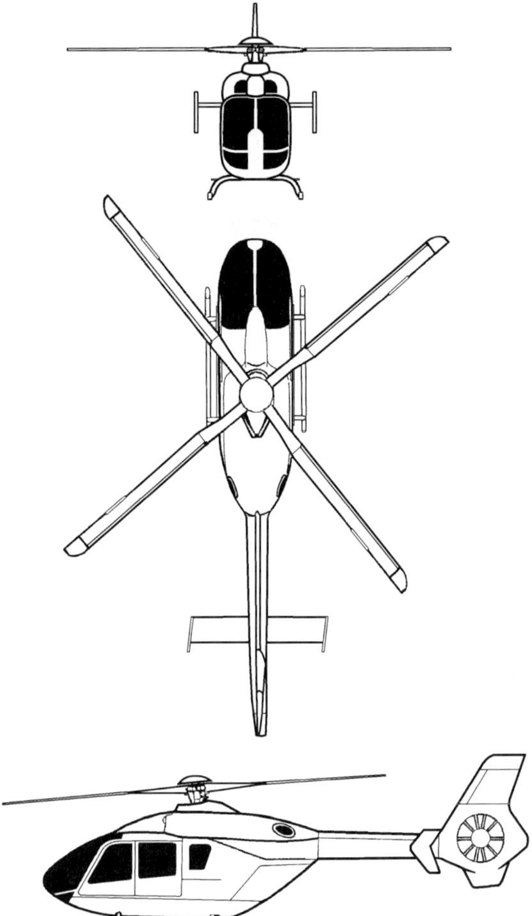

Abmessungen:
Rotordurchmesser 10,20 m
Rumpflänge 10,21 m
Höhe inkl. Rotorkopf 3,35 m
Höhe über alles 3,62 m

EUROCOPTER EC 135 T2

Ursprungsland: Deutschland.
Kategorie: Leichter Mehrzweckhubschrauber.
Triebwerke: Zwei Gasturbinen (EC 135 T2) Turboméca Arrius 2B2 von je 633 WPS (472 kW) oder (EC 135 P2) Pratt & Whitney Canada PW206B2 von je 621 WPS (463 kW) Leistung.
Leistungen (Arrius 2B2): Höchstgeschwindigkeit 287 km/h; max. Reisegeschwindigkeit 262 km/h auf Meereshöhe; ökonom. Reisegeschwindigkeit 239 km/h; max. Schrägsteiggeschwindigkeit 11,7 m/Sek; Dienstgipfelhöhe 6095 m; Schwebehöhe mit Bodeneffekt 4570, ohne 3880 m; max. Reichweite 640 km; max. Flugdauer mit Zusatztank 4,48 Std.
Gewichte: Leer 1460 kg; max. Startgewicht mit Außenlast 2900 kg.
Zuladung: Sechs bis acht Personen; bei Rettungseinsätzen zwei Tragen und zwei Sanitäter; max. Nutzlast 1296 kg.
Entwicklungsstand: Der erste Prototyp EC 135 fliegt seit 15. Februar 1994; Beginn der Ablieferungen am 31. Juli 1996. Bisher sind fast 850 Hubschrauber für rund 160 Operators gebaut worden, darunter viele für Polizeicorps und Rettungsorganisationen aus der ganzen Welt: Spanische Guardia Civil und Polizei zusammen 51, französische Polizei 12 (+ 25 Optionen), polnisches Gesundheitsministerium 23. Die japanische Marine wird 15 EC 135 T2i beschaffen, fünf davon sind bereits bestellt. Auftraggeber der EC635: Irland 2, Irak 24, Jordanien 13, Schweiz 18.
Bemerkungen: Die EC 135 folgt neuesten Technologieprinzipien: Haupt- und Heckrotor aus Faserverbundwerkstoffen ohne jegliche Gelenke; Übertragungswelle mit speziellen Vibrationsdämpfern, Zellenstruktur aus Kunststoff, Fenestron-Heckrotor usw. Der Rotorkopf besitzt keine Blattlager mehr. Die Verstellung der einzelnen Rotorblätter geschieht durch elastische Verformung der Kunststoff-Blattwurzel. Rotornabe und Rotormast sind aus einem einzigen Stück geschmiedet. EC 135 für Polizeiaufgaben sind meistens wie folgt ausgerüstet: Suchscheinwerfer, Nachtsichtausrüstung, TV-Kamera und spezielle Navigationsmittel. Die militärische Ausführung heißt EC 635, ist – abgesehen von Zusatzausrüstungen - mit der zivilen jedoch weitgehend identisch. Neu ist die EC 135 P2i/T2i, welche generell bessere Leistungswerte aufweist.
Hersteller: Eurocopter Hubschrauber, München, Deutschland.

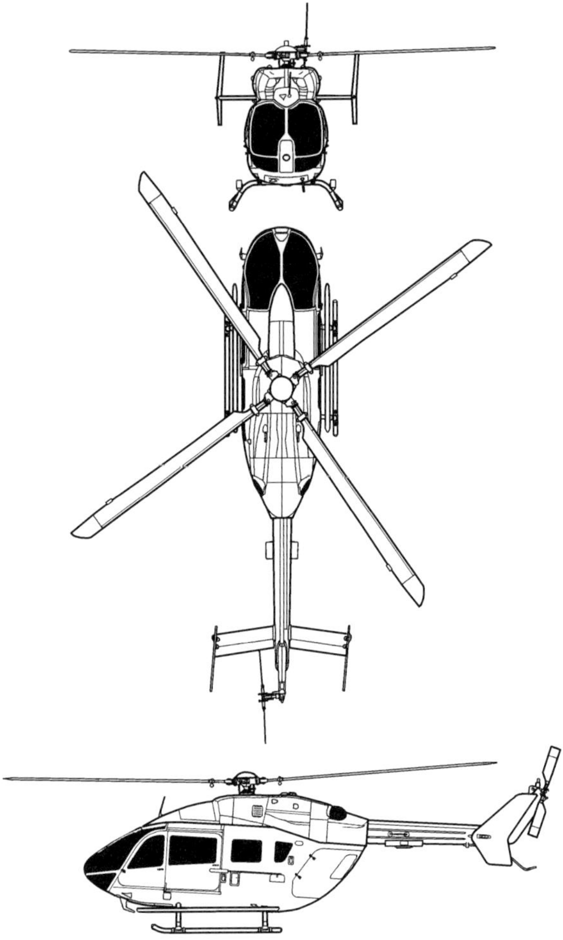

Abmessungen:
Rotordurchmesser 11,00 m
Rumpflänge 10,19 m
Höhe inkl. Rotorkopf 3,95 m

EUROCOPTER EC 145/UH-72A LAKOTA

Ursprungsland: Deutschland und Japan.
Kategorie: Mehrzweckhubschrauber.
Triebwerke: Zwei Gasturbinen Turboméca Arriel 1E2 von je 750 WPS (550 kW) Leistung.
Leistungen: Höchstgeschwindigkeit 270 km/h auf Meereshöhe; max. Reisegeschwindigkeit 245 km/h; max. Schrägsteiggeschwindigkeit 8,4 m/Sek; Dienstgipfelhöhe 5300 m, Schwebehöhe mit und ohne Bodeneffekt 2130 m; Reichweite mit normaler Treibstoffzuladung 670 km; Einsatzdauer 3,30 Std.
Gewichte: Leergewicht 1742 kg; norm. Startgewicht 3350 kg; max. Startgewicht 3550 kg.
Zuladung: Acht bis zwölf Personen inkl. Piloten; bei EMS-Einsätzen zwei liegende Verletzte und zwei Sanitäter; max. Nutzlast 1500 kg.
Entwicklungsstand: Erstflug der EC 145 am 12. Juni 1999. Die Ablieferungen begannen Mitte 2001. Aktuell sind insgesamt über 200 Einheiten in Auftrag gegeben worden, darunter französische Sécurité Civile 32, Gendarmerie 15, London Polizei 3, ADAC 2, REGA 6, Ukraine 2. 345 als UH-72A Lakota bezeichnete EC 145 werden durch die US Army beschafft (Lizenzbau). 177 davon waren Ende 2009 bereits bestellt. 5 gehen an die US Navy für die Test Pilot School.
Bemerkungen: Die von der BK117 abgeleitete EC 145 Ausführung weist wesentliche Verbesserungen auf. Völlig neu sind die Avionik und das Cockpit mit NVG-Ausrüstung. Die Innengröße der Kabine nahm durch Verlängerung des Rumpfes um 40 cm und Verbreiterung um 10 cm deutlich zu. Damit und wegen der einfachen Lademöglichkeit via Hecktüren eignet sich diese Version besonders für Rettungseinsätze. Dank höherem Abfluggewicht sind bessere Reichweitenleistungen erzielbar. Das Cockpit übernimmt wesentliche Elemente der EC 135 (siehe Seiten 158/159). Der Anschaffungspreis beläuft sich auf rund 5,9 Mio Euro. Der Co-Produzent Kawasaki vertreibt dieses Muster unter dem Namen BK117C2. Eurocopter hat unter der Bezeichnung AS645 eine Ausführung als bewaffneten Aufklärer als Ersatz der OH-58D-Hubschrauber der US Army in Planung. Sie kann eine Bewaffnung bis zum Gewicht von rund 1000 kg mitführen.
Hersteller: Eurocopter Hubschrauber, MBB Division, München, Deutschland, sowie Kawasaki Heavy Industries Ltd., Gifu, Japan.

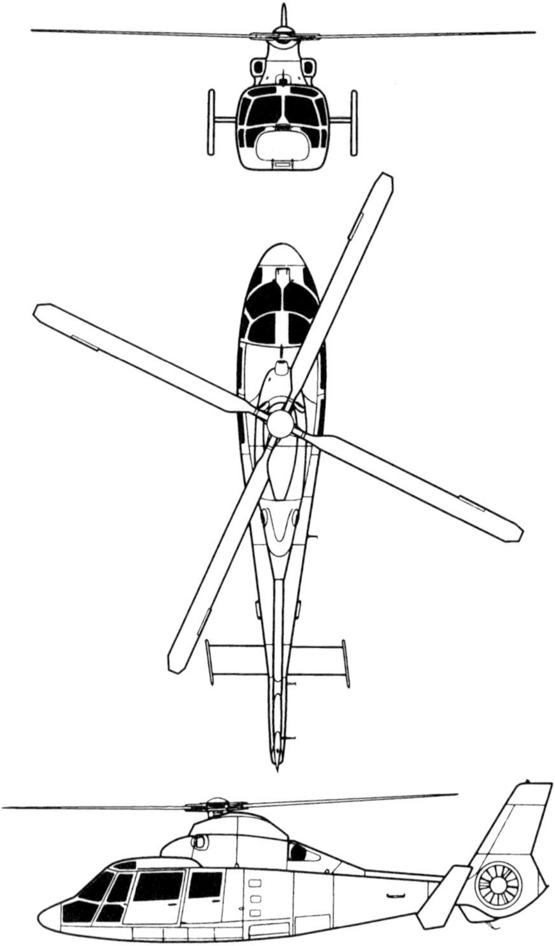

Abmessungen:
Rotordurchmesser 11,94 m
Rumpflänge 11,63 m
Höhe inkl. Rotorkopf 3,47 m, inkl. Seitenleitwerk 4,06 m

EUROCOPTER AS 365N3+ DAUPHIN / AS 565 PANTHER

Ursprungsland: Frankreich.
Kategorie: Ziviler und militärischer Mehrzweckhubschrauber.
Triebwerke: Zwei Gasturbinen Turboméca Arriel 2C von je 800 WPS (597 kW) Leistung.
Leistungen: Höchstgeschwindigkeit 306 km/h auf Meereshöhe; max. Reisegeschwindigkeit 279 km/h; ökonom. Reisegeschwindigkeit 276 km/h; max. Schrägsteiggeschwindigkeit 8,9 m/Sek; Dienstgipfelhöhe 5865 m; Schwebehöhe mit Bodeneffekt 3900 m, ohne Bodeneffekt 3110 m; Reichweite 827, mit Zusatztanks 963 km.
Gewichte: Leer 2361 kg; max. Startgewicht mit interner oder externer Nutzlast 4300 kg.
Zuladung: Ein bis zwei Piloten und normal acht, max. elf Passagiere; max. Nutzlast 1939 kg.
Bewaffnung (Panther): Zwei 7,62-mm-Maschinengewehre an den seitlichen Türen.
Entwicklungsstand: Die neueste zivile Ausführung AS 365N3+ wurde von Eurocopter 2009 lanciert und soll ab 2010 für Kunden erhältlich sein. Von allen zivilen wie militärischen Ausführungen sind bisher rund 800 Einheiten gebaut worden. Die Produktion läuft mit jährlich rund 40 Exemplaren weiter. Jüngste Bestellungen: Marine von Chile 4, Royal Army 4.
Bemerkungen: Eurocopter hat im Laufe der Jahre das bereits recht betagte Ausgangsmuster durch Modernisierungen auf einem konkurrenzfähigen Stand halten können. Die neueste Variante AS 365N3+ weist gegenüber der AS 365N3 (siehe Ausgabe 2005) u.a. folgende Veränderungen auf: Generell moderneres Aussehen, neue Inneneinrichtung mit einem Flight-Entertainment-System, voll digitalisierte Avionik mit neuem Vierachsen-Duplex-Autopiloten, überarbeitetes Flight-Management-System. Eine analoge Veränderung erfuhr auch die militärische Variante Panther. Frühere Dauphins können auf diesen Stand gebracht werden. Eine ähnliche Modernisierung erfährt die HH-65C-Hubschrauberflotte der USCG. Sie werden in die Version HH-65D (siehe Foto) umgebaut.
Hersteller: Eurocopter (Aérospatiale), Werk Marignane, La Courneuve, Frankreich.

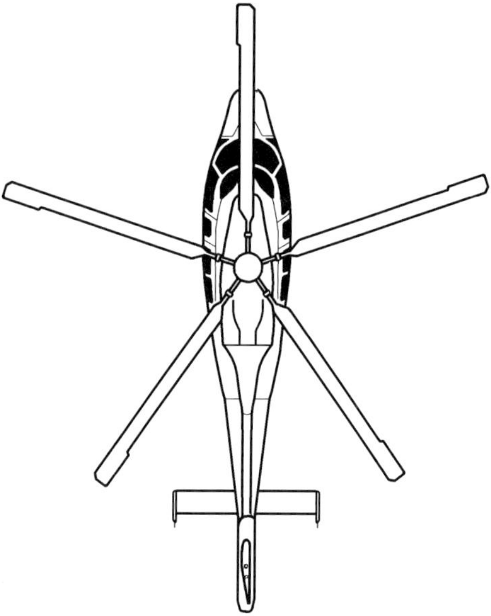

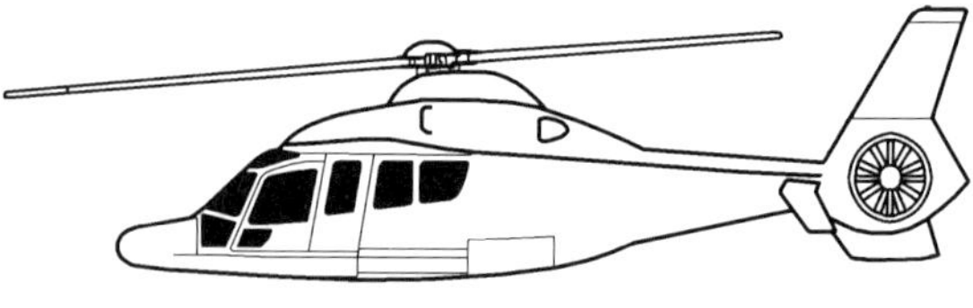

Abmessungen:
Rotordurchmesser 12,60 m
Rumpflänge 12,71 m
Höhe inkl. Rotorkopf 3,64 m, inkl. Seitenleitwerk 4,35 m

EUROCOPTER EC 155 B1

Ursprungsland: Frankreich.
Kategorie: Ziviler und militärischer Mehrzweckhubschrauber.
Triebwerke: Zwei Gasturbinen Turboméca Arriel 2C von je 850 WPS (636 kW) Leistung.
Leistungen: Höchstgeschwindigkeit auf Meereshöhe 324 km/h; max. Reisegeschwindigkeit 280 km/h; ökonom. Reisegeschwindigkeit 261 km/h; max. Schrägsteiggeschwindigkeit 8,7 m/Sek; Dienstgipfelhöhe mindestens 4500 m; Schwebehöhe mit Bodeneffekt 4155 m, ohne Bodeneffekt 3291 m; Reichweite 855 km auf Meereshöhe, mit Zusatztanks 982 km. Max. Flugdauer mit Zusatztanks 5,0 Std.
Gewichte: Leer 2624 kg; max. Startgewicht mit interner Nutzlast 4950 kg, mit externer Nutzlast 5000 kg.
Zuladung: Ein bis zwei Piloten und max. 13 Passagiere bzw. 14 Soldaten; max. Nutzlast 1994 kg.
Entwicklungsstand: Die EC 155 fliegt seit 17. Juni 1997. Mitte 2009 wurde die 100. Maschine an einen der über 30 Betreiber ausgeliefert. Neuester Besteller: Royal Thai Police 3. Die EC 155 wird in kleinen Stückzahlen weiterhin gebaut.
Bemerkungen: Die EC 155 ist eine wesentlich weiterentwickelte Ausführung der AS 365N3 (siehe Seiten 162/163). Sie zeichnet sich vor allem durch eine um 30 cm verlängerte Kabine aus, die zudem 18 cm höher ist. Das Innenvolumen nahm sogar um 40 % zu. Ebenfalls deutlich größer wurde der Gepäckraum. Als Antrieb dienen zwei leistungsgesteigerte Arriel 2C-Triebwerke mit einem neuen faltbaren Spheriflex-Fünfblattrotor, welcher einen um 60 cm größeren Durchmesser aufweist. Der Zehnblatt-Fenestron-Heckrotor wurde zur Lärmreduktion ebenfalls modifiziert. Das Cockpit ist vollständig digitalisiert. Die Grundausführung soll etwa US$ 5,5 Mio. kosten. Gegenwärtig prüft Eurocopter eine leistungsfähigere Version EC 155HP. Diese soll auch die Basis für eine militärische Ausführung EC 655 sein. Für diese sind bisher keine Aufträge eingegangen.
Hersteller: Eurocopter (Aérospatiale), Werk Marignane, La Courneuve, Frankreich.

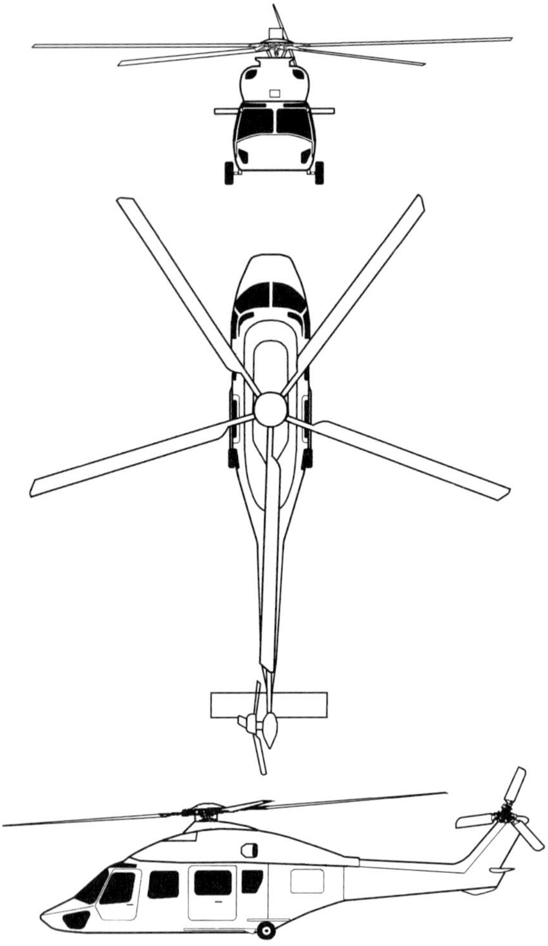

Abmessungen:
Noch keine Angaben erhältlich

EUROCOPTER EC 175/ Z-15

Ursprungsland: Frankreich und VR China.
Kategorie: Ziviler Mehrzweckhubschrauber.
Triebwerke: Zwei Gasturbinen Pratt & Whitney Canada PT6C-67E von je 2000 WPS (1325 kW) Leistung.
Leistungen (nach Angaben des Herstellers): Höchstgeschwindigkeit 280 km/h; weitere Leistungsangaben noch nicht erhältlich.
Gewichte: Max. Startgewicht voraussichtlich rund 8000 kg.
Zuladung: Zwei Piloten und 16 Passagiere.
Entwicklungsstand: Die Flugerprobung des Prototyps begann am 17. Dezember 2009. Mit den Ablieferungen will man 2012 beginnen. Bisher sind rund 114 Bestellungen von 14 Betreibern bekannt gegeben worden, darunter von Bristow (12) und VIH Aviation Group (6). Die EC 175 wird parallel in Frankreich wie auch in China endmontiert, die Teileherstellung erfolgt jeweils nur an einem Ort.
Bemerkungen: Die EC 175 ist ein 50 : 50-Joint-Venture zwischen Frankreich und der VR China und damit der vorläufige Höhepunkt der Zusammenarbeit der Firmen Eurocopter und Harbin in diesem Bereich. Schon mehrere frühere Muster des französischen Herstellers wurden in China entweder in Lizenz gebaut oder dort weiter entwickelt. Ein Hauptaugenmerk der EC 175 soll die breite Einsatzmöglichkeit sein. Dafür weist sie eine vergleichsweise sehr große Kabine auf. Weitere Schwergewichte sind hohe Sicherheit und dank reduzierten Wartungskosten auch eine gute Wirtschaftlichkeit. Konstruktion wie auch eingebaute Systeme entsprechen der heutigen State-of-the-art. Weite Teile des Rumpfes sind aus Verbundwerkstoffen. Was Platzverhältnisse, Reisekomfort, Vibrations- und Lärmwerte wie auch Emissionslasten angeht, sollen Bestwerte erreicht werden. Generell wollen die Entwickler mit der EC 175 den Benchmark setzen. In der Volksrepublik China wird dieser Typ unter der Bezeichnung Z-15 gebaut.
Hersteller: Eurocopter, Werk Marignane, La Courneuve, Frankreich und Harbin Aviation Industry Group (AVIC II), VR China.

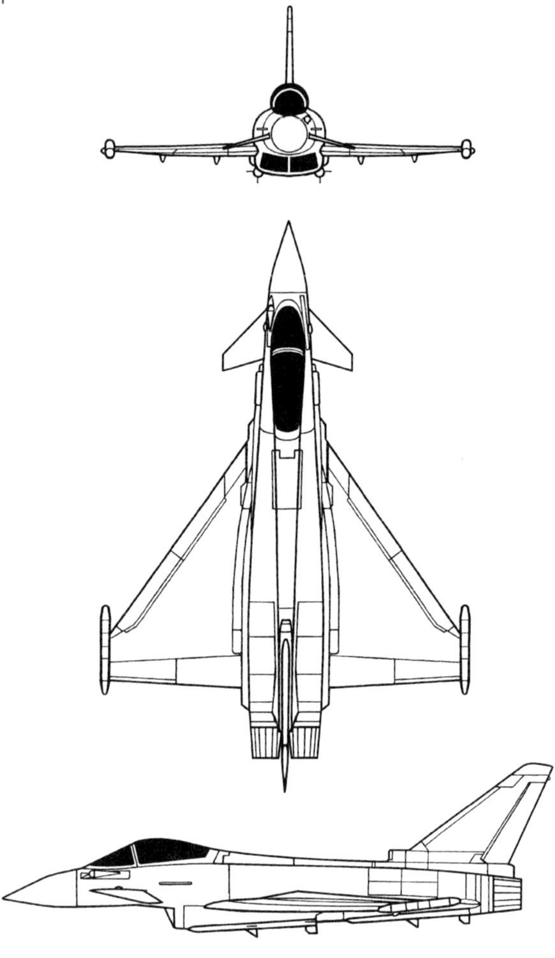

Abmessungen:
Spannweite 10,95 m
Länge 15,96 m
Höhe 5,28 m
Flügelfläche 50,00 m²

EUROFIGHTER EF2000 TYPHOON

Ursprungsland: Großbritannien, Deutschland, Italien und Spanien.
Kategorie: Luftüberlegenheitsjäger und Mehrzweckkampfflugzeug.
Triebwerke: Zwei Mantelstromtriebwerke Eurojet EJ200 von je rund 6100 kp (60 kN) Standschub ohne und 9185 kp (90 kN) mit Nachbrenner.
Leistungen: Höchstgeschwindigkeit in großer Höhe Mach 2,0+, in Bodennähe 1390 km/h; Anfangssteiggeschwindigkeit 315 m/Sek; Dienstgipfelhöhe 16765 m; Aktionsradius mit je zwei Luft-Luft-Lenkwaffen AIM-120 und AIM-132 inkl. Außentanks 1390+ km; Überführungsreichweite mit zwei Außentanks 3700 km.
Gewichte: Leer 11150 kg; max. Startgewicht 23500 kg.
Bewaffnung: Eine 27-mm-Mauser-Kanone im Rumpf und beispielsweise eine Zusammensetzung von sechs Kurzstrecken-Luft-Luft-Lenkwaffen AIM-132 und vier Mittelstrecken-Luft-Luft-Lenkwaffen AIM-120. Max. Waffenlast 6500 - 8000 kg an 13 Waffenstationen.
Entwicklungsstand: Der erste von sieben Prototypen nahm am 27. März 1994 die Flugerprobung auf, gefolgt vom ersten Serienmuster im Laufe von 2002. 2003 sind die ersten Serienmaschinen abgeliefert und 2004 die ersten Einheiten aufgestellt worden. Aktuell sind folgende Beschaffungszahlen geplant: Großbritannien 232, Deutschland 180, Italien 121, Spanien 87. Österreich erwarb 15 Einheiten, Saudi Arabien 72. Die 148 Maschinen des ersten Loses sind mittlerweile alle abgeliefert. Ein zweites als Tranche 2 bezeichnetes Los von 236 EJ2000 wird derzeit gebaut.
Bemerkungen: Die EF2000 Typhoon wird als Ein- wie als Doppelsitzer angeboten. Die ersten der Tranche 1 zugehörigen Einheiten sind vorerst für Abfangaufgaben konfiguriert. Hierbei kann ohne Nachbrenner die sog. Supercruise-Geschwindigkeit von Mach 1,2 bis 1,3 erreicht werden. Derzeit werden die Maschinen der Tranche 2 gebaut, welche vorwiegend durch Upgrades der Avionik zusätzlich Waffensysteme für den Erdkampf mitführen können. Die restlichen geplanten rund 236 Eurofighters sollen der Tranche 3 angehören. Sie werden voraussichtlich um 15 % leistungsstärkere Triebwerke mit schwenkbaren Austrittsdüsen, ein neues Radar und ein überarbeitetes Cockpit mit Voice-Control (= sprachgesteuerte Flugzeugführung) erhalten.
Hersteller: Eurofighter, München, Deutschland.

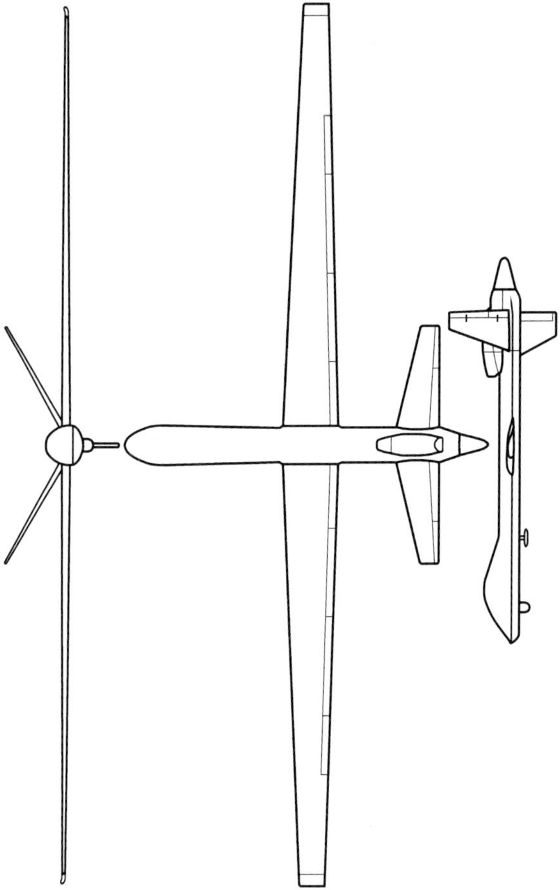

Abmessungen:
Spannweite 20,12 m
Länge 10,97 m
Höhe 3,56 m

GENERAL ATOMICS MQ-9A REAPER

Ursprungsland: USA.
Kategorie: Unbemannte Drone für Erdkampf, Aufklärungs- und ELINT-Aufgaben in großen Höhen.
Triebwerke: Eine Propellerturbine Honeywell TPE331-10T von 950 WPS (712 kW) Leistung.
Leistungen: Höchstgeschwindigkeit ca. 410 km/h; Dauergeschwindigkeit 370 km/h; Dienstgipfelhöhe über 15400 m; Reichweite 4000 km; max. Flugdauer mehr als 30 Std.
Gewichte: Leergewicht 2223 kg; max. Startgewicht 4763 kg.
Zuladung/Bewaffnung: Aufklärungssysteme im Gesamtgewicht von intern 363 kg, extern 1361 kg. Es können beispielsweise bis zu zehn Hellfire-Panzerabwehrlenkwaffen oder sechs 225-kg-GPS-Bomben mitgeführt werden.
Entwicklungsstand: Im Februar 2001 startete ein Erprobungsträger zum Erstflug. 2002 bestellte die USAF zwei operationelle Prototypen (2005 abgeliefert). Vorläufigen Plänen zufolge werden mindestens 66 beschafft. Etwa 30 davon sind bereits abgeliefert. Vier Maschinen erhielt die RAF (weitere zwei bestellt), Italien und Türkei beschaffen je vier Reapers. Unter der Bezeichnung Mariner plant die USN den Erwerb einer MQ-9-Ausführung für Seeüberwachung. Zwei Predator B erhielt die US Customs and Border Protection (CBP).
Bemerkungen: Das neue Triebwerk bietet gegenüber dem Ausgangsmuster RQ-1A Predator A (siehe Ausgabe 2006) in allen Bereichen wesentlich bessere Flugleistungen an. Zudem ist die Nutzlast deutlich höher, es können u.a. auch mehr Waffen mitgeführt werden. Der Flügel ist gegenüber dem Ausgangsmuster deutlich größer, der Rumpf dicker. Er kann dadurch mehr Treibstoff aufnehmen. Während die RQ-1 vorwiegend für Aufklärungsaufgaben vorgesehen ist, soll die MQ-9 vorab als Erdkämpfer/Aufklärer in besonderen Situationen eingesetzt werden. Dazu verfügt sie u.a. über ein synthetisches Breitband-Radar APY-8 Lynx mit hoher Auflösung. Unter der Bezeichnung Altair gibt es auch eine Ausführung für zivile Überwachungs- und Forschungsaufgaben. Die NASA setzt diese Weiterentwicklung der Reaper für Forschungsaufgaben in großen Höhen ein. Sie verfügt über einen verlängerten Flügel mit rund 26 m Spannweite und erreicht rund 15800 m Höhe. Das maximale Startgewicht beläuft sich auf 3266 kg.
Hersteller: General Atomics Aeronautical Systems Inc., San Diego, USA.

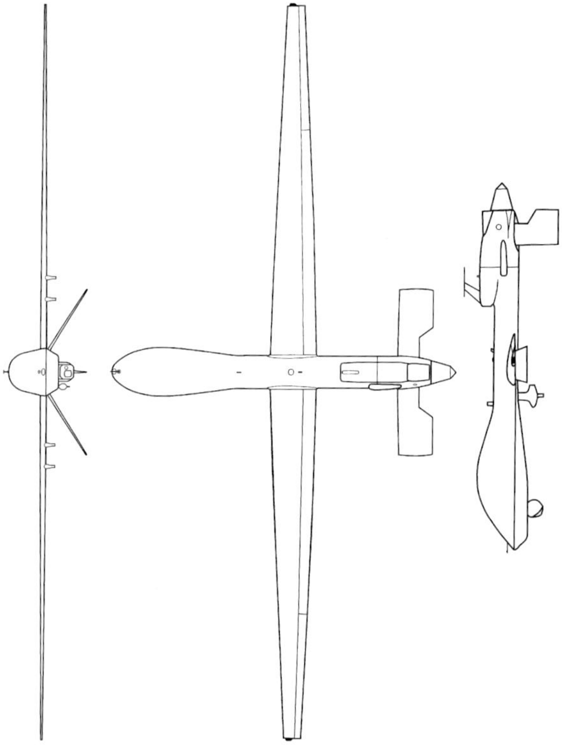

Abmessungen:
Spannweite 17,00 m
Länge 8,00 m
Höhe 2,10 m

GENERAL ATOMICS MQ-1C SKY WARRIOR

Ursprungsland: USA.
Kategorie: Unbemannter Langstrecken-Aufklärer für mittlere Höhen.
Triebwerke: Ein Dieseltriebwerk Thielert Centurion mit Schubpropeller von 135 PS (100 kW) Leistung.
Leistungen: Patrouilliergeschwindigkeit 250 km/h; Dienstgipfelhöhe 8840 m; Aktionsradius 400 km; max. Flugdauer 36 Std.
Gewichte: Max. Startgewicht 1451 kg.
Zuladung: Aufklärungs- und Elekronikausrüstung bis zu einem Gewicht von 488 kg, davon 261 kg intern und 227 kg extern. Typischerweise umfasst die Ausrüstung ein Kamerasystem MTS-A EO/IR, ein SIGINT-Aufklärungsmodul sowie eine Kommunikationseinrichtung mit der Bodenstation.
Bewaffnung: Lenkwaffen AGM-114 Hellfire oder Viper Strike an vier Aufhängepunkten unter den Flügeln.
Entwicklungsstand: Der Prototyp nahm die Flugerprobung am 6. Juni 2007 auf. Hauptbestellerin ist die US Army, welche insgesamt elf Systeme mit je zwölf Warriors und fünf Bodenstationen beschaffen will. Die ersten gelangten Mitte 2009 in Einsatz. Auch die USAF hat bisher 51 Einheiten bestellt. Das Ausgangsmuster RQ-1A Predator wird weiterhin gebaut.
Bemerkungen: Die neue Warrior ist ein typischer Vertreter der sog. MALE-UAV's (**M**edium **A**ltitude **L**ong **E**ndurance). Sie basiert auf der MQ-1 Predator (siehe Ausgabe 2006), weist jedoch einen Flügel mit größerer Spannweite und einen verlängerten Vorderrumpf auf. Damit kann sie größere Nutzlasten mitführen. An der Rumpfspitze ist ein synthetisches Breitbandradar von Northrop Grumman eingebaut. Unter den Flügeln besteht die Möglichkeit, Waffen mitzuführen. Erstmals kommt ein Dieselmotor in einer größeren Drone zur Anwendung. Dieser lässt zu, sowohl Jet Fuel (Kerosen) wie auch Autodiesel zu verwenden. Das ganze System kann durch eine C-130 Hercules transportiert werden und ist zwei Stunden nach dem Ausladen einsatzbereit. Die Bodenstation hat in einem auf einem Normlastwagen beladbaren MTV S-280-Container Platz.
Hersteller: General Atomics Aeronautical Systems Inc., San Diego, USA.

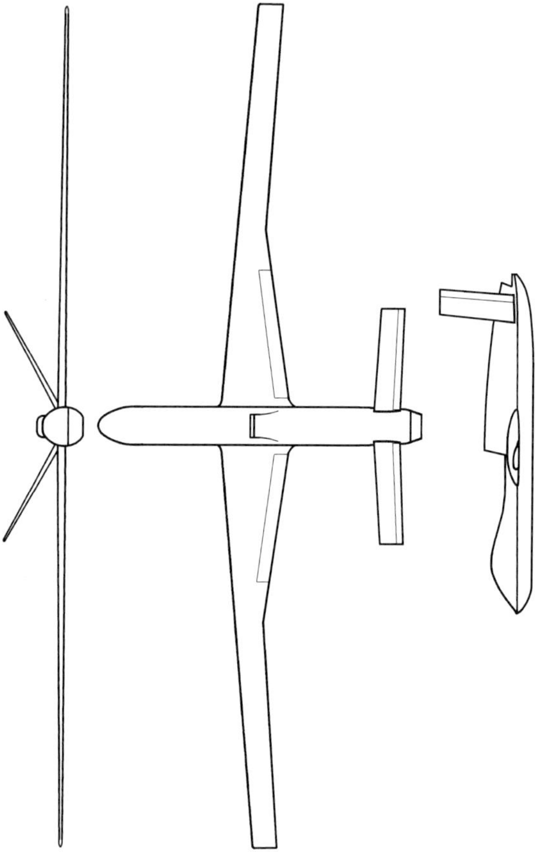

Abmessungen:
Spannweite 20,10 m
Länge 12,50 m

GENERAL ATOMICS PREDATOR C AVENGER

Ursprungsland: USA.
Kategorie: Unbemannte Drone für Erdkampf-, Aufklärungs- und Überwachungsaufgaben.
Triebwerke: Ein Mantelstromtriebwerk Pratt & Whitney Canada PW545B von 1805 kp (17,70 kN) Standschub.
Leistungen (vorläufige Angaben): Patrouilliergeschwindigkeit 740 km/h; Dienstgipfelhöhe 18300 m.
Gewichte (vorläufige Angaben): Max. Startgewicht (1. Prototyp) 5220 kg, (2. Prototyp) 6000 kg.
Zuladung/Bewaffnung: Aufklärungs-, Elekronikausrüstung sowie Waffen in einem zentralen Schacht unten am Rumpf. Hier könnte auch ein Seitensichtradar eingebaut werden.
Entwicklungsstand: Der erste Prototyp flog erstmals am 4. April 2009, ein zweiter soll im Bau sein. Ob dieses Muster in Serienfertigung gehen wird, ist noch nicht bekannt.
Bemerkungen: Unter großer Geheimhaltung entwickelte General Atomics ihr neuestes Muster, die Predator C. Dabei handelte der Hersteller nicht im Auftrag einer Luftwaffe, sondern aus eigenem Antrieb. Die als Avenger bezeichnete Drone soll sich dank ihrer höheren Geschwindigkeit für Überwachungs-, Aufklärungs- und Kampfeinsätze in Gebieten mit stärkerer Luftverteidung besonders eignen, dort wo propellerbetriebene langsame Dronen zu stark gefährdet wären. Technologisch ist sie von der Predator B abgeleitet, Zelle aus Verbundwerkstoff und Avionik sind sehr ähnlich. Der Flügel ist leicht gepfeilt. In der Auslegung wurde sehr auf eine kleine Radarabstrahlung geachtet. Nebst den bei UAV's üblichen Aufklärungssystemen und Sensoren soll die Avenger zusätzlich ein FLIR-System erhalten. Die Außenflügel können bei Bedarf beigefaltet werden, um die Drone beispielsweise auf Flugzeugträgern besser unterzubringen. Der zweite Prototyp soll etwas größer und schwerer sein.
Hersteller: General Atomics Aeronautical Systems Inc., San Diego, USA.

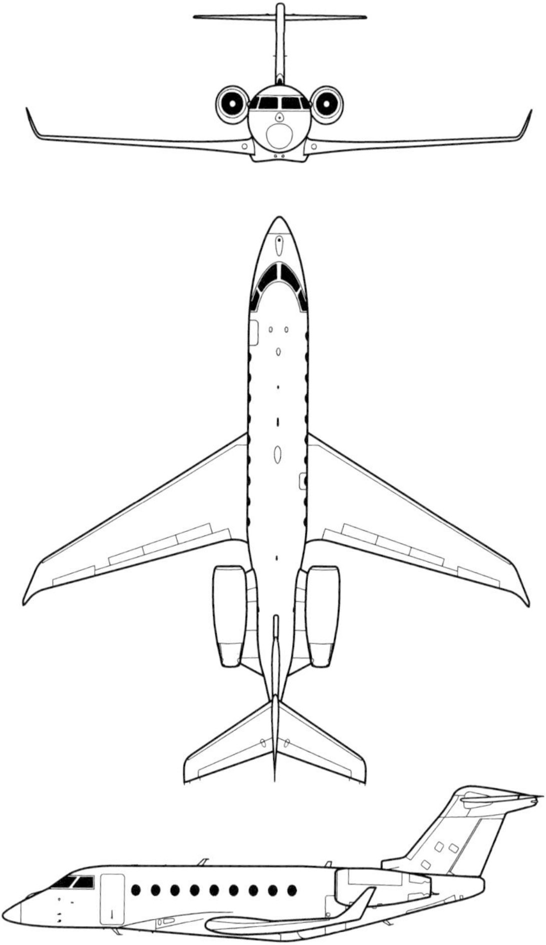

Abmessungen:
Spannweite (G200) 17,71 m, (G250) 18,67 m
Länge 18,97 m
Höhe 6,53 m
Flügelfläche (G200) 34,28 m²

GULFSTREAM G200/250

Ursprungsland: Israel/USA.
Kategorie: Firmenflugzeug.
Triebwerke: Zwei Mantelstromtriebwerke (G200) Pratt & Whitney Canada PW306A von je 2740 kp (26,98 kN) bzw. (G250) Honeywell HTF7250G von je 3376 kp (33,00 kN) Standschub.
Leistungen (G200): Höchstgeschwindigkeit 870 km/h oder Mach 0,85; Langstrecken-Reisegeschwindigkeit 796 km/h (Mach 0,75); Dienstgipfelhöhe 13716 m; Reichweite mit vier Passagieren und IFR-Reserven 6080 km.
Gewichte: Leergewicht 8981 kg; max. Startgewicht 16150 kg, (C250) 17960 kg.
Zuladung (G200): Zwei Piloten und normalerweise acht Passagiere in Komfortausführung oder bis zu 18 Personen in enger Dreierbestuhlung mit Mittelgang; max. Nutzlast 1905 kg.
Entwicklungsstand: Die erste G200 fliegt seit 25. Dezember 1997. Mit den Ablieferungen an Kunden begann der Hersteller Anfang 1999. Derzeit fliegen über 240 Einheiten. Jährlich stellt IAI in Israel etwa 24 Maschinen her, welche die Innenausstattung in den USA erhalten. Die G250 nahm die Flugerprobung am 11. Dezember 2009 auf. Mit der Zulassung wird 2011 gerechnet. Bisher wurden Bestellungen für 10 Maschinen bekannt gegeben.
Bemerkungen: Die Gulfstream G200 wurde aus der Astra SPX/G 100 (siehe Ausgabe 2003) weiterentwickelt. Während der Flügel weitgehend von ihr übernommen wurde, verfügt die G200 über einen völlig neu konstruierten, wesentlich größeren Rumpf. Mit einer Länge von 7,44 m, einer Breite von 2,18 m und einer Höhe von 1,91 m (Innenmaße) wird sie wesentlich höheren Ansprüchen gerecht. Im Cockpit ist eine Avionik von Rockwell Collins mit Multifunktionsdisplays eingebaut. Im Herbst 2008 präsentierte Gulfstream die Weiterentwicklung G250. Der Rumpf bleibt gleich, jedoch erhöht sich das Innenvolumen durch Weglassen des Treibstofftanks im Heck. Die G250 erhält jedoch einen vollständig neuen Flügel größerer Spannweite mit Winglets, ein neues Cockpit PlaneView 250, überarbeitete Avionik von Rockwell Collins und stärkere Triebwerke. Bei größerer Wirtschaftlichkeit weist die G 250 deutlich bessere Flugleistungen auf. Der Hersteller nennt derzeit einen Basispreis von US$ 24 Mio.
Hersteller: Gulfstream Aerospace Corp., (Tochtergesellschaft von General Dynamics), Savannah, Georgia, USA, Werk Israel Aircraft Industries Ltd., Ben-Gurion International Airport, Israel.

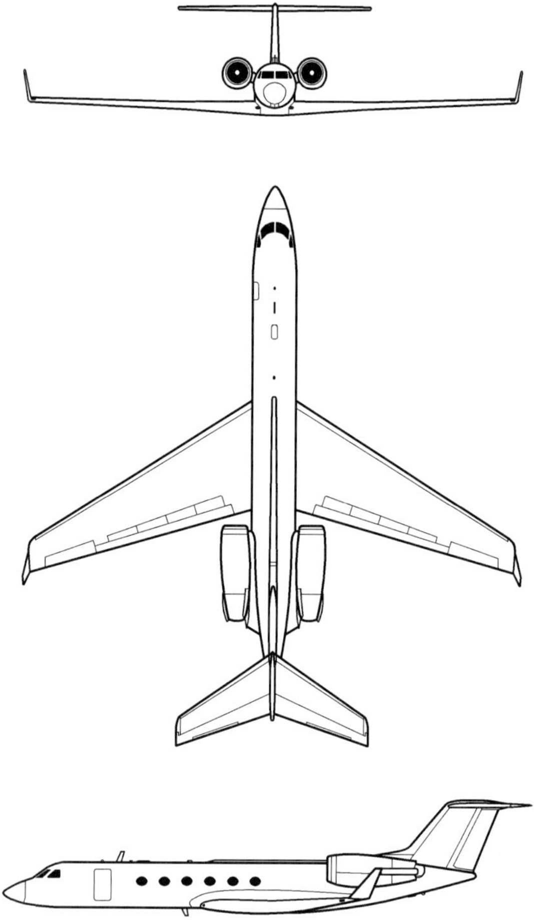

Abmessungen:
Spannweite 28,50 m
Länge 29,40 m
Höhe 7,90 m
Flügelfläche 105,63 m²

GULFSTREAM AEROSPACE GULFSTREAM G550

Ursprungsland: USA.
Kategorie: Langstrecken-Firmenflugzeug.
Triebwerke: Zwei Mantelstromtriebwerke BMW/Rolls-Royce BR 710 von je 6980 kp (68,4 kN) Standschub.
Leistungen: Max. Reisegeschwindigkeit 940 km/h (Mach 0,885); Langstrecken-Reisegeschwindigkeit 851 km/h; Anfangssteiggeschwindigkeit 21,3 m/Sek; Dienstgipfelhöhe 15545 m; Reichweite mit max. Treibstoffzuladung, acht Passagieren und IFR-Reserven 12500 km.
Gewichte: Rüstgewicht 21919 kg; max. Startgewicht 41277 kg.
Zuladung: Zwei Piloten im Cockpit und normalerweise 13 bis 15, max. 19 Passagiere. Nutzlast bei vollen Tanks 816 kg, max. 2950 kg.
Entwicklungsstand: Der noch als Gulfstream V bezeichnete Prototyp flog erstmals am 28. November 1995. Die Auslieferungen begannen Mitte 1997. Bis Ende 2005 wurden rund 230 Gulfstream V bzw. G500 gebaut. Die USAF erhielt 20 als C-37A bezeichnete VIP-Transporter, die US Army und die US Coast Guard je eine. Die Variante G550 startete am 18. Juli 2002 zum Erstflug, rund 210 Einheiten waren Ende 2009 abgeliefert. Jährlich werden etwa 30 Maschinen gebaut.
Bemerkungen: Das Ausgangsmuster Gulfstream IV (siehe Ausgabe 2001) wurde vollständig zur Gulfstream V bzw. G500 überarbeitet. Der Rumpf weist eine Streckung von 2,40 m auf und bietet somit einen wesentlich höheren Passagierkomfort mit größerer Gepäckzuladung. Die Kabine misst nun 15,30 m. Völlig neu wurde der Flügel konstruiert, um ihn für die erforderlichen Reichweiten zu optimieren. Es gelangt das digitale Avionik-System Honeywell PlaneView mit sechs Multifunktionsbildschirmen zum Einbau. Die G550 ist eine nochmals verbesserte Ausführung mit einer Reichweitenleistung von 12500 km und neuem Cockpit. Sie hat leistungsstärkere Triebwerke.
Hersteller: Gulfstream Aerospace Corp. (Tochterfirma von General Dynamics), Savannah, Georgia, USA.

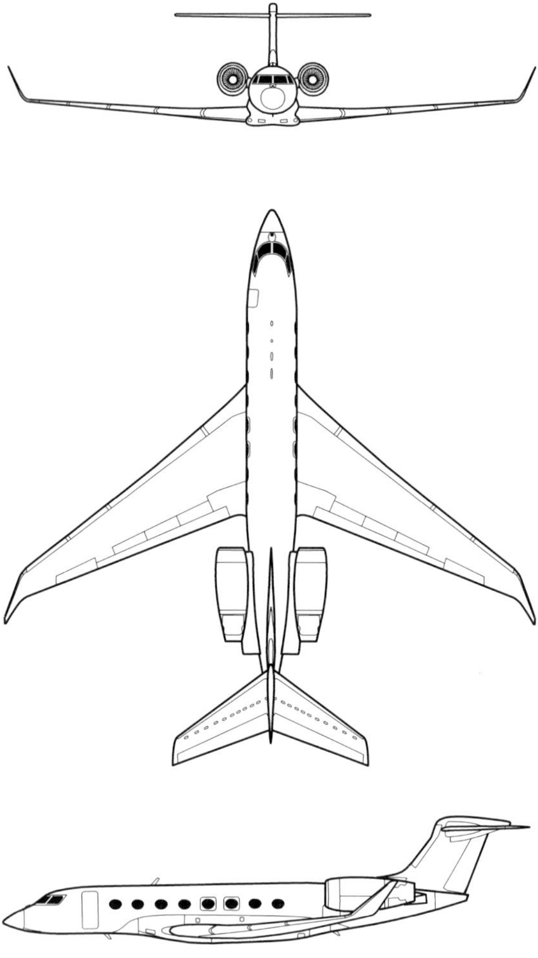

Abmessungen:
Spannweite 30,35 m
Länge 30,40 m
Höhe 7,82 m
Flügelfläche 119,20 m²

GULFSTREAM AEROSPACE GULFSTREAM G650

Ursprungsland: USA.
Kategorie: Langstrecken-Firmenflugzeug.
Triebwerke: Zwei Mantelstromtriebwerke BMW/Rolls Royce BR725 A1-12 von je 7300 kp (71,60 kN) Standschub.
Leistungen (nach Angaben des Herstellers): Max. Reisegeschwindigkeit Mach 0,925; normale Reisegeschwindigkeit Mach 0,90, Langstrecken-Reisegeschwindigkeit (Mach 0,85); Dienstgipfelhöhe 15550 m; maximale Reichweite mit vier Besatzungsmitgliedern und acht Passagieren 12964 km.
Gewichte: Rüstgewicht 24500 kg; max. Startgewicht 45180 kg.
Zuladung: Zwei Piloten im Cockpit und normalerweise acht Passagiere. Maximal können 18 Personen mitfliegen. Nutzlast bei vollen Tanks 816 kg, max. Nutzlast 2948 kg.
Entwicklungsstand: Im Frühjahr 2008 stellte Gulfstream das neueste Spitzenmodell G650 vor. Der Erstflug des Prototyps erfolgte am 25. November 2009. Heutigen Plänen zufolge soll mit den Auslieferungen Ende 2011 begonnen werden. Rund 200 G650 sind bereits bestellt.
Bemerkungen: Obwohl den anderen Mustern der Gulfstream-Familie ähnlich, handelt es sich bei der G650 um eine vollständig neue Konstruktion. Am obersten Ende der Skala von Geschäftsflugzeugen angesiedelt, zeichnet sich dieses Modell vor allem durch eine sehr großzügige, 16,33 m lange Kabine mit einer Innenhöhe von 1,91 m und Breite von 2,41 m und hohen Reisegeschwindigkeiten aus. Mit der Reisegeschwindigkeit von Mach 0,925 ist sie das aktuell schnellste Firmenflugzeug der Welt und hat in dieser Disziplin die Cessna X (siehe Seiten 116/117) überholt. Die neueste BR725-Turbofan-Ausführung mit digitaler Steuerung (FADEC) und 24 Schaufeln in Sichelform verspricht einen geringen Verbrauch bei tiefen Emissionswerten. Erstmals bei einem Businessflugzeug erfolgt die Flugsteuerung durch ein Fly-By-Wire-System. Das Cockpit Planeview II umfasst u.a. Synthetic Vision-Displays, Head-up-Display, 3-D-Wetterradar und das neueste Flight Control-System. Der Kaufpreis für die Basisausführung liegt bei US$ 64,5 Mio.
Hersteller: Gulfstream Aerospace Corp. (Tochterfirma von General Dynamics), Savannah, Georgia, USA.

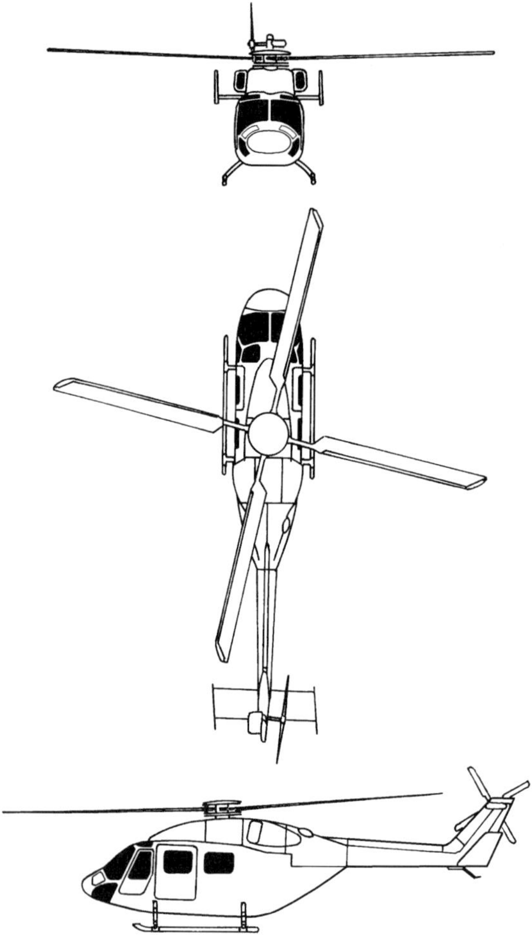

Abmessungen:
Rotordurchmesser 13,20 m
Rumpflänge 12,89 m
Höhe inkl. Rotorkopf 3,76 m

HAL DHRUV

Ursprungsland: Indien.
Kategorie: Militärischer und ziviler Mehrzweckhubschrauber.
Triebwerke: Zwei Gasturbinen Turboméca TM 333-2B von je 1000 WPS (746 kW) Leistung.
Leistungen: Höchstgeschwindigkeit 280 km/h auf Meereshöhe; Reisegeschwindigkeit 245 km/h; max. Schrägsteiggeschwindigkeit 9,0 m/Sek; Dienstgipfelhöhe 6000 m; Schwebehöhe ohne Bodeneffekt 3000 m+; max. Reichweite 800 km.
Gewichte (Luftwaffen-/Marineversion): 2216/2352 kg; max. Startgewicht 4000 kg/5000 kg.
Zuladung: Zwei Piloten und bis zu 14 Passagiere. Max. Nutzlast als Außenlast 1500 kg.
Entwicklungsstand: Der erste von vier Prototypen nahm die Flugerprobung im August 1992 auf. Die indischen Streitkräfte haben einen Bedarf von 300 ALH's (Armee 120, Luftwaffe 60, Marine 120). Weitere Luftwaffen haben die Dhruv bestellt: Ecuador 7, Mauretanien 1, Nepal 2, Peru 2. Bis Ende 2009 waren rund 100 Dhruvs abgeliefert. Vorderhand drei zivile Maschinen hat die indische ONGC für Off-Shore-Einsätze bestellt. Die INDMA (= indischer Zivilschutz) erhält zwölf SAR-Hubschrauber für den Katastrophenfall.
Bemerkungen: Die Dhruv gibt es in verschiedenen Varianten: (Armee) Truppentransporter/ Nachschubhubschrauber sowie Modelle für Antitank- und Minenlegemissionen, alle ausgerüstet mit einem Kufenfahrwerk; (Marine) Verbindungs- und Evakuationsaufgaben sowie SAR- und ASW-Aufträge, ausgerüstet mit einem einziehbaren Dreipunkt-Radfahrwerk, faltbarem Haupt- und Heckrotor und Sonar; (Luftwaffe) Rettungshubschrauber, Mehrzwecktransporter. Auch eine Zivilversion für normalerweise bis zu 12 Passagiere wird angeboten. Haupt- wie Heckrotor sind gelenklos aus Faserverbundwerkstoffen, der Rumpf besteht nebst Aluminium aus Karbon und Kevlar. Seit Mitte 2007 fliegt eine neue Version mit stärkeren Shakti-Triebwerken mit einer Startleistung von 1200 WPS (895 kW). Die neue Wellenturbine wurde zusammen mit Turboméca entwickelt. Diese weist insbesondere bessere Flugleistungen in großen Höhen auf. Daraus abgeleitet soll 2010 eine bewaffnete Ausführung mit Auslegern am Rumpf erstmals fliegen.
Hersteller: HAL Hindustan Aeronautics Ltd., Bangalore, Indien.

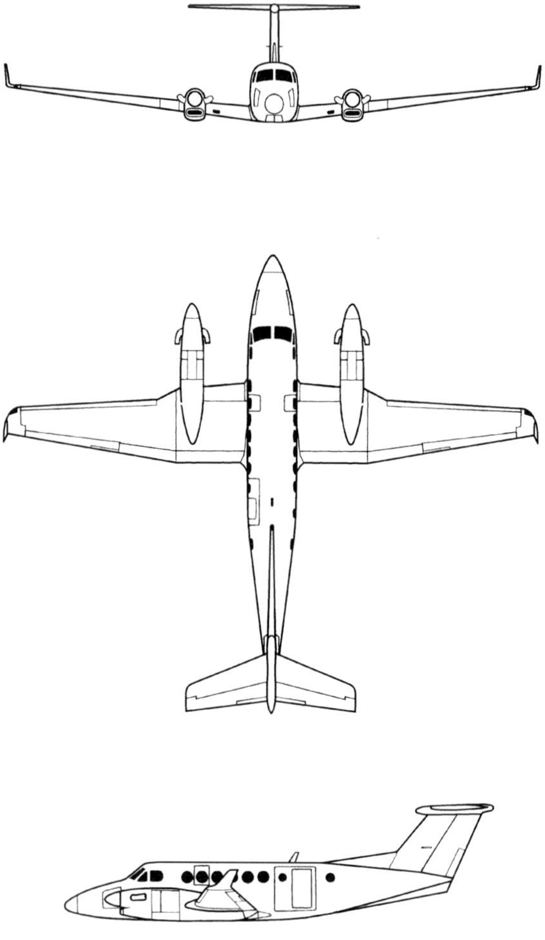

Abmessungen (C90GTx/350i):
Spannweite 16,36/17,65 m
Länge 10,82/14,22m
Höhe 4,34/4,37 m
Flügelfläche (C90GTx/350i) 27,30/28,80 m^2

HAWKER BEECHCRAFT KING AIR C90GTX/350i

Ursprungsland: USA.
Kategorie: Arbeits-, Firmen- und Mehrzweckflugzeug.
Triebwerke (C90GTx/350i): Zwei Propellerturbinen Pratt & Whitney Canada PT6A-135A von je 550 WPS (410 kW) bzw. PT6A-60A von je 1050 WPS (783 kW) Leistung.
Leistungen (C90GTx/350i): Höchstgeschwindigkeit 500/583 km/h; Reisegeschwindigkeit 385/570 km/h; Anfangssteiggeschwindigkeit 9,0/13,8 m/Sek; Dienstgipfelhöhe 9144/10700 m; Reichweite mit vier Passagieren und mit 45 Min Reserven 2213/3268 km; (350ER) 4770 km.
Gewichte (C90GTx/350i): Leergewicht 3282/4320 kg; max. Startgewicht 4581/6804 kg, (350ER) 7490 kg.
Zuladung (C90GTx/350i): Ein bis zwei Mann Cockpitbesatzung und in der Kabine normalerweise sieben/neun Einzelsitze in vis-à-vis-Anordnung, max. jedoch bis zu 9/15 Passagiere; max. Nutzlast 1501 kg/2528 kg, bei vollen Treibstofftanks (C90GTx) 335kg.
Entwicklungsstand: Seit 1964 befindet sich dieses Muster ununterbrochen in Produktion. Fast 7000 King Airs in rund 20 Varianten wurden bisher gebaut. Sie ist damit das am meisten verkaufte zweimotorige Propellerturbinenflugzeug seiner Klasse. Derzeit werden die Versionen C90GT, B200 und 350 angeboten. Die C90GTx ist ab 2010 erhältlich, die 350i (siehe Foto und Dreiseitenriss) seit 2008. Von den neuesten militärischen Ausführungen sind derzeit bestellt: USAF 37, Großbritannien 4, Irak 48.
Bemerkungen: Die C90GTx King Air wurde 2009 vorgestellt. Gegenüber der Vorversion C90GTi verfügt sie über Winglets aus Verbundwerkstoff. Die 350i schließt die lange Reihe von Versionen nach oben ab. Sie ist die größte und am besten ausgerüstete Ausführung. Neu ist vor allem die Inneneinrichtung. Für längere Strecken ausgelegt ist die King Air 350ER, welche seit 2008 angeboten wird. Die kriegerischen Ereignisse in Afghanistan und Irak haben zu einem großen Bedarf an Aufklärungs- und Elint-Flugzeugen geführt. Mit einer von der King Air 350ER abgeleiteten militärischen Version MC-12W wird der Bedarf abgedeckt. Sie ist mit entsprechenden Aufklärungs- und Elint-Sets ausgerüstet. Die Army lässt alle im Einsatz stehenden früheren Ausführungen der RC-12-Reihe in die neueste Ausführung RC-12X umbauen.
Hersteller: Hawker Beechcraft Corp., Beechcraft Division, Werk Wichita, Kansas, USA.

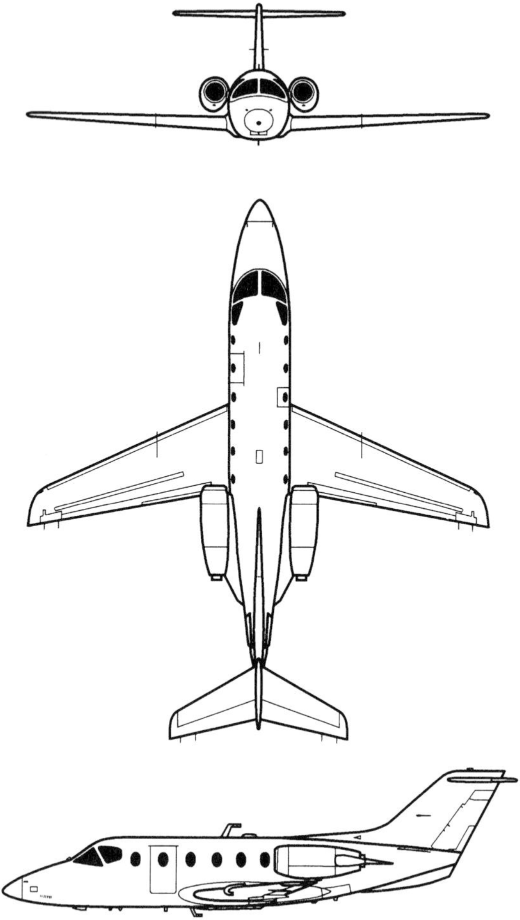

Abmessungen:
Spannweite 13,26 m
Länge 14,76 m
Höhe 4,24 m
Flügelfläche 22,43 m²

HAWKER 400XP

Ursprungsland: USA.
Kategorie: Firmenflugzeug.
Triebwerke: Zwei Mantelstromtriebwerke Pratt & Whitney Canada JT15D-5B von je 1345 kp (13,19 kN) Standschub.
Leistungen: Max. Reisegeschwindigkeit 833; ökonomische Reisegeschwindigkeit 767 km/h auf 12500 m; Anfangssteiggeschwindigkeit 20,12 m/Sek; Dienstgipfelhöhe 13715 m; Reichweite mit max. Nutzlast 1622 km, max. Reichweite 3125 km.
Gewichte: Rüstgewicht 4786 kg; max. Startgewicht 7394 kg.
Zuladung: Zwei Mann Cockpitbesatzung und normal vier, max. neun Passagiere; max. Nutzlast 930 kg, Nutzlast mit max. Treibstoffzuladung 289 kg.
Entwicklungsstand: Erstflug der Ursprungsausführung 400A am 22. September 1989, der 400XP anfangs 2003. Rund 500 Maschinen, davon etwa 230 400XP, wurden bisher für zivile wie auch militärische Aufgaben gebaut. Mit den Auslieferungen der jüngsten Variante 400XP begann man im Laufe des Jahres 2003. Insgesamt 70 Einheiten (+ Optionen) bestellte die NetJet.
Bemerkungen: Das ursprünglich von Mitsubishi lancierte und während einiger Jahre selber gebaute Muster wurde kontinuierlich weiterentwickelt. Nachdem Beechcraft und später Raytheon die Produktion übernommen haben, entstand daraus die Beechjet 400 bzw. 400A (siehe Ausgabe 1998). Als vorläufig letzte Variante in dieser Reihe ist die neu als Hawker 400XP (= eXtra Payload) bezeichnete Variante lanciert worden. Gegenüber der Vorläuferin weist sie ein um 90 kg höheres Abfluggewicht auf, welches entweder größere Reichweite oder einen zusätzlichen Passagier erlaubt. Zudem sind einige früher als Option angebotene Avioniksysteme nun serienmäßig eingebaut. Die 400XP ist mit Schubumkehr ausgerüstet. Seit 2004 wird eine überarbeitete Kabine mit umfangreichem Unterhaltungssystem angeboten. Anfang 2009 kündigte Hawker eine stark verbesserte 450XP an, u.a. mit stärkeren Triebwerken und Collins Pro Line 21-Avionik. Diese hätte ab 2010 die 400XP ablösen sollen. Aus ökonomischen Gründen wird dieses Vorhaben aber einstweilen nicht weiter verfolgt.
Hersteller: Raytheon Aircraft, Beech Aircraft Division, Wichita, Kansas, USA.

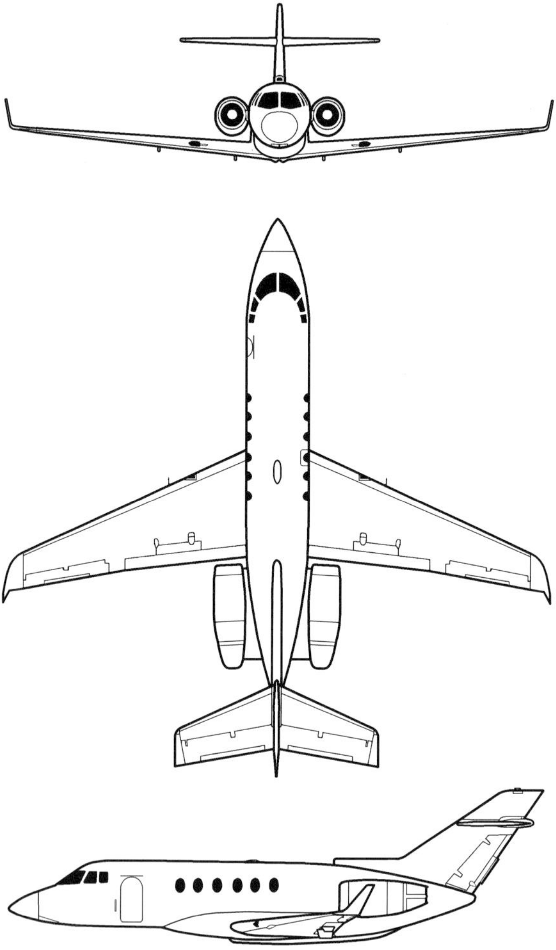

Abmessungen:
Spannweite 30,35 m
Länge 30,40 m,
Höhe 7,82 m
Flügelfläche 119,20 m^2

HAWKER BEECHCRAFT 750/850XP/900XP

Ursprungsland: Großbritannien/USA.
Kategorie: Firmenflugzeug.
Triebwerke (850XP): Zwei Mantelstromtriebwerke AlliedSignal TFE731-5BR von je 2113 kp (20,73 kN) Standschub.
Leistungen (850 XP): Max. Reisegeschwindigkeit 830 km/h auf 11270 m; norm. Reisegeschwindigkeit 793 km/h; Langstreckenreisegeschwindigkeit 745 km/h; Anfangssteiggeschwindigkeit 15,75 m/Sek; Dienstgipfelhöhe 15497 m; Reichweite mit max. Nutzlast 4430 km, mit max. Treibstoffzuladung und VFR-Reserven 5058 km.
Gewichte (850 XP): Leergewicht 7108 kg; max. Startgewicht 12701 kg.
Zuladung: Zwei Piloten und normalerweise acht Passagiere in Einzelsitzen, bzw. bis zu 14 Passagiere in enger Bestuhlung. Nutzlast mit vollen Treibstofftanks 812 kg, maximal 962 kg.
Entwicklungsstand: Erstflug des Prototyps der Ausführung 800XP im Juni 1995. Von allen Varianten sind bis heute über 1500 Einheiten, darunter rund 900 der Versionen 800/800XP, hergestellt worden, womit dieses Modell weltweit zum erfolgreichsten Firmenflugzeug dieser Klasse geworden ist. Jährlich werden rund 50 Maschinen gebaut. Die Ausführung 850 XP fliegt seit Ende 2005, die Versionen 750 und 900XP wurden erstmals im April 2008 bzw. im September 2008 ausgeliefert. Ende 2009 waren etwa 35 750, je rund 100 850XP und 900XP im Einsatz.
Bemerkungen: Ende 2005 stellte Raytheon (heute neu Hawker Beechcraft) die Hawker 850 XP vor. Zur Verbreiterung des Angebots kommen nun noch die 750 und die 900XP hinzu. Vom Aussehen her identisch, sind die Unterschiede mehr technischer bzw. ausstattungsmäßiger Natur. Der 750 fehlen die Winglets. Mit kleineren Tanks ausgerüstet, ist die Reichweite mit 3919 km entsprechend geringer. Dafür ist der Anschaffungspreis gegenüber dem Spitzenmodell 900XP um rund US$ 2 Mio. tiefer. Am oberen Ende ist nun die Hawker 900XP angesiedelt. Dank leistungsstärkerer Triebwerke Honeywell TEF731-50R ist vor allem die Reichweite mit 5463 km größer. Aber auch die Startleistung besonders auf höher gelegenen Flugplätze ist besser. Der Anschaffungspreis beträgt rund US$ 14,3 Mio.
Hersteller: Hawker Beechcraft Corp., Beechcraft Division, Werk Wichita, Kansas, USA.

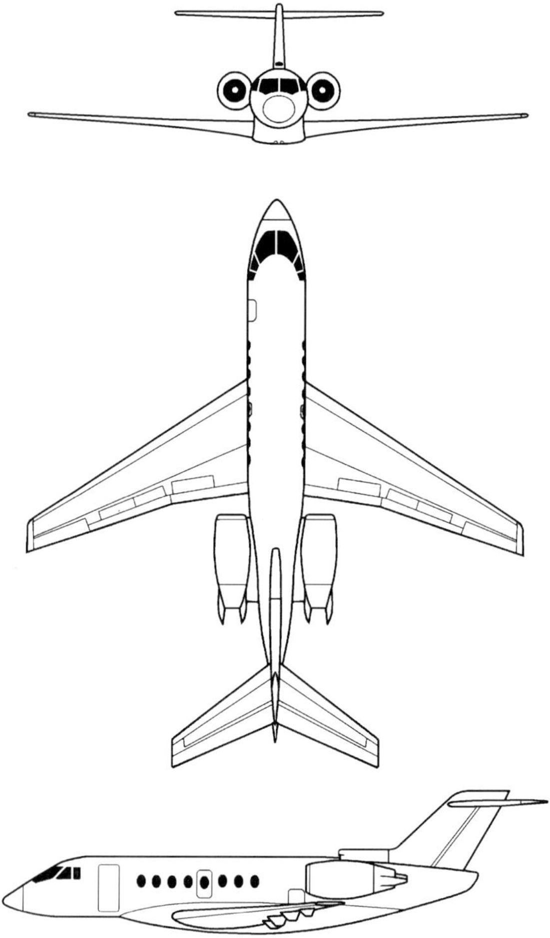

Abmessungen:
Spannweite 18,82 m
Länge 21,18 m
Höhe 6,02 m
Flügelfläche 49,33 m^2

HAWKER BEECHCRAFT HAWKER 4000

Ursprungsland: USA.
Kategorie: Firmenflugzeug.
Triebwerke: Zwei Mantelstromtriebwerke Pratt & Whitney PW308A von je 3129 kp (30,7 kN) Standschub.
Leistungen: Höchstgeschwindigkeit 893 km/h (Mach 0,84); max. Reisegeschwindigkeit 870 km/h (Mach 0,82); Langstreckenreisegeschwindigkeit 796 km/h; Dienstgipfelhöhe 13716 m; Reichweite mit acht Passagieren unter IFR-Bedingungen 5139 km, maximal 6075 km.
Gewichte: Rüstgewicht 10659 kg; max. Startgewicht 17917 kg.
Zuladung: Zwei Piloten und normalerweise acht Passagiere in Klubbestuhlung, max. jedoch 12 Personen; Nutzlast mit max. Treibstoffzuladung 726 kg, max. 1134 kg.
Entwicklungsstand: Mit der Erprobung konnte am 11. August 2001 begonnen werden. Derzeit sind rund 130 Einheiten bestellt, darunter 70 von NetJets. Annullierungen sind aber aufgrund der Wirtschaftskrise zu erwarten. Die Zulassung dieses Musters erfolgte nach langen Verzögerungen im Juni 2008, worauf die Ablieferung der ersten Exemplare stattfand. Bis Ende 2009 waren etwa 15 Einheiten abgeliefert.
Bemerkungen: Obwohl gewisse Ähnlichkeiten zur Hawker 750/850XP/900XP-Reihe bestehen (siehe Seiten 188/189), handelt es sich bei der 4000 um eine völlige Neukonstruktion. Mit diesem Muster wollte Raytheon (neu Hawker Beechcraft) einen neuen Komfortstandard im Mittelsegment der Firmenflugzeuge setzen. So ist die Kabine für diese Klasse ausgesprochen großräumig (Länge 7,62 m, Breite 1,92 m, Höhe 1,83 m). Das Flügelmittelstück verläuft vollständig unter dem Rumpf, so dass der Passagierraum in keinem Bereich dadurch eingeschränkt ist. Wie bei der Premier I (siehe Ausgabe 2008) ist auch bei der 4000 der Rumpf völlig aus Verbundwerkstoffen hergestellt, während der Flügel aus Aluminium besteht und zum größten Teil aus einem Werkstück herausgefräst wird. Im Cockpit sind fünf große LCD-Flachbildschirme vorhanden, das Flugmanagementsystem Honeywell Primus Epic wird erstmals in einem Flugzeug eingebaut. Die gesamte Avionik ist hinter dem Cockpit platziert und entsprechend gut zugänglich. Der Basispreis beträgt US$ 19,5 Mio.
Hersteller: Hawker Beechcraft Corp., Beechcraft Division, Werk Wichita, Kansas, USA.

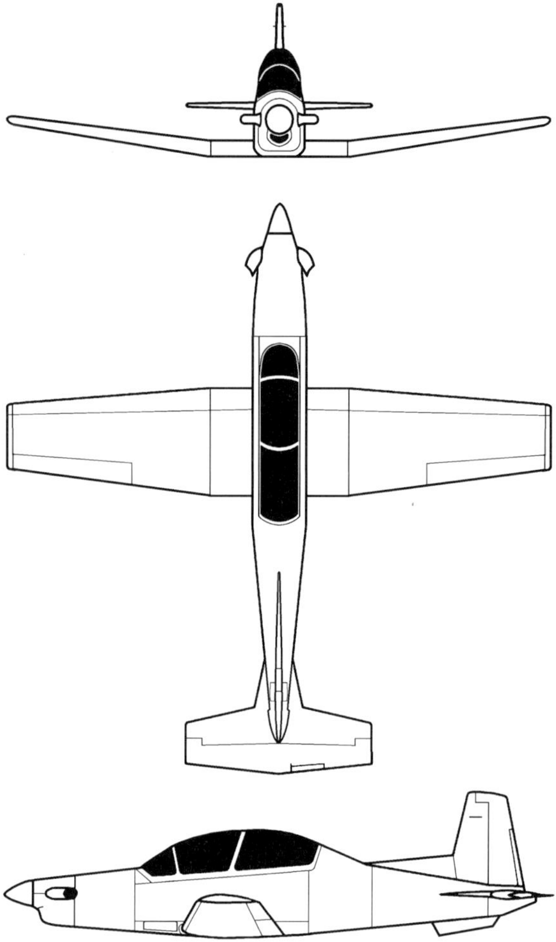

Abmessungen:
Spannweite 10,15 m
Länge 10,14 m
Höhe 3,26 m
Flügelfläche 16,29 m²

HAWKER BEECHCRAFT T-6A TEXAN II

Ursprungsland: USA/Schweiz.
Kategorie: Zweisitziger Basis- und Fortgeschrittenentrainer.
Triebwerke: Eine Propellerturbine Pratt & Whitney Canada PT6A-68 von 1708 WPS (1275 kW) Leistung, reduziert auf 1100 WPS (820 kW).
Leistungen: Höchstgeschwindigkeit in großen Höhen 575 km/h, auf Meereshöhe 500 km/h, Reisegeschwindigkeit auf 2285 m 426 km/h; Anfangssteiggeschwindigkeit 20,3 m/Sek; Dienstgipfelhöhe 10670 m; Reichweite 1574 km; max. Flugdauer 3 Std.
Gewichte: Leergewicht 2087 kg; max. Startgewicht 2857 kg.
Bewaffnung (AT-6): Sechs Stationen unter den Flügeln für eine Waffenlast von 680 kg.
Entwicklungsstand: Der erste Erprobungsträger (eine umgebaute Pilatus PC-9) flog erstmals im September 1992. Darauf stellte Beech zwei weitere Produktionsprototypen her (Erstflug 23. Dezember 1993), gefolgt vom ersten Serienflugzeug am 15. Juli 1998. Vorgesehen ist, für die amerikanischen Streitkräfte insgesamt 769 Maschinen (bisher 609 bestellt) zu beschaffen: USAF 454, USN 315. Bisher sind über 550 abgeliefert worden. Weitere T-6A/B erhielten Griechenland (45) und NATO Flying Training (NFTC) (26). Neueste Besteller: Israel 25 T-6A, Marokko 24 T-6C, Irak 15 T-6A und voraussichtlich 36 AT-6B.
Bemerkungen: Obwohl der PC-9 (siehe Ausgabe 2008) sehr ähnlich, wurde rund 70% der Konstruktion neu definiert. Die wesentlichen Unterschiede sind: Verstärkte Rumpfstruktur und Cockpithaube, Druckkabine, Null-Null-Schleudersitze, neue digitale Elektronik (GPS, MLS, Antikollisionsanzeige, HUD) und Einpunktbetankung. Die T-6A ist Bestandteil eines integrierten Trainingssystems, welches auch Simulatoren und übrige Logistik umfasst. 272 der von der USN geplanten Texan II sind T-6B mit einem integralen Glas-Cockpit, HUD und weiterentwickelter Avionik. Von ihr abgeleitet ist neu die T-6C für den Export im Angebot. Ein auf der T-6B basierender Prototyp der Erdkampfversion AT-6 für den potenziellen Auftrag von der USAF flog erstmals im September 2009. Er verfügt u.a. über ein HUD, Cockpit von CMC-Electronics FV-4000 und sechs Waffenstationen unter den Flügeln.
Hersteller: Hawker Beechcraft Corp.,/Pilatus, Werk Wichita, Kansas, USA.

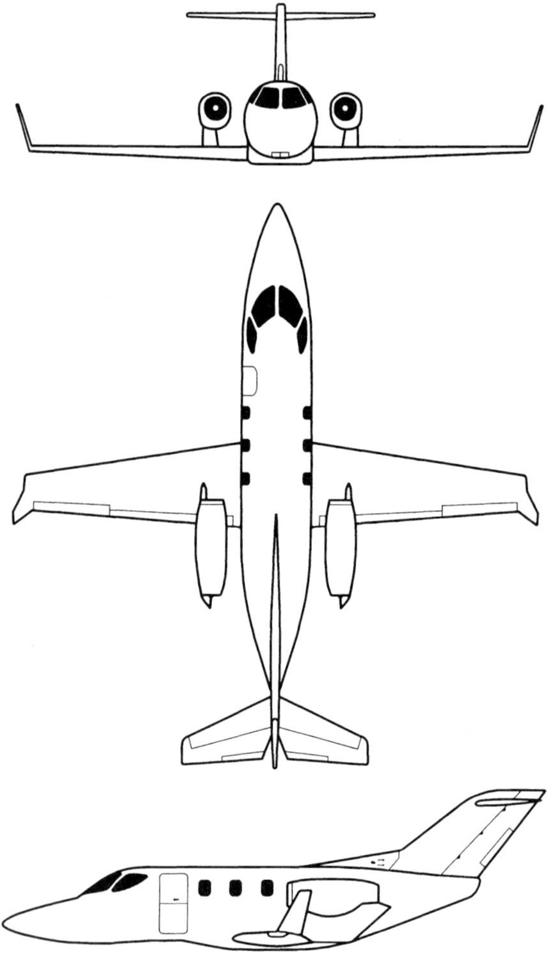

Abmessungen:
Spannweite 12,15 m
Länge 13,21 m
Höhe 4,03 m

HONDA AIRCRAFT HONDAJET

Ursprungsland: Japan.
Kategorie: Leichtes Firmenflugzeug.
Triebwerke: Zwei Mantelstromtriebwerke (Prototyp) Honda HF118 von je 757 kp (7,42 kN) bzw. (Serienmaschinen) HF120 von je 950 kp (9,30 kN) Standschub.
Leistungen (nach Angaben des Herstellers): Max. Reisegeschwindigkeit 775 km/h auf 9150 m; max. Steiggeschwindigkeit 20,3 m/Sek; Dienstgipfelhöhe 13100 m; max. Reichweite unter VFR-Bedingungen 2590 km.
Gewichte: Max. Startgewicht 4173 kg.
Zuladung: Zwei Piloten bzw. ein Pilot/Passagier im Cockpit und vier Personen im Passagierraum.
Entwicklungsstand: Am 16. Dezember 2003 startete ein Erprobungsträger zum Erstflug. Das erste der Serienausführung entsprechende Muster soll nach längerer Verzögerung nun Anfang 2010 fliegen. Rund 270 HondaJets sollen bereits bestellt sein, welche ab 2011 ausgeliefert werden.
Bemerkungen: Mit der Vorstellung eines leichten Businessjets gelang Honda eine große Überraschung. Die als Auto- und Motorradhersteller bekannte Firma macht mit diesem Typ den ersten Schritt in die Luftfahrt. Einzigartig ist, dass Flugzeug wie Triebwerk vom gleichen Hersteller stammen. Der Rumpf ist eine kompakte und leichte Konstruktion aus Verbundwerkstoffen und soll die größten Platzverhältnisse seiner Klasse aufweisen. Die Flügelstruktur wurde aus einem einzigen Aluminumblock gefräst und weist dank eines Laminarprofils beste aerodynamische Werte auf. Ungewöhnlich ist die Anordnung der Triebwerke über den Flügeln. So erspart man sich teure und schwere Aufhängevorrichtungen am Rumpf. Alle diese Maßnahmen und dank des innovativen Triebwerks lassen sich gegenüber einem konventionellen Muster Treibstoffreduktionen von 40 % erzielen. Das Cockpit ist mit einem Avionik-Set Garmin G1000 ausgerüstet. Der Verkaufspreis beläuft sich auf US$ 3,65 Mio.
Hersteller: Honda Motor Co. Ltd., Honda Aircraft Corp., Werk Greensboro, North Carolina, USA, Tokyo, Japan.

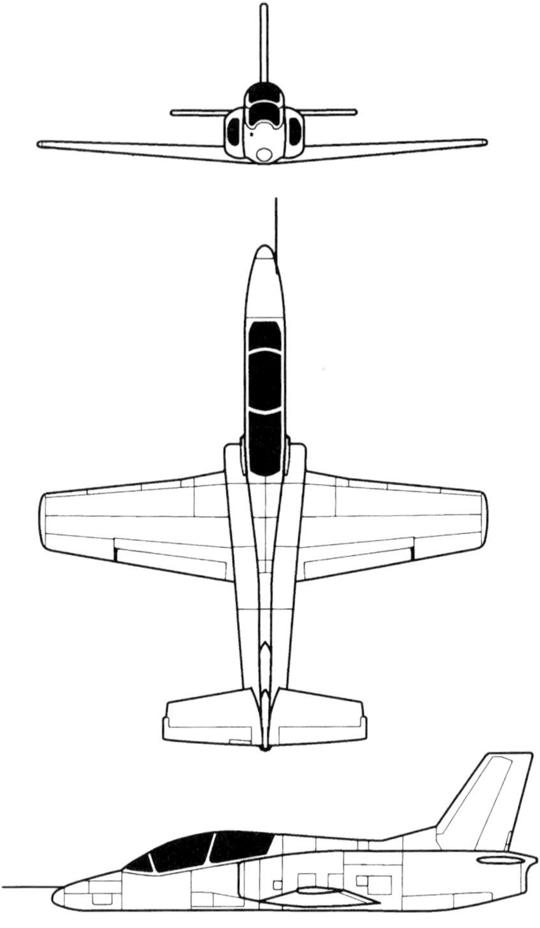

Abmessungen:
Spannweite 9,63 m
Länge inkl. Sonde 11,60 m
Höhe 4,21 m
Flügelfläche 17,02 m^2

HONGDU (NANCHANG) JL-8/K-8 JET TRAINER

Ursprungsland: Volksrepublik China und Pakistan.
Kategorie: Zweisitziger Basistrainer und leichter Erdkämpfer.
Triebwerke: Ein Mantelstromtriebwerk AlliedSignal TFE731-2A-2A von 1632 kp (16,0 kN) bzw. (K-8J) Progress AI-25TLK von rund 1725 kp (16,90 kN) Standschub.
Leistungen: Höchstgeschwindigkeit 800 km/h auf Meereshöhe; Anfangssteiggeschwindigkeit 27 m/Sek; Dienstgipfelhöhe 13000 m; max. Flugdauer 3,0 Std; Reichweite mit zwei abwerfbaren 250-l-Zusatztanks 2250 km, mit internem Treibstoff 1487 km.
Gewichte: Rüstgewicht 2687 kg; normal beladen ohne Außenlasten 3630 kg; max. Startgewicht 4330 kg.
Bewaffnung (als Erdkämpfer): Ein 23-mm-Kanonenbehälter unter dem Rumpf und vier Flügelstationen für Bomben, Raketenbehälter oder Lenkwaffen. Max. Waffenladung 943 kg.
Entwicklungsstand: Der erste von sechs Prototypen (davon zwei nur für statische Tests) begann die Flugerprobung am 21. November 1990. Bisher haben Pakistan 40, die VR China 170 Maschinen erhalten. Weitere Besteller: Ägypten 120 (Lizenzbau), Ghana 4, Myanmar 12, Namibia 4, Sri Lanka 6, Sudan 12, Tansania 6, Venezuela 24, Zambia 8, Zimbabwe 12 und neu Boliven 6. Rund 300 Machinen befanden sich Ende 2009 im Einsatz.
Bemerkungen: Der in China als Jl-8 bzw. im Export als K-8 bezeichnete Jet Trainer ist eine chinesisch-pakistanische Gemeinschaftsentwicklung. Dieses Muster ist besonders auf hohe Zuverlässigkeit und einfache Wartung ausgelegt. Ursprünglich hätten alle für Pakistan bestimmten K-8 im Werk Kamra endmontiert werden sollen. Aus finanziellen Gründen bleibt die Produktion vollständig in China. Die pakistanischen K-8 weisen gegenüber der chinesischen Variante einige Modifikationen auf: EFIS-Cockpit, andere Elektronikkomponenten und neue Antischleuderbremsen. Die Avionik stammt von Collins, die Schleudersitze sind vom Typ Martin Baker Mk.10L. Die Jet Trainer für die VR China sind mit dem ukrainischen Triebwerk Ivchenko Progress ZMKB AI-25TL/DV-2 ausgerüstet, welches unter der Bezeichnung WS-11 in Lizenz gebaut wird.
Hersteller: Hongdu Aviation Industry Corp., bzw. NAMC (**N**achang **A**ircraft **M**anufactoring **C**ompany), Nachang, VR China und Pakistan Aeronautical Complex.

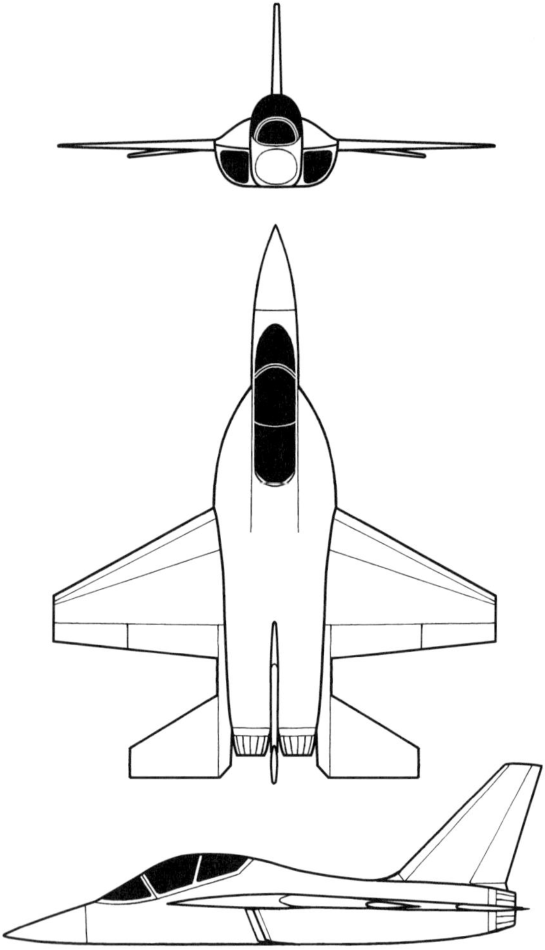

Abmessungen:
Spannweite 9,77 m
Länge 12,27 m
Höhe 4,80 m

HONGDU L-15/JL-15 LIE YING

Ursprungsland: Volksrepublik China.
Kategorie: Zweisitziger Fortgeschrittenentrainer und leichter Erdkämpfer.
Triebwerke: Zwei Mantelstromtriebwerke (1. Prototyp) ZMKB Progress AI-222-25 von je 2500 kp (24,5 kN) Standschub bzw. (2. Prototyp und Serienmaschinen) Mantelstromtriebwerke MotorSich AI-222K-25F von je 4210 kp (41,28 kN) Standschub mit Nachbrenner.
Leistungen (noch sehr vorläufige Angaben): Höchstgeschwindigkeit Mach 1,4; Anfangssteiggeschwindigkeit 150 m/Sek; Dienstgipfelhöhe 16000 m; Reichweite 3100 km.
Gewichte (vorläufige Angaben): Leergewicht 4500 kg; normales Startgewicht 6800 kg; maximales Startgewicht 9500 kg.
Bewaffnung: Eine Waffenlast von rund 3000 kg kann an Stationen unter den Flügeln mitgeführt werden.
Entwicklungsstand: Der erste von drei Prototypen nahm die Flugerprobung am 13. März 2006 auf, gefolgt vom zweiten dem Serienstandard entsprechenden Muster am 10. Mai 2008. Je nach Ausgang der Erprobung der L-15 sowie des Konkurrenzmusters FTC-2000 (siehe Ausgabe 2006) wird einer der beiden Trainer von der chinesischen Luftwaffe beschafft. Der Entscheid ist aber immer noch ausstehend.
Bemerkungen: Die L-15 wird in Zusammenarbeit mit Yakowlew entwickelt. Daher ist die Ähnlichkeit mit der Yak-130 (siehe Seiten 308/309) nachvollziehbar. Es handelt sich um eine recht moderne Konstruktion. Große Teile der Struktur bestehen aus Verbundwerkstoffen. Das Cockpit verfügt über die heute übliche Ausrüstung mit Multifunktionsbildschirmen, HUD und HOTAS. Die Steuerung erfolgt mit einem vierfach redundanten Fly-By-Wire-System. In der chinesischen Luftwaffe ist die L-15 vorgesehen, als Fortgeschrittenentrainer den Übergang zu den neuen Kampfflugzeugen Su-27/30 bzw. F-10 zu erleichtern, da sie von den Flugeigenschaften und von der Steuerung her ein sehr ähnliches Verhalten aufweist. Die Bezeichnung der Serienmaschinen wird voraussichtlich JL-15 sein. Später könnte noch eine einsitzige Erdkampfversion abgeleitet werden.
Hersteller: Hongdu Aviation Industry Group (HAIG), Nanchang, VR China.

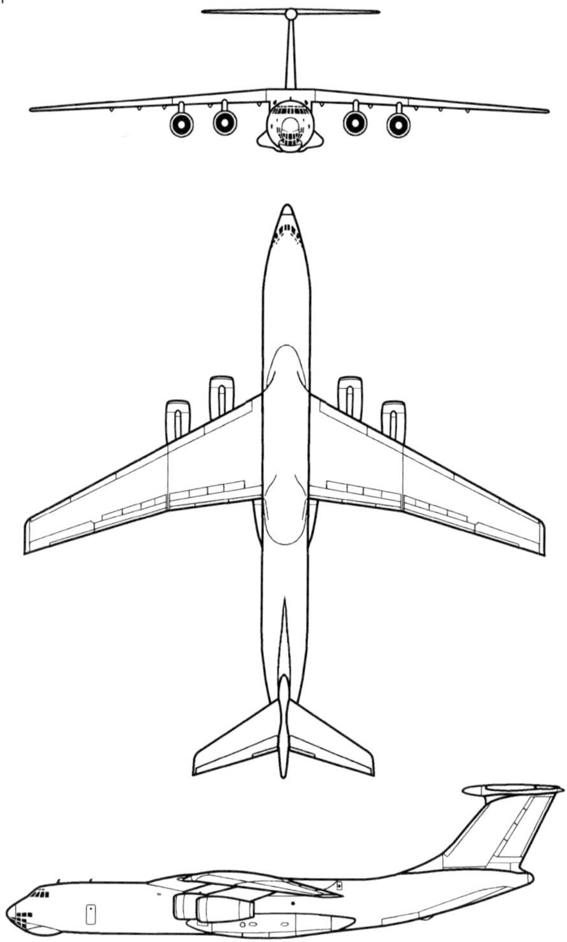

Abmessungen:
Spannweite 50,50 m
Länge (Il-76MF) 53,19 m, (Il-76TD) 46,59 m
Höhe 14,76 m
Flügelfläche 300 m²

ILJUSCHIN IL-76MF/IL-76TD-90VD

Ursprungsland: Russland.
Kategorie: Schwerer ziviler (Il-76TD-90VD) wie militärischer Mittel- und Langstreckentransporter (Il-76MD-90/Il-76MF).
Triebwerke: Vier Mantelstromtriebwerke Aviadvigatel/Perm PS-90A-76 von je rund 16000 kp (157,8 kN) Standschub.
Leistungen: Höchstgeschwindigkeit 850 km/h auf 10000 m; max. Reisegeschwindigkeit 825 km/h; Anfangssteiggeschwindigkeit 9,0 m/Sek; Dienstgipfelhöhe 15500 m; Reichweite mit einer Nutzlast von 40000 kg (Il-76TD-90VD/Il-76MF) 4200/6300 km, mit max. Nutzlast (Il-76MF) 4000 km.
Gewichte (Il-76TD-90VD/Il-76MF): Rüstgewicht 92000/104000 kg; max. Startgewicht 195000/210000 kg.
Zuladung: Bis zu sechs Mann Besatzung, einschließlich zwei Lademeister und einem Navigator. Max. Nutzlast je nach Einsatzzweck (Il-76TD-90VD/Il-76MF) zwischen 50000 und 60000 kg.
Entwicklungsstand: Die neueste Version Il-76TD-90VD hat den Erstflug am 5. August 2005 absolviert, der Prototyp der Il-76MF fliegt seit 1995. Derzeitigen Plänen zufolge will die russische Luftwaffe ab 2010 bis zu 50 Einheiten entweder durch Umbauten von älteren Il-76TD oder neue Il-76MF beschaffen. Drei davon sind bereits fertig. Folgende aktuelle Bestellungen bzw. Ablieferungen sind erfolgt: Volga-Dnepr vier Il-76TD-90VD (+ 10 Optionen), Jordanien zwei Il-76MF (+ 2 Optionen), VR China 34 Il-76MD. Venezuela plant 10 Il-76 und 2 Il-78 zu bestellen. Paktistan erhält neu vier Il-78. Von den früheren Varianten der Il-76 wurden bisher rund 950 Maschinen hergestellt.
Bemerkungen: Die Il-76MF (siehe Dreiseitenriss) und die neueste Ausführung Il-76TD90VD (siehe Foto) unterscheiden sich hauptsächlich durch die Rumpflänge. Letztere übernimmt den ursprünglichen Rumpf, während jener der Il-76MF um rund 6,60 m länger ist. Beide setzen die neuen PS90A-Triebwerke ein, welche nebst größerer Leistung u.a. die verschärften Lärm- und Abgaslimiten erfüllen. Weiterhin gebaut werden die Ursprungsvariante Il-76TD sowie der Tanker Il-78. In Vorbereitung befindet sich eine Il-76 der »vierten Generation«, vorläufig Il-476 genannt. Sie wird verbesserte Triebwerke PS-90A76 erhalten, welche eine Treibstoffersparnis von zwischen 13 und 17 % versprechen.
Hersteller: Iljuschin Design Bureau, Moskau, Werk Aviastar, Ulyanovsk, Russland.

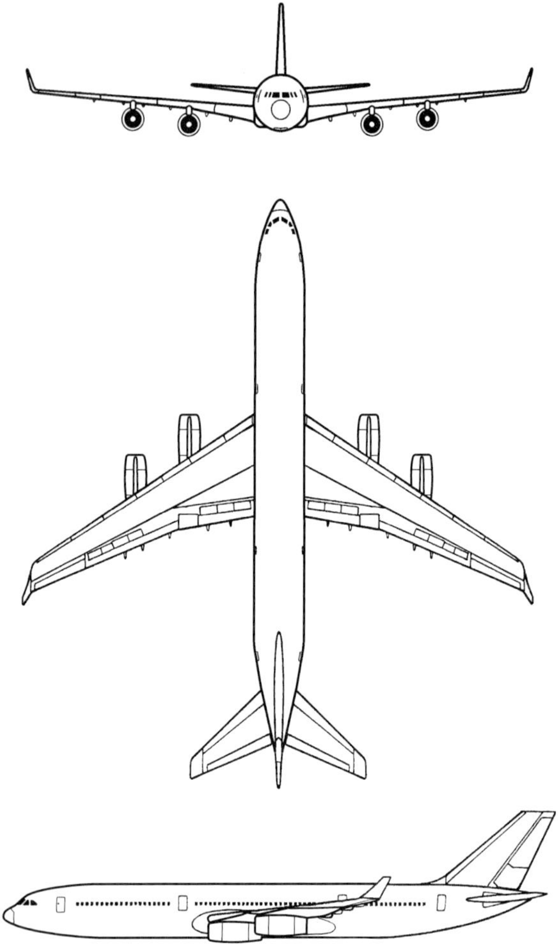

Abmessungen:
Spannweite inkl. Winglets 60,11 m
Länge (Il-96-300) 55,35 m, (Il-96M, T bzw. Il-96-400) 63,94 m
Höhe 15,72 m
Flügelfläche 391,6 m²

ILJUSCHIN IL-96

Ursprungsland: Russland.
Kategorie: Langstrecken-Verkehrsflugzeug, Frachter.
Triebwerke: Vier Mantelstromtriebwerke (Il-96M) Pratt & Whitney PW2337 von je 17350 kp (170,1 kN) bzw. (Il-96-300/-400) Aviadvigatel/ Perm PS-90A von je 16000 kp (156,90 kN) Standschub.
Leistungen: Max. Reisegeschwindigkeit 900 km/h; normale Reisegeschwindigkeit 850 bis 870 km/h; Dienstgipfelhöhe 13100 m; Reichweite mit max. Nutzlast (Il-96-300) 7500 km, (Il-96M) 11482 km, mit 30000 kg (Il-96-300) 9000 km.
Gewichte: Rüstgewicht (Il-96-300) 117000 kg, (Il-96M) 132400 kg; max. Startgewicht (Il-96-300) 216000 kg, (Il-96M) 270000 kg.
Zuladung (Il-96-300/Il-96M bzw. -400): Drei/zwei Mann Cockpitbesatzung und drei verschiedene Inneneinrichtungen z.B. für 22/18 Erstklasse, 40/44 Businessklasse- und 173/250 Zweitklassepassagiere oder in Einheitsklasse 300/375 Passagiere. Max. Nutzlast (Il-96-300) 40000 kg, (Il-96T) 92000 kg.
Entwicklungsstand: Der Prototyp der Ausführung Il-96M/T (Umbau der ersten Il-96-300) flog erstmals am 6. April 1993. Bis Ende 2009 gingen Aufträge für rund 30 Il-96-300 und für 14 Il-96-400T ein. Je zwei Frachter erhalten Atlant-Soyuz und Volga-Dnepr. Etwa 25 -300 bzw. zwei -400T sind mittlerweile ausgeliefert worden. Neu sollen jährlich neun Maschinen gebaut werden.
Bemerkungen: Die Il-96M bzw. T (siehe Dreiseitenriss) ist eine mit westlichen Triebwerken und Rockwell-Collins-Avionik versehene Ausführung für den internationalen Markt. Der Rumpf wurde gegenüber der Il-96-300 um 9,35 m verlängert, das Seitenleitwerk dafür etwas verkleinert. Das Cockpit ist voll digitalisiert und für Zweimannbetrieb eingerichtet. Von ihr abgeleitet, entstand unter der Bezeichnung Il-96-400(T) eine gleich große Frachtvariante, ausgerüstet mit russischen Triebwerken und russischer Avionik. Die preisgünstigere Vorgängerversion Il-96-300 (siehe Foto) bleibt weiterhin im Angebot, vorwiegend für den östlichen Markt. Von dieser Ausführung soll auch eine Frachtversion für bis zu 70 t Fracht gebaut werden.
Hersteller: Iljuschin Design Bureau, Moskau, Werk Woronesch, Russland.

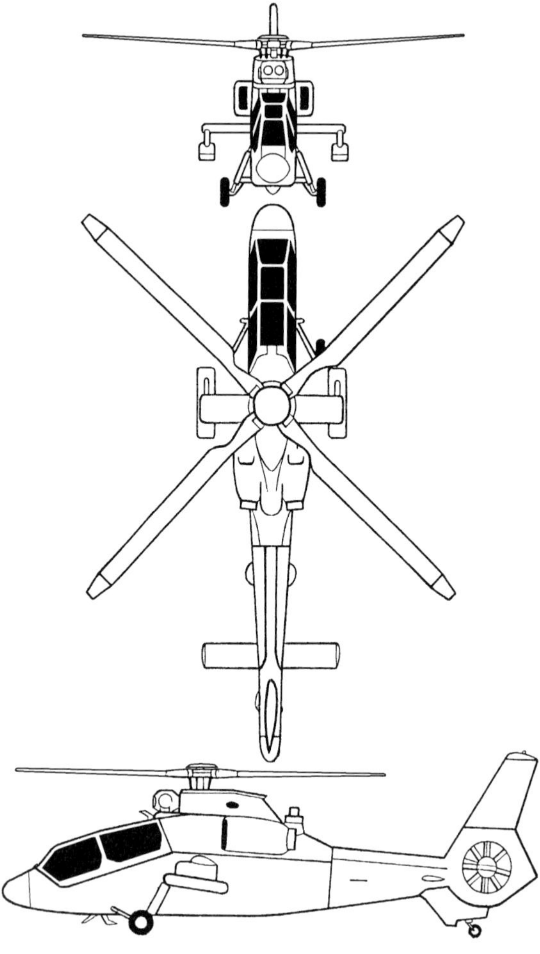

Abmessungen:
Rotordurchmesser 11,60 m
Rumpflänge 12,00 m
Höhe 3,80 m

KAWASAKI OH-1 NINJA

Ursprungsland: Japan.
Kategorie: Zweisitziger leichter Kampf- und Beobachtungshubschrauber.
Triebwerke: Zwei Gasturbinen Mitsubishi TS1-M10 von je 940 WPS (700 kW) Leistung.
Leistungen (nach Angaben des Herstellers): Maximalgeschwindigkeit im Horizontalflug 270 km/h; Aktionsradius ohne Außentanks 200 km, Dienstgipfelhöhe 3480 m; Reichweite 550 km.
Gewichte: Leergewicht 2450 kg; max. Startgewicht rund 4000 kg.
Bewaffnung: An zwei Auslegern seitlich am Rumpf vier Kurzstrecken-Luft-Luft-Infrarot-Lenkwaffen Toshiba Type 91 sowie zwei Zusatztanks von je 160 l.
Entwicklungsstand: Der erste von sechs Prototypen (davon zwei nicht fliegende Muster zur statischen Erprobung) absolvierte den Erstflug am 6. August 1996. Die Auslieferungen begannen im Januar 2000. Die japanischen Bodenstreitkräfte haben einen Bedarf von neu nur noch rund 45 OH-1 als Ersatz der Kawasaki/MDD OH-6D angemeldet, die ersten 30 sind abgeliefert. Angesichts von Budgetrestriktionen werden derzeit nur zwei Maschinen pro Jahr gebaut.
Bemerkungen: Nebst Kawasaki beteiligten sich auch Fuji und Mitsubishi mit je 20% an der Entwicklung der OH-1. Die Konzeption des ursprünglich als OH-X bezeichneten Entwurfs folgt dem heute üblichen Muster eines schlanken Tandemzweisitzers, wobei der Pilot im Frontcockpit und der Beobachter/Systemoperateur hinten sitzt. Die Zelle ist weitgehend aus Verbundwerkstoffen, das Cockpit gepanzert. Auch der gelenklose Hauptrotor ist aus Kunststoff und der Heckrotor aus Sicherheitsgründen ummantelt. Die Kampfelektronik umfasst u.a. TV, FLIR und Laser-Entfernungsmesser. Alle Systeme sind durch einen MIL-STD-1553B-Databus gesteuert. Mit dieser Ausrüstung ist die OH-1 vollständig nacht- und allwettertauglich. 2007 wurde die Entwicklung einer Mehrzweckversion als Ersatz für die Fuji/Bell UH-1 der japanischen Streitkräfte aufgenommen.
Hersteller: Kawasaki Heavy Industries Ltd., Tokio, Japan.

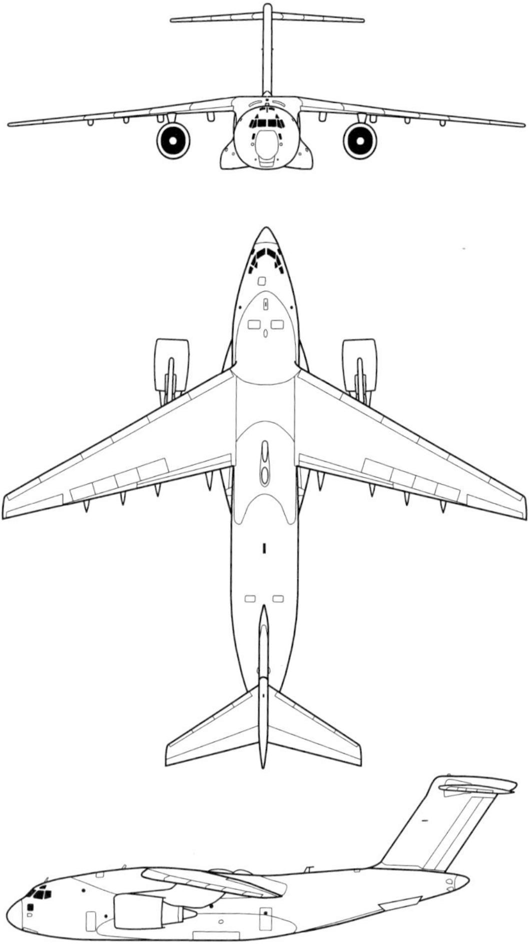

Abmessungen:
Spannweite 44,40 m
Länge 43,90 m
Höhe 14,20 m

KAWASAKI C-X

Ursprungsland: Japan.
Kategorie: Mittelschwerer militärischer Transporter.
Triebwerke: Zwei Mantelstromtriebwerke General Electric CF6-80C2K1F von je 27150 kp (266,20 kN) Standschub.
Leistungen (nach Angaben des Herstellers): Max. Reisegeschwindigkeit 980 km/h, normale Reisegeschwindigkeit 890 km/h; Dienstgipfelhöhe 12200 m; Reichweite bei einer Nutzlast von 12000 kg 8900 km, mit max. Nutzlast 5600 km, max. Reichweite 10000 km.
Gewichte: Leergewicht 60800 kg; max. Startgewicht 141400 kg.
Zuladung: Zwei Mann Cockpitbesatzung und normal 30000 kg Fracht, max. bis zu 37000 kg.
Entwicklungsstand: Nach durch technisch bedingten Verzögerungen verursachte zweijährige Verspätung, nahm der Prototyp die Flugerprobung am 26. Januar 2010 auf. Zwei Prototypen werden gebaut. Bei den japanischen Streitkräften soll die C-X die Kawasaki C-1 ersetzen. 60 voraussichtlich als C-2 bezeichnete Einheiten sind geplant, welche gemäß heutiger Planung ab 2010 abgeliefert werden.
Bemerkungen: Um Synergieeffekte zu erzielen und Kosten zu sparen, wurde die C-X parallel mit der XP-1 (siehe Seiten 208/209) entwickelt. Wenn auch äußerlich wenige Gemeinsamkeiten zu erkennen sind, weisen beide Muster doch viele gleiche Komponenten auf. Dazu gehören die Grundkonstruktion des Flügels, viele Systeme und die Cockpits. Mit diesem Typ bekommen die japanischen Selbstverteidigungsstreitkräfte einen Transporter, welcher ausreichende Nutzlasten auch über strategische Distanzen verlegen kann. Dabei kann er auch auf unvorbereiteten und relativ kurzen Pisten starten und landen. Bei maximaler Nutzlast benötigt die C-X jedoch eine Startbahn von mindestens 2300 m Länge. Wie heute üblich, ist das Cockpit mit Multifunktionsbildschirmen ausgerüstet. Die Besatzung wird durch ein taktisches Flight Management System unterstützt. Die C-X kann im Fluge betankt werden. Von der C-X soll ein ziviles Frachtflugzeug YCX abgeleitet werden.
Hersteller: Kawasaki Heavy Industries, Werk Gifu, Japan.

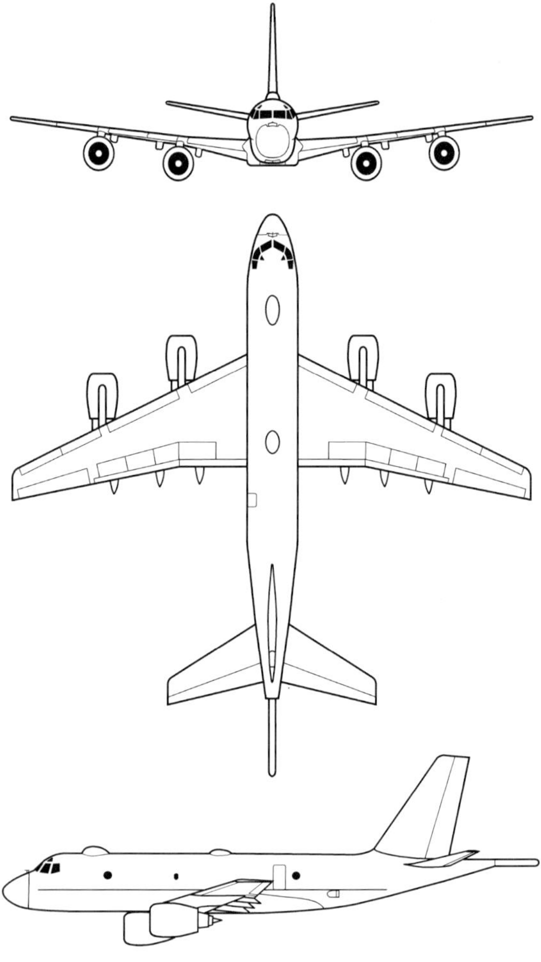

Abmessungen:
Spannweite 35,00 m
Länge 38,00 m
Höhe 12,00 m

KAWASAKI XP-1

Ursprungsland: Japan.
Kategorie: Seeaufklärungs- und Mehrzweckkampfflugzeug.
Triebwerke: Vier Mantelstromtriebwerke Ishikawajima-Harima XF7-10 von je rund 5900 kp (58,0 kN) Standschub.
Leistungen (nach Angaben des Herstellers): Höchstgeschwindigkeit 830 km/h; Dienstgipfelhöhe 13250 m; max. Reichweite 8000 km.
Gewichte: Max. Startgewicht 80000 kg.
Zuladung: Drei Mann Cockpitbesatzung und eine noch unbekannte Zahl von Systemoperateuren.
Bewaffnung: Antischiffslenkwaffen, Tiefwasserbomben, Torpedos, Minen, Sonarbojen usw. in einem Gesamtgewicht von 9000 kg.
Entwicklungsstand: Zwei Prototypen absolvieren die Erprobung, der erste fliegt seit 28. September 2007, der zweite seit 19. Juni 2008. Die japanische Marine will etwa 90 Einheiten beschaffen, welche ab 2011 die Lockheed P-3 Orion ersetzen sollen. Vier davon sind bereits bestellt.
Bemerkungen: Obwohl äußerlich sehr unterschiedlich, ist die P-X der C-X (siehe Seiten 206/207) konstruktiv sehr ähnlich. Als große Innovation ist die XP-1 mit einem Flight-by-Light-System ausgerüstet. Dieses soll wesentlich schnellere Befehle ausführen und gegen elektromagnetische Felder weniger störanfällig sein. Zur Ortung von Unterseebooten wird die XP-1 mit diversen Sensoren, einem Phased Array Radar von Toshiba, magnetischen Detektoren, Infrarot-Scheinwerfersystem usw. ausgerüstet sein. Weiter sind verschiedene Systeme zum Ergreifen von elektronischen Gegenmaßnahmen vorgesehen.
Hersteller: Kawasaki Heavy Industries, Werk Gifu, Japan.

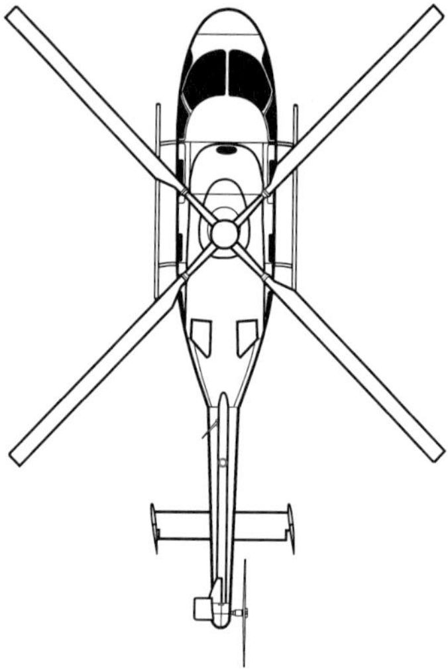

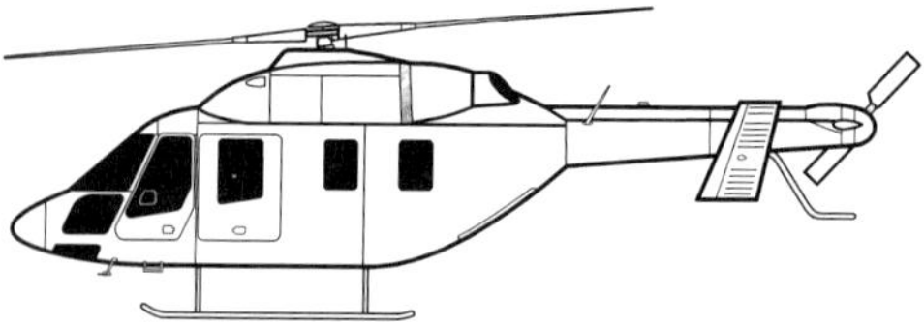

Abmessungen:
Rotordurchmesser 11,50 m
Rumpflänge einschließlich drehendem Heckrotor 11,54 m
Höhe inkl. Rotor 3,56 m

KAZAN ANSAT

Ursprungsland: Russland.
Kategorie: Leichter ziviler und militärischer Mehrzweckhubschrauber.
Triebwerke: Zwei Gasturbinen Pratt & Whitney Canada (Serie) PW207K (Lizenzbau Klimow) von je 630 WPS (561 kW) Leistung.
Leistungen: Max. Reisegeschwindigkeit 250 km/h, normal 238 km/h; Schwebehöhe ohne Bodeneffekt 2700 m; Dienstgipfelhöhe 5700 m; Reichweite mit einer Nutzlast von 1300 kg 520 km, max. ohne Zusatztanks 635 km; max. Flugdauer 3 Std.
Gewichte: Leergewicht unter 2000 kg; max. Startgewicht 3300 kg.
Zuladung: Pilot und neun Personen; als Ambulanzhubschrauber bis zu zwei liegende Patienten und zwei Sanitäter; als Frachter normale Zuladung 1300 kg, maximal aber 1650 kg.
Entwicklungsstand: Der erste von drei Prototypen flog erstmals am 17. August 1999. Die Zulassung erfolgte Anfang 2005. Südkorea hat sechs Einheiten beschafft, die Regierung von Tatarstan eine. Die russische Grenzwacht will offenbar bis zu 100 Ansat bestellen, während die russische Luftwaffe diesen Typ als zukünftigen Trainingshubschrauber ausgewählt hat. Bisher sind rund 20 Maschinen gebaut worden.
Bemerkungen: Mit der Ansat will die aus der ehemaligen Mil entstandene Kazan Helicopter einen Hubschrauber anbieten, welcher sämtliche internationalen Vorschriften erfüllt und sich somit in alle Länder verkaufen lässt. Er ist für die verschiedensten Einsatzzwecke geeignet und kann dafür eine Vielfalt von Zusatzgeräten mitführen. Je nach Kundenwunsch kann westliche oder russische Avionik bestellt werden. Neu will man auch eine Version mit dem russischen Triebwerk VK-800 anbieten. Der Hubschrauber ist mit einem Fly-By-Wire-System ausgerüstet, weite Teile der Struktur bestehen aus Verbundwerkstoffen. Eine Weiterentwicklung als leichter Kampf- und Aufklärungshubschrauber Ansat-2RC (siehe Ausgabe 2006) startete am 29. Juli 2005 zum Erstflug. Dieser Zweisitzer hat in einem Kinnturm elektro-optische Sensoren sowie ein 12,7-mm-Maschinengewehr. Weitere Waffen können an Flügelstummeln seitlich des Rumpfes mitgeführt werden. Offenbar wird dieses Projekt aber nicht weiter verfolgt.
Hersteller: Kazan Helicopter Plant, Kazan, Russland.

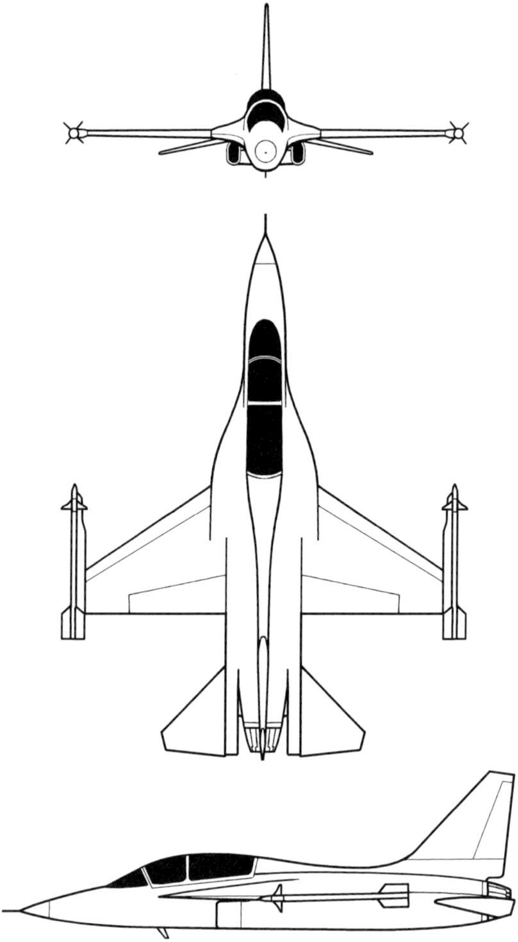

Abmessungen:
Spannweite 9,50 m
Länge 13,13 m
Höhe 4,94 m
Flügelfläche 26,60 m^2

KOREAN AEROSPACE INDUSTRIES T-50/FA-50 GOLDEN EAGLE

Ursprungsland: Südkorea.
Kategorie: Zweisitziger Trainer T-50 und leichtes Mehrzweckkampfflugzeug FA-50.
Triebwerke: Ein Mantelstromtriebwerk General Electric F404-GE-402 von 5400 kp (53,9 kN) Standschub ohne und 8000 kp (78,7 kN) mit Nachverbrennung.
Leistungen: Höchstgeschwindigkeit Mach 1,4; Anfangssteiggeschwindigkeit 137 m/Sek; Dienstgipfelhöhe 14630 m; Reichweite 1850 km.
Gewichte: Leergewicht 6355 kg; max. Startgewicht ohne Außenlasten 8890 kg, mit Außenlasten 13485 kg.
Bewaffnung: Eine dreiläufige 20-mm-Kanone M61A2 im Vorderrumpf mit Austrittsöffnung unter der linken Flügelvorderkante. An sieben Aufhängepunkten, einem unter dem Rumpf, vier unter den Flügeln und zwei an den Flügelenden Luft-Luft- bzw. Luft-Boden-Lenkwaffen sowie Bomben aller Art.
Entwicklungsstand: Der erste von vier Prototypen hatte am 20. August 2002 seinen Erstflug. Bisher bestellte die koreanische Luftwaffe 60 (inkl. zehn für die Kunstflugstaffel) Fortgeschrittenentrainer T-50A und 22 Jagdflugzeugtrainer T-50B (Erstflug 29. August 2003, Ablieferung ab Ende 2005) und plant später bis zu 150 leichte Kampfflugzeuge FA-50 zu beschaffen; Ablieferung ab 2013 vorgesehen. Vier davon sind 2009 in Auftrag gegeben worden. Bis Ende 2009 waren rund 40 T-50 gebaut.
Bemerkungen: Korean Aerospace wurde bei der Entwicklung dieses Musters von Lockheed Martin unterstützt. Das amerikanische Werk zeichnete sich für die Entwicklung des Flügels, der Flugkontrollsysteme sowie für die Avionik verantwortlich. Drei Ausführungen sind vorgesehen: Der Fortgeschrittenentrainer T-50A, der sog. Lead-in Fighter-Trainer T-50B mit einem Bordradar APG-67. 2009 freigegeben wurde auch die Entwicklung des leichten Mehrzweckjägers FA-50, versehen mit einem leistungsfähigeren Bordradar APG-67, Kampfelektronik und größerer Treibstoffkapazität. Der Erstflug dieser Variante soll 2010 stattfinden. Konstruktiv unterscheiden sich die verschiedenen Ausführungen kaum voneinander, sondern nur durch ihre Ausrüstung. Alle verfügen über ein Fly-By-Wire-Steuerungssystem und Cockpitausrüstung mit HUD.
Hersteller: Korean Aerospace Industries (KAI), Inchon, Werk Sachon, Republik Südkorea.

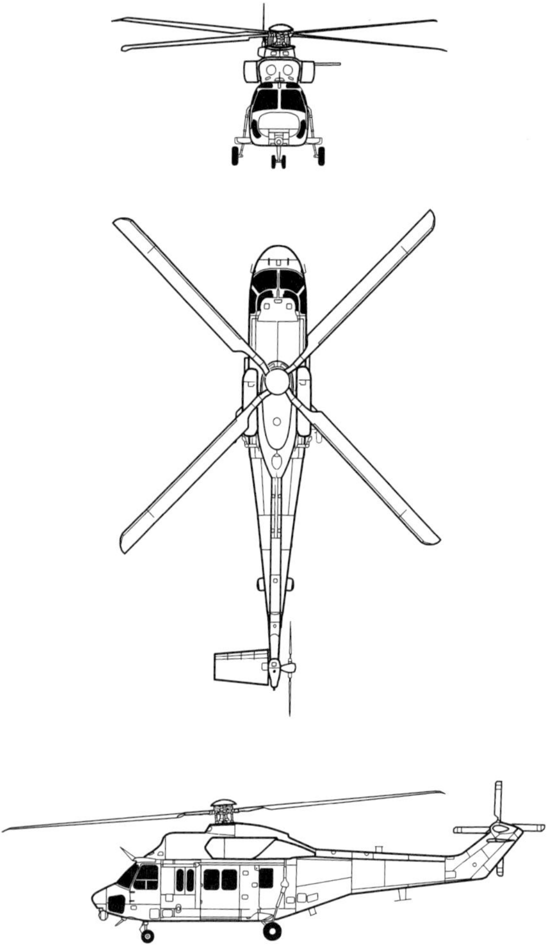

Abmessungen:
Rotordurchmesser 15,80 m
Rumpflänge inkl. Rotor 19,02 m
Höhe über Heckrotor 5,01 m

KOREAN AEROSPACE KUH (SURION)

Ursprungsland: Südkorea.
Kategorie: Mittelschwerer Mehrzweckhubschrauber für militärische Aufgaben.
Triebwerke: Zwei Gasturbinen General Electric TE700-GE-701 von je 2413 WPS (1800 kW) Leistung.
Leistungen (vorläufige Angaben): Höchstgeschwindigkeit 298 km/h; max. Reisegeschwindigkeit 266 km/h; Dienstgipfelhöhe 2800 m+; Reichweite mit max. interner Treibstoffzuladung rund 525 km; Flugdauer 2,77 Std.
Gewichte: Leergewicht 4973 kg; Startgewicht 8709 kg, max. 8936 kg.
Zuladung: Zwei Piloten und 16 Passagiere bzw. 10 vollausgerüstete Soldaten oder sechs Verletzte auf Bahren; Nutzlast intern 3700 kg, extern 2722 kg.
Bewaffnung: Zwei 7,62 mm-Maschinengewehre an den Seitentüren sowie an Stummelflügeln 20 mm-Kanonenbehälter oder Werfer für ungelenkte Raketen.
Entwicklungsstand: Der erste Prototyp wurde am 31. Juli 2009 vorgestellt und soll seinen Erstflug Anfang 2010 absolvieren. Die südkoreanischen Streitkräfte wollen rund 245 KUH's als neuen Standardhubschrauber beschaffen. Ein Export ist ebenfalls vorgesehen. Mit den Auslieferungen soll 2012 begonnen werden.
Bemerkungen: Mit der KUH lanciert der koreanische Hersteller seinen ersten, weitgehend in Eigenregie entwickelten Hubschrauber. Technisch arbeitet man mit Eurocopter zusammen. Von diesem Hersteller stammt das Getriebe, der Rotormast und der Autopilot. Angesiedelt in der Klasse von EC 175 bzw. S-70 (siehe Seiten 166/167 bzw. 278/279) oder AW 139 (siehe Seiten 20/21) weist sie alle konstruktiven Merkmale von modernen Hubschraubern auf. Die Surion ist mit einem Festfahrwerk ausgerüstet. Details der Ausrüstungselektronik sind noch nicht bekannt. Später sollen von diesem Muster weitere Versionen abgeleitet werden, allenfalls sogar eine Kampfhubschrauber-Version mit Tandem-Sitzen.
Hersteller: Korea Aerspace Industries Ltd. (KAI), Inchon, Werk Sachon, Republik Südkorea.

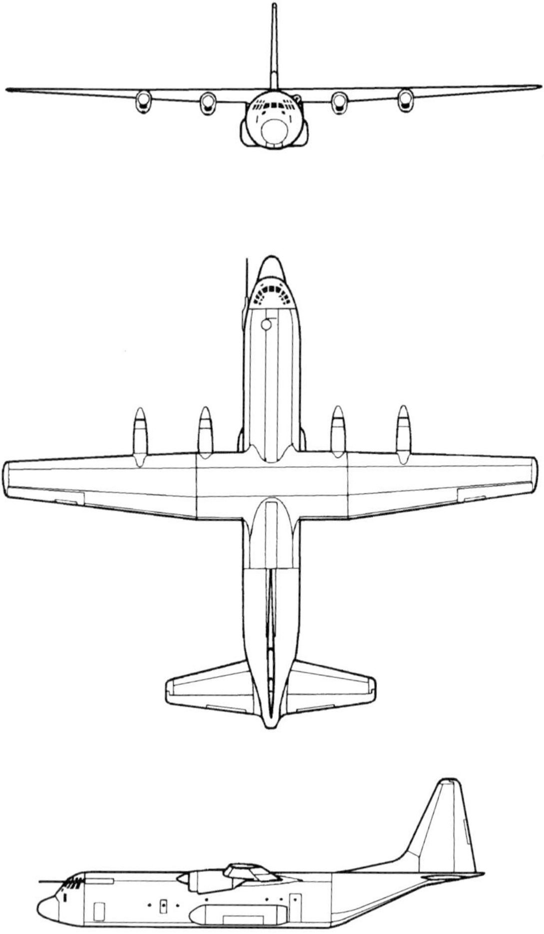

Abmessungen:
Spannweite 40,41 m
Länge (C-130J) 29,79 m, (C-130J-30) 34,36 m
Höhe 11,71 m
Flügelfläche 162,12 m²

LOCKHEED MARTIN C-130J HERCULES II

Ursprungsland: USA.
Kategorie: Mittelschwerer militärischer und ziviler Transporter.
Triebwerke: Vier Propellerturbinen Allison AE2100 von je 6000 WPS (4500 kW) reduziert auf 4640 WPS (3460 kW) Leistung.
Leistungen: Max. Reisegeschwindigkeit 645 km/h, norm. Reisegeschwindigkeit 556 km/h; Anfangssteiggeschwindigkeit 10,7 m/Sek; Dienstgipfelhöhe 9315 m; Reichweite mit einer Nutzlast von 21625 kg über 2600 km, mit 18144 kg 5250 km.
Gewichte: Rüstgewicht (J) 34274 kg, (J-30) 35965 kg; max. Abfluggewicht 79380 kg.
Zuladung: Zwei Piloten und eine Nutzlast von 22000 kg.
Entwicklungsstand: Die erste C-130J fliegt seit 5. April 1996. Bisher haben 14 verschiedene Luftwaffen insgesamt 263 Maschinen dieser Version erworben. Rund 200 davon waren Ende 2009 abgeliefert. Hauptbesteller sind: RAF 25, RAAF 12 C-130J-30, Italien 22 C-130J/-30, Kanada 17. Die USA haben für USAF, USMC und USCG bisher 184 Maschinen der unterschiedlichen Versionen erworben. Rund 110 davon sind bereits abgeliefert. Neueste Auftraggeber: Kuwait 8, Oman 1, UAE 12. Ab 2010 sollen jährlich 24 Maschinen gebaut werden.
Bemerkungen: Die Version C-130J ist gegenüber der bisherigen C-130H in wesentlichen Teilen überarbeitet und verbessert worden. Eine Vielzahl von Varianten ist gebaut oder geplant: Transportversion C-130J bzw. C-130J-30, die sich hauptsächlich durch die unterschiedliche Rumpflänge unterscheiden, Such- und Rettungsversion HC-130J für die USCG, WC-130J-Wetterflugzeuge der USAF, KC-130J für das USMC und eine umgebaute C-130J der italienischen Luftwaffe. Das USMC will einige KC-130J, neu ergänzt mit einer 30-mm-Kanone zu Mini-Gunships umbauen. Neu bestellte die USAF eine Version HC/MC-130J für Spezialeinsätze. Bei einem Bedarf von bis zu 115 Maschinen sind bisher 22 bestellt worden.
Hersteller: Lockheed Martin Marietta Corp., Marietta, Georgia, USA.

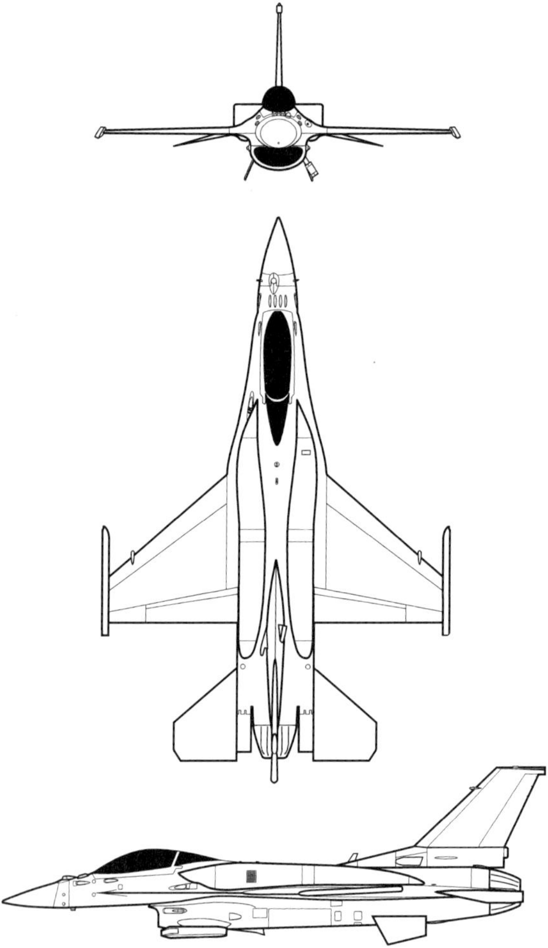

Abmessungen:
Spannweite 9,45 m
Länge 15,03 m
Höhe 5,09 m
Flügelfläche 27,87 m^2

LOCKHEED MARTIN F-16C/D FIGHTING FALCON

Ursprungsland: USA.
Kategorie: Einsitziger Mehrzweckjäger (F-16C) und zweisitziger operationeller Trainer (F-16D).
Triebwerke: Ein Mantelstromtriebwerk Pratt & Whitney F100-PW-229 von 8075 kp (79,20 kN) Standschub ohne und 13420 kp (131,60 kN) mit Nachbrenner bzw. General Electric F110-GE-129 von 8043 kp (78,90 kN) Standschub ohne und 12416 kp (131,60 kN) mit Nachbrenner.
Leistungen: Kurzzeitig erreichbare Höchstgeschwindigkeit 2145 km/h auf 12190 m (Mach 2,02), andauernde Höchstgeschwindigkeit 2007 km/h (Mach 1,89); Dienstgipfelhöhe 15240 m; (Block 50/52) taktischer Einsatzradius mit sechs 227-kg-Bomben 580 km; Überführungsreichweite mit Zusatztanks 3943 km.
Gewichte: Leergewicht 9207 kg; max. Startgewicht 19187 kg.
Bewaffnung: Eine sechsläufige 20-mm-Revolverkanone M61A-1 und, als Abfangjäger, bis zu sechs Luft-Luft-Lenkwaffen AIM-9L/M oder AIM-120, als Erdkämpfer bis zu 5638 kg Außenlasten.
Entwicklungsstand: Die F-16C/D Block 50/52 befindet sich seit 1991 im Einsatz. Die als F-16E/F (siehe Ausgabe 2008) bezeichneten Modelle des Blocks 60 sind an den einzigen Besteller UAE alle abgeliefert worden. Von allen Ausführungen sind bisher fast 4400 Einheiten für 25 Luftwaffen hergestellt worden. Aufgrund der sinkenden Nachfrage wurde die Produktion pro Jahr auf 20 Einheiten reduziert. Neueste Nachbestellungen: Aegypten 20 F-16C/D Block 52, Türkei 30 F-16C/D Block 50.
Bemerkungen: Gegenwärtig werden die Blöcke 50/52 abgeliefert. Neu beschaffte F-16 C/D können mit einer Mehrzahl optionaler Zusatzsysteme ausgerüstet werden. Beispiele sind: Vektorsteuerung des Triebwerks, Cockpit mit Helmdisplay, Mitführen von allwettertauglichen Standoff-Waffen wie die AGM-84E Standoff-Land-Attack-Lenkwaffe oder die AGM-142 Popeye II-Bombe. Neu wird auch ein Mikrowellen-Landesystem angeboten, welches den Endanflug wesentlich erleichtert. Eine F-16 hat kürzlich damit sogar eine automatische Landung ohne Einwirken des Piloten absolviert. Ältere Modelle können mit einem Active Combat Radar von Raytheon nachgerüstet werden.
Hersteller: Lockheed Martin Marietta Corp., Fort Worth Division, Fort Worth, Texas, USA.

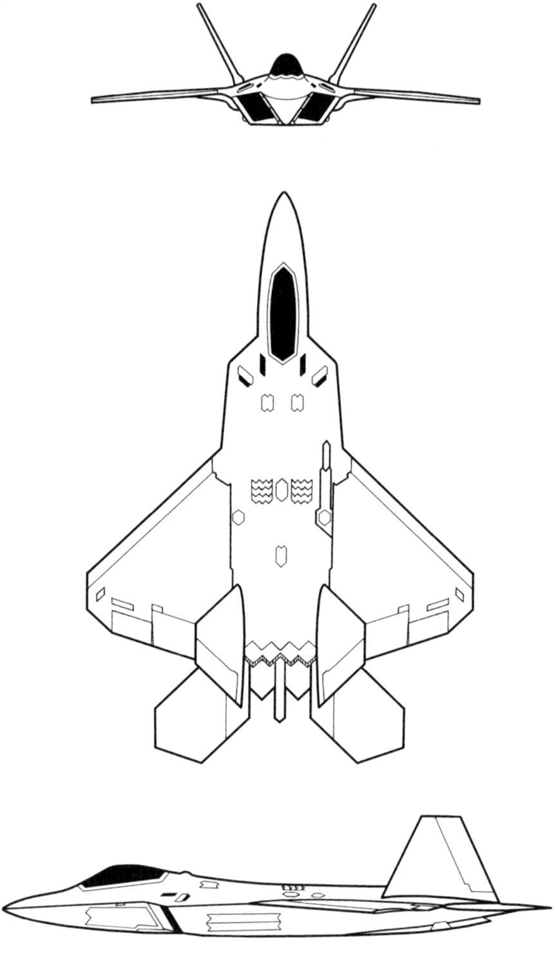

Abmessungen:
Spannweite 13,56 m
Länge 18,87 m
Höhe 5,05 m
Flügelfläche 77,1 m²

LOCKHEED MARTIN/BOEING F/A-22 RAPTOR

Ursprungsland: USA.
Kategorie: Luftüberlegenheits- und Mehrzweckkampfflugzeug.
Triebwerke: Zwei Mantelstromtriebwerke Pratt & Whitney F119-PW-100 von je 11900 kp (116 kN) Standschub ohne und 15900 kp (156 kN) mit Nachverbrennung und schwenkbarem Triebwerkstrahl.
Leistungen: Höchstgeschwindigkeit in geringer Höhe 1470 km/h (Mach 1,20) oder 1915 km/h über 10975 m (Mach 1,80); max. Dauergeschwindigkeit 1595 km/h über 10975 m (Mach 1,50); Dienstgipfelhöhe 16700+ m; Aktionsradius mit interner Treibstoffzuladung und voller Zahl Luft-Luft-Lenkwaffen 1450 km.
Gewichte: Leergewicht 14365 kg; max. Startgewicht 27216 kg.
Bewaffnung: Eine sechsläufige 20-mm-Revolverkanone M61A2 und zwei Kurzstrecken-Luft-Luft-Lenkwaffen AIM-9 je in einem separaten Schacht seitlich am Rumpf sowie bis zu sechs Mittelstrecken-Luft-Luft-Lenkwaffen AIM-120 im zentralen Waffenschacht. Für Erdkampfeinsätze können darin auch spezielle 450-kg-Bomben sowie Lenkwaffen oder Zusatztanks an vier Aufhängungen unter den Flügeln mitgeführt werden; max. Außenlasten 2270 kg.
Entwicklungsstand: Der Serienprototyp der F-22 startete am 7. September 1997 zum Erstflug, das erste Serienflugzeug am 16. September 2002. Die Trainingseinheit hat im September 2003 die ersten F-22 Raptor erhalten. 2005 folgte die erste Einsatzstaffel. 2011 wird die Produktion nach Ablieferung der 187. Raptor eingestellt.
Bemerkungen: Die Raptor ist auch für Tiefangriffe ausgelegt und kann entsprechende Munition in den Waffenschächten, als auch an Aufhängepunkten unter den Flügeln mitführen. Deshalb hat man die ursprünglich als F-22 bezeichnete Raptor neu auf F/A-22 umbenannt. Stealth-Eigenschaften, hohe, kaum Einschränkungen unterworfene Wendigkeit, modernste Kampfelektronik mit AESA-Radar und die Fähigkeit, ohne Nachbrenner eine Dauergeschwindigkeit von Mach 1,58 zu erzielen, machen die Raptor zum derzeit leistungsfähigsten Jagdflugzeug der Welt. Derzeit wird eine Aufdatierung des Radars erprobt, welches die F/A-22 im Rahmen von Nachrüstungen erhalten sollen.
Hersteller: Lockheed Martin Marietta Corp., Marietta, Georgia und Boeing Military Airplanes, Seattle, Washington, USA.

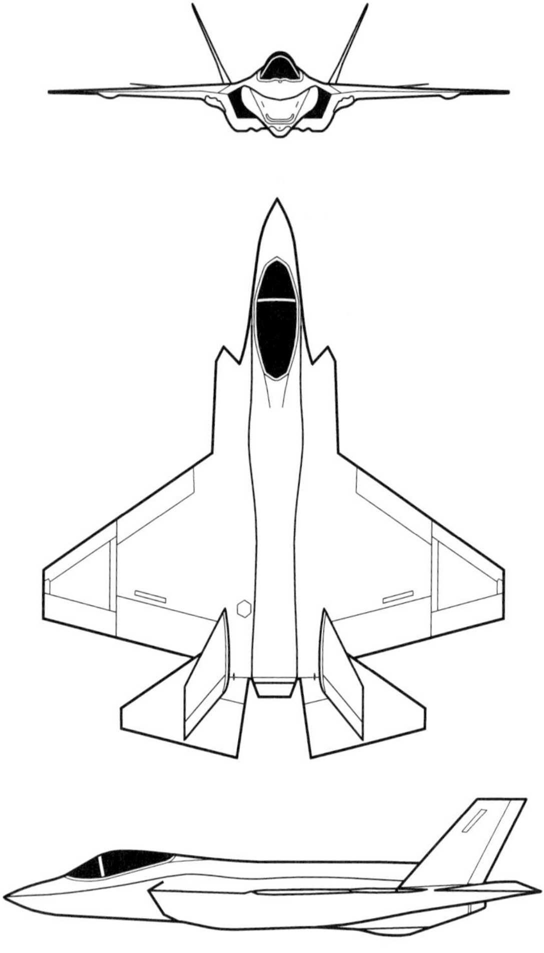

Abmessungen:
Spannweite 10,67 m
Länge 15,67 m
Flügelfläche 42,70 m^2

LOCKHEED MARTIN F-35A Lightning II

Ursprungsland: USA.
Kategorie: Landgestütztes Mehrzweckkampfflugzeug.
Triebwerke: Ein Mantelstromtriebwerk Pratt & Whitney F135 von 10615 kp (104,10 kN) ohne und 18487 kp (181,30 kN) mit Nachbrenner oder als Alternative General Electric/Rolls Royce F136 mit etwa gleichen Leistungen.
Leistungen (geschätzt): Höchstgeschwindigkeit etwa Mach 1,6; Dienstgipfelhöhe 15240 m+; Aktionsradius mehr als 1100 km.
Gewichte: Leergewicht 11370 kg; max. Startgewicht 22280 kg.
Bewaffnung: Eine 27 mm-Mauserkanone BK-27 und 6800 kg Waffen.
Entwicklungsstand: Langsam kommt die Erprobung auf Touren. Das erste weitgehend der Serienausführung entsprechende Muster F-35AA-1 nahm die Flugerprobung am 15. Dezember 2006 auf. Am 14. November 2009 folgte das erste eigentliche Serienflugzeug AF-1. Bis Mitte 2010 folgen drei weitere, bevor die eigentliche Serienproduktion aufgenommen wird. Die USAF will heutigen Plänen zufolge 1763 F-35A Lightning II beschaffen. Italien plant 131 Einheiten zu erwerben. Israel hat 2008 25 Einheiten (+50 Optionen) bestellt, Australien 14 von geplanten 75 und die Türkei wird 100 F-35A beschaffen.
Bemerkungen: Die F-35A ist für Landeinsätze ab normalen Flugpisten vorgesehen und dürfte jene mit dem größten kommerziellen Erfolg werden. Sie soll auch als erste in Einsatz gelangen, wobei das gesamte Programm weiterhin unter großen Verzögerungen und Preissteigerungen leidet. Die Serienausführung weist teilweise erhebliche konstruktive Änderungen gegenüber den ursprünglichen Prototypen auf. So musste vor allem das Übergewicht massiv reduziert werden. Allen drei Ausführungen F-35A, F-35B (siehe Seiten 224/225) und F-35C (siehe Seiten 226/227) gemeinsam sind der Rumpf, die Seitenleitwerke und das Höhenleitwerk. Konstruktiv werden die drei zu weiten Teilen gleich sein. Das Cockpit neuester Technologie weist hoch auflösende Bildschirme auf. Viele Funktionen lassen sich durch Sprachbefehle oder via Pilotenhelm-Display steuern. Neu wird ab den Modellen des sog. Blocks 3 anstelle des synthetischen Normalband-Bordradars ein Breitband-Bordradar eingebaut.
Hersteller: Lockheed Martin Marietta Corp., Marietta, Georgia, Werk Fort Worth, Texas, USA.

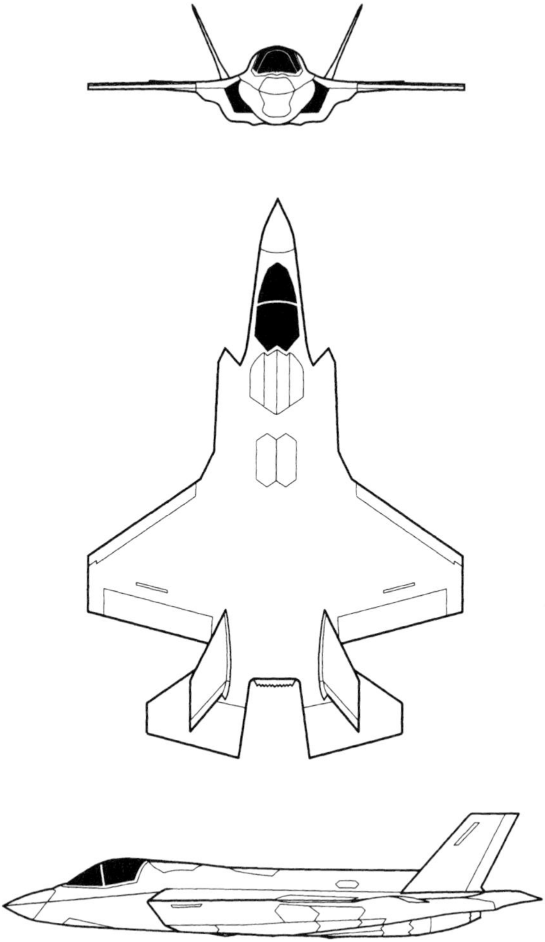

Abmessungen:
Spannweite 10,67 m
Länge 15,61 m
Flügelfläche 42,70 m^2

LOCKHEED MARTIN F-35B Lightning II

Ursprungsland: USA.
Kategorie: Bordgestütztes STOVL-Mehrzweckkampfflugzeug.
Triebwerke: Ein Mantelstromtriebwerk Pratt & Whitney F135 von 10615 kp (104,10 kN) ohne und 18487 kp (181,30 kN) mit Nachbrenner oder als Alternative General Electric/Rolls Royce F136 mit etwa gleichen Leistungen.
Leistungen (geschätzt): Höchstgeschwindigkeit etwa Mach 1,6; Dienstgipfelhöhe 15240 m+; Aktionsradius mehr als 830 km.
Gewichte: Leergewicht 14588 kg; max. Startgewicht 22280 kg.
Bewaffnung: Eine 27 mm-Mauserkanone BK-27 und ca. 7000 kg Waffen.
Entwicklungsstand: Die X-35B entstand aus dem Umbau der X-35C und flog in dieser Konfiguration erstmals am 24. Juni 2001. Der erste eigentliche Prototyp F-35B nahm die Flugerprobung am 11. Juni 2008 auf, gefolgt vom zweiten am 25. Februar 2009. Dieser ist mit der kompletten Avionikausrüstung versehen. Zwei weitere sollen folgen. Ursprünglich wollte Großbritannien 138 Maschinen ausschließlich dieser Variante vorwiegend zur Stationierung auf den neu zu bauenden Flugzeugträgern beschaffen. Eventuell wird sich die Zusammensetzung aber ändern. Drei F-35B zur Erprobung wurden mittlerweile bestellt. Italien erhält voraussichtlich 22 F-35B, das USMC ab 2012 340 Lightning II.
Bemerkungen: Bei der STOVL-Version F-35B ist das Triebwerk mit einem durch eine Gelenkwelle verbundenen Lift-Fan ausgerüstet, mit Einlassöffnung und Austrittsdüse unten am vorderen Teil des Rumpfs. Zudem lässt sich der Heckteil des Triebwerks um bis zu 90° nach unten schwenken. Damit werden vollständige VTOL-Eigenschaften erreicht. Im Übrigen ist die F-35B mit den F-35A/C zu rund 90 % baugleich.
Hersteller: Lockheed Martin Marietta Corp., Marietta, Georgia, Werk Fort Worth, Texas, USA.

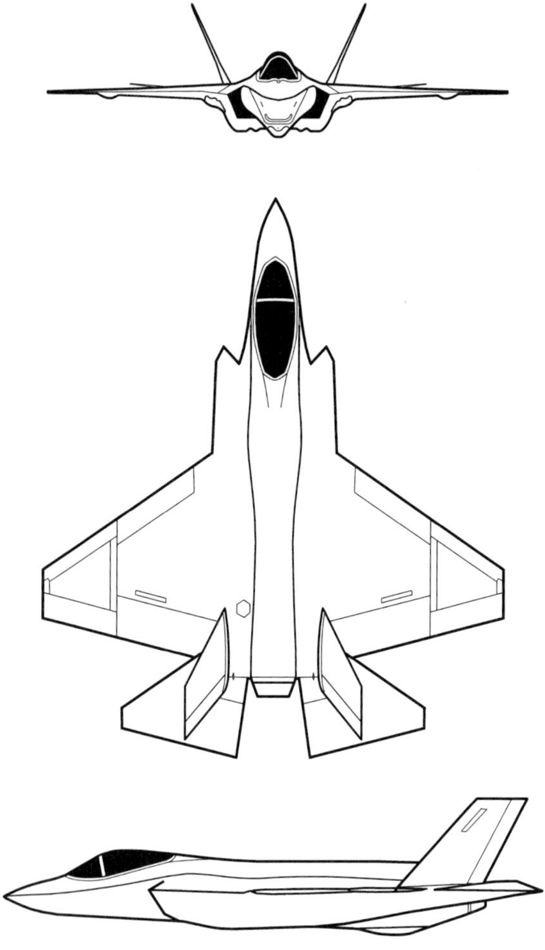

Abmessungen:
Spannweite 13,11 m
Länge 15,67 m
Flügelfläche 62,06 m²

LOCKHEED MARTIN F-35C Lightning II

Ursprungsland: USA.
Kategorie: Bordgestütztes CTOL-Mehrzweckkampfflugzeug.
Triebwerke: Ein Mantelstromtriebwerk Pratt & Whitney F135 von 10615 kp (104,10 kN) ohne und 18487 kp (181,30 kN) mit Nachbrenner oder als Alternative General Electric/Rolls Royce F136 mit etwa gleichen Leistungen.
Leistungen (geschätzt): Höchstgeschwindigkeit etwa Mach 1,6; Dienstgipfelhöhe 15240 m+; Aktionsradius (F-35B) mehr als 830 km, (F-35C) 1110 km.
Gewichte: Leergewicht 14478 kg; max. Startgewicht 22280 kg.
Bewaffnung: Eine 27 mm-Mauserkanone BK-27 und ca. 7000 kg Waffen.
Entwicklungsstand: Die erste F-35C wurde im Juli 2009 fertig gestellt und sollte die Flugerprobung Anfang 2010 aufnehmen. Von dieser Version sind insgesamt fünf Prototypen geplant. Auch dieses Programm leidet unter massiven Verspätungen und Kostenüberschreitungen. Es ist vorgesehen, dass die USN ab 2015 340 F-35C beschafft. Eventuell wird Großbritannien in Abänderung des ursprünglichen Plans nicht ausschließlich F-35B, sondern auch F-35C bestellen.
Bemerkungen: Als letzte der drei Versionen folgt die F-35C für die USN. Die konventionell startende und landende F-35C verzichtet auf Schwenkmechanismus und Lift-Fan der F-35B, erhält aber für den Einsatz ab Flugzeugträgern einen optimierten Flügel. Die Spannweite ist um ganze 2,44 m größer und die Fläche nimmt um rund 50% zu. Auch der Klappenmechanismus wurde verändert. Damit werden deutlich bessere Start- und Landeeigenschaften erzielt. Auch die Reichweitenleistungen sind damit besser. Zu 90% weist sie aber mit der F-35A und der F-35B Teilegleichheit auf. Gegenwärtig prüft die USN, ob aus der F-35C später noch eine Ausführung als Elektronikkampfflugzeug abgeleitet werden kann.
Hersteller: Lockheed Martin Marietta Corp., Marietta, Georgia, Werk Fort Worth, Texas, USA.

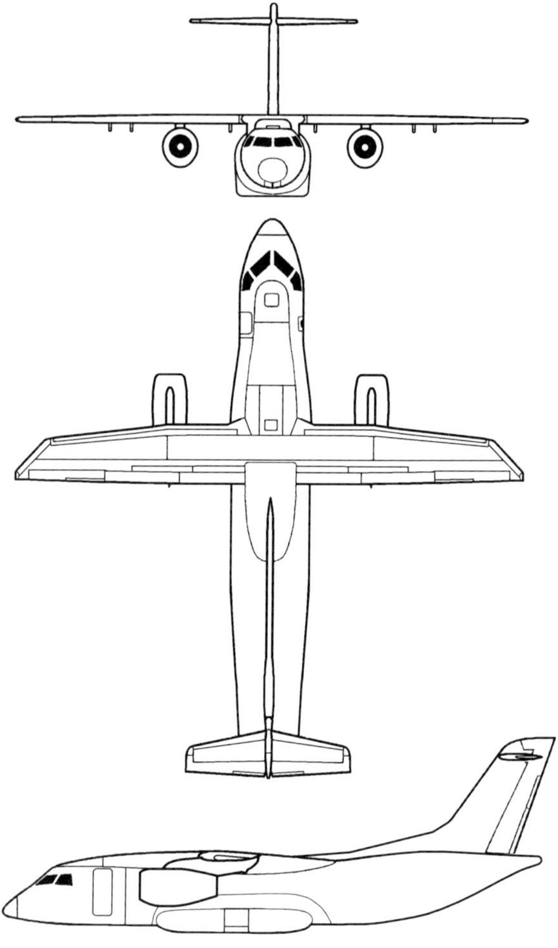

Abmessungen:
Spannweite 20,98 m
Länge 21,28 m
Höhe 7,24 m
Flügelfläche 40,00 m^2

LOCKHEED MARTIN X-55A ACCA

Ursprungsland: USA/Deutschland.
Kategorie: Erprobungsträger für neuartige Werkstoffe und Produktionsmethoden.
Triebwerke: Zwei Mantelstromtriebwerke Pratt & Whitney Canada PW306B von je 2742 kp (26,9 kN) Leistung.
Leistungen (328JET): Max. Reisegeschwindigkeit 756 km/h; Zeit um 9450 m zu erreichen 14,2 Min; Dienstgipfelhöhe 10670 m; Reichweite mit 34 Passagieren bis zu 1480 km, als Option 1650 km, mit max. Treibstoffzuladung 3700 km.
Gewichte: Rüstgewicht 9345 kg; max. Startgewicht 15200 kg, als Option 15700 kg.
Zuladung: Zwei Piloten und eine max. Nutzlast von 3260 kg.
Entwicklungsstand: Der Erstflug fand am 2. Juni 2009 statt. Es wird bei diesem Erprobungsträger bleiben, eine Weiterentwicklung zu einer Serienmaschine ist nicht vorgesehen.
Bemerkungen: Lockheed Martin hat im Auftrag des Air Force Research Laboratory auf Basis einer Fairchild Dornier 328JET (siehe Ausgabe 2002) die X-55A entwickelt. Primäres Forschungsziel ist die Erprobung von neuartigen Werkstoffen und insbesondere deren möglichst rationelle und kostengünstige Produktions- und Montagemethoden. Das Programm läuft unter dem Namen ACCA (**A**dvanced **C**omposite **C**argo **A**ircraft). Die dafür verwendete 328JET erhielt einen vollständig neuen Rumpf aus MTM45-1 Verbundwerkstoff. Primäres Erprobungsziel ist die Produktion von großen Kohlenfaserbauteilen ohne die Verwendung von teuren Autoklaven (= Druckbehälter zum Pressen und Aushärten der einzelnen Laminatschichten). Stattdessen werden diese Teile in raumgroßen Öfen ohne Druck ausgehärtet. Damit will man primär den Produktionsprozess von solchen Teilen rationalisieren und Kosten sparen. Von einer 328JET hat man Flügel, Höhenleitwerk, Cockpit und Triebwerke übernommen und diese mit einem vollständig neu konstruierten und etwas größeren Rumpf verbunden. Dieser verfügt über eine Heckladerampe und ist so groß, dass zwei Standardpaletten 436L aufgenommen werden können.
Hersteller: Lockheed Martin Corp., Skunk Works, Palmdale, Kalifornien, USA.

Abmessungen:
Spannweite (MiG-29SMT/MiG-35) 11,41 m, (MiG-29K) 11,99 m
Länge 17,16 m
Höhe 4,36 m
Flügelfläche (MiG-29SMT/MiG-35) 38,00 m², (MiG-29K) 42,00 m²

MIKOJAN MIG-29SMT/MIG-35

Ursprungsland: Russland.
Kategorie: Ein- oder zweisitziges Mehrzweckkampfflugzeug.
Triebwerke: Zwei Mantelstromtriebwerke (MiG-29SMT) Klimow/Sarkisow RD-33 Serie 3/RD-33MK von je 5035 kp (49,40 kN) Standschub ohne und 9300 kp (91,00 kN) mit Nachbrenner bzw. (MiG-35) RD33MKB mit etwa gleicher Leistung und optionaler Schubvektor-Steuerung.
Leistungen (MiG-29SMT): Höchstgeschwindigkeit mit vier Luft-Luft-Lenkwaffen 2445 km/h auf 11000 m (Mach 2,3) oder 1500 km/h auf Meereshöhe (Mach 1,3); max. Anfangssteiggeschwindigkeit 330 m/Sek; Dienstgipfelhöhe 17700 m; Einsatzradius (Abfangmission mit 1500-l-Zusatztanks und vier Luft-Luft-Lenkwaffen) 1015 km; max. Reichweite mit drei Zusatztanks 3500 km.
Gewichte (-29SMT/-35): Norm. Startgewicht 16200/17500 kg; max. Startgewicht 20600/23500 kg.
Bewaffnung: Eine 30-mm-Revolverkanone GSh-301 und eine maximale Waffenlast von 4500 kg an zehn Außenstationen.
Entwicklungsstand: Die Umbauversion MiG-29SMT fliegt seit 20. April 1998. 200 ältere Versionen der russischen Luftwaffe sollen entsprechend modifiziert werden. Die MiG-35 wurde erstmals im August 2005 vorgestellt. Rund 1600 MiG-29 aller Versionen sind für etwa 30 Luftwaffen hergestellt worden. Jüngste Bestellungen: Russland 34 MiG-29SMT-2 (ex. Algerien) sowie voraussichtlich 48 MiG-35.
Bemerkungen: Merkmale der MiG-29SMT sind u.a.: Neues Kampfradar N-019, Head-Up-Display, MIL-STD-1553 Databus sowie Cockpit mit multifunktionalen Flachbildschirmen. Die Trägerversion MiG-29K (siehe Dreiseitenriss) basiert auf der MiG-29SMT, ist aber u.a. mit vergrößerten Faltflügeln und verstärktem Fahrwerk ausgerüstet. Die Steuerung erfolgt via digitalem Dreifach-Fly-By-Wire-System. Die jüngste Ausführung heißt MiG-35, früher als MiG-29OVT bezeichnet. Sie hat neue Triebwerke mit Schubvektor-Steuerung, welche dieser Version eine außergewöhnliche Manövrierfähigkeit bescheren. Dazu kommt noch ein modifiziertes Fly-By-Wire-Steuersystem und das elektronisch aktiv scannende Bordradar Phazotron-NIIR Zhuk-MA, welches Flugzeuge bis zu einer Distanz von 160 km erkennt.
Hersteller: Russian Aircraft Corporation MiG und MAPO, Moskau, Russland.

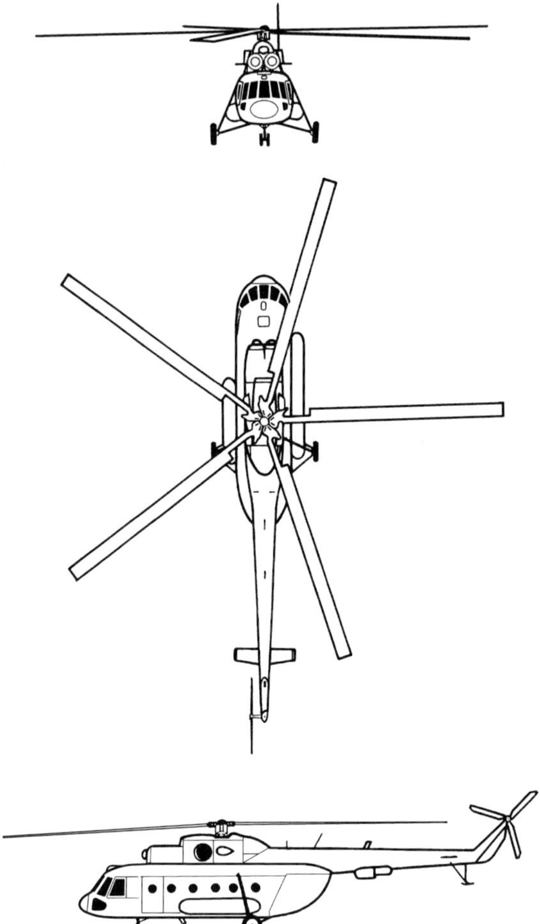

Abmessungen:
Rotordurchmesser 21,29 m
Rumpflänge ohne rotierenden Heckrotor 18,50 m
Höhe inkl. Rotorkopf 4,75 m

MIL/KAZAN MI-17M/MD

Ursprungsland: Russland.
Kategorie: Mittelschwerer militärischer und ziviler Mehrzweckhubschrauber.
Triebwerke: Zwei Gasturbinen Klimow TV3-117VM von je 2200 WPS (1620 kW) Leistung.
Leistungen: Höchstgeschwindigkeit in 1000 m 250 km/h; bei max. Startgewicht 230 km/h; Reisegeschwindigkeit 220 km/h; Dienstgipfelhöhe 6000 m; Schwebehöhe mit Bodeneffekt 4000 m, ohne Bodeneffekt 1760 m; Reichweite mit normaler Zuladung 500 km, mit vier externen Zusatztanks bis zu 1600 km.
Gewichte: Rüstgewicht 7100 kg; normales Startgewicht 11000 kg, maximal 13000 kg.
Zuladung: Zwei Piloten im Cockpit und bis zu 36 Soldaten bzw. 40 Passagiere; max. Nutzlast intern 4000 kg, extern 5000 kg.
Entwicklungsstand: Ein Prototyp der Version MD fliegt seit 1995. Die Mi-17 in ihren verschiedenen Ausführungen erfreut sich weiterhin großer Nachfrage, sowohl von militärischen Stellen als auch von zivilen Nutzern. Neuester Besteller: Afghanistan weitere 4, Ecuador weitere 2, Irak 22 Mi-17CT, Iranischer Roter Halbmond 5 Mi-171E, Saudi Arabien 30 Mi-17V, Air Freight Aviation 30. Indien erhält 80 Mi-17 und modernisiert seine bisherige Flotte von 172 Mi-8/17. Von allen Typen der Mi-8/-17-Familie sind mittlerweile über 12000 Exemplare gebaut worden. Seit 2008 wird der Typ in China in Lizenz hergestellt.
Bemerkungen: Als vorläufig letzte Ausführung wird die Mi-17MD bzw. Mi-171 vom Werk Kazan angeboten. Äußerlich unterscheidet sie sich durch eine neue Buggestaltung mit Farb-Wetterradar. Weitere Merkmale: Notschwimmausrüstung mit aufblasbaren Ballonen, größere Schiebetüren auf beiden Seiten, mechanische Frachttransportausrüstung im Heck, Platz für vier zusätzliche Passagiere. Als Option kann eine Rettungswinde mit einer Tragkraft von 300 kg installiert werden. Unter der Bezeichnung Mi-172 fliegt eine Ausführung mit Honeywell Glas-Cockpit, 1553-Databus, Multi-Sensor-Optiksystem und Missionssystem von BAE als Option. Weitere verbesserte Varianten befinden sich in Prüfung, so beispielsweise die Mi-8X, welche mit der Mi-38 (siehe Seiten 238/239) Triebwerke, Getriebe und Rotor gemeinsam hat.
Hersteller: Mil/Kazan Helicopters, Moskau/Kazan, Russland.

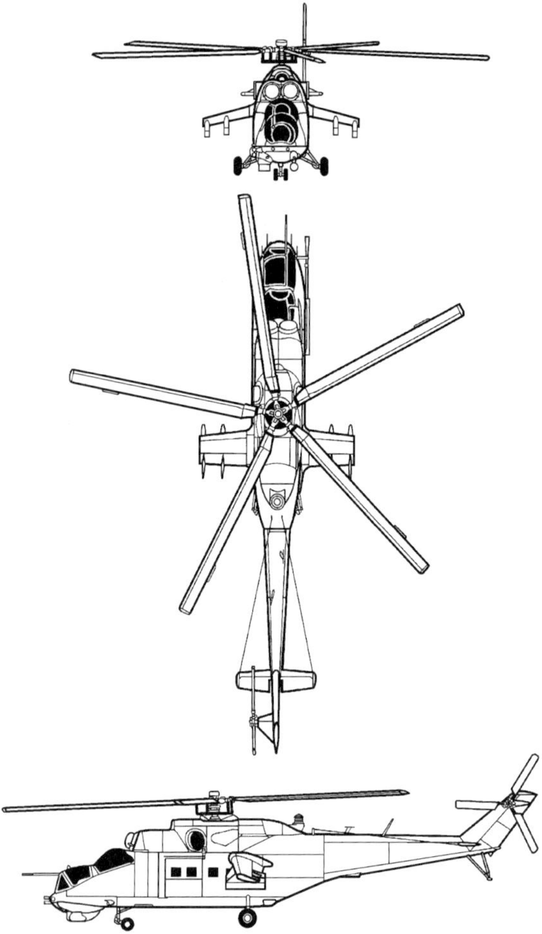

Abmessungen (Mi-35M):
Rotordurchmesser 17,20 m
Rumpflänge 18,57 m
Höhe inkl. Rotor 5,00 m

MIL MI-24/35M

Ursprungsland: Russland.
Kategorie: Schwerer Kampf- und Mehrzweckhubschrauber.
Triebwerke (Mi-35M): Zwei Gasturbinen Klimow TM3-117VMA von je 2225 WPS (1659 kW) Leistung.
Leistungen (Mi-35M): Höchstgeschwindigkeit über Grund 310 km/h; Marschgeschwindigkeit 260 km/h; max. Steigrate 12,4 m/Sek; Dienstgipfelhöhe 5750 m; Schwebehöhe ohne Bodeneffekt 3100 m; Reichweite 500 km, Überführungsreichweite mit Zusatztanks 1000 km.
Gewichte (Mi-35M): Leergewicht 8050 kg; max. Startgewicht 11500 kg.
Zuladung: Pilot und Waffenoperateur im Cockpit und bis zu acht Personen in der Kabine.
Bewaffnung (Mi-35M): Wahlweise eine doppelläufige 23- oder einläufige 30-mm-Kanone GSh-23V unten am Vorderrumpf und Waffen bis zu 1000 kg an acht Aufhängepunkten unter den Stummelflügeln.
Entwicklungsstand: Eine zum Prototypen Mi-35M umgebaute Mi-24 fliegt seit 1995. Die verbesserte Ausführung Mi-24 Mk. V Superhind nahm die Flugerprobung 2006 auf. Nebst laufenden Umbauprogrammen werden weiterhin neue Mi-35M hergestellt, beispielsweise für Brasilien 12, Venezuela 10.
Bemerkungen: Die in großer Zahl verfügbaren Mi-24/Mi-35 sind technisch überholt. Deshalb wurden mehrere Verbesserungsprogramme für verschiedene Betreiber durchgeführt. Eine der aktuellsten ist die als Mi-24 Super Hind bezeichnete Lösung von Advanced Technologies and Engineering (ATE) aus Südafrika. Dabei wird das Rumpfvorderstück weitgehend neu gebaut und um ca. 1200 kg Strukturgewicht erleichtert. So besteht die Panzerung nun aus Kevlar. Neu gestaltet ist das Cockpit mit Digitalanzeigen und NVG's. Die Kampfelektronik wird zur Verbesserung der Nachtkampftauglichkeit ersetzt/ergänzt u.a. durch TV-Beobachtungs- und Zieleinrichtung sowie FLIR. Noch weitergehend sind die Modifikationen an der Mi-35M durch Mil selber. Nebst neuer Elektronik übernimmt sie auch den leichteren und wirkungsvolleren Haupt- und Heckrotor aus Verbundwerkstoffen der Mi-28. Das Fahrwerk ist neu und nicht mehr einziehbar, die Stummelflügel sind leicht gekürzt.
Hersteller: OKB Michail L. Mil./Rostvertol, Werk Rostow, Moskau, Russland.

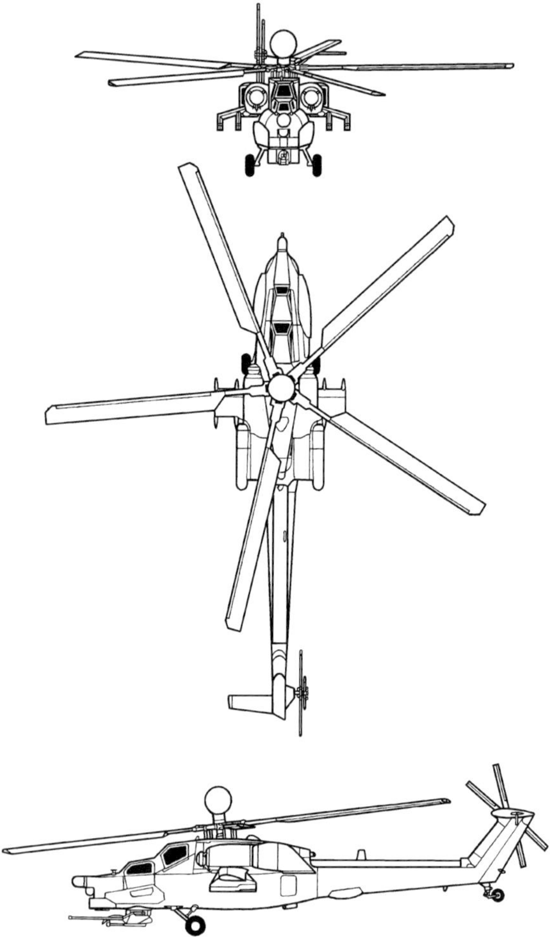

Abmessungen:
Rotordurchmesser 17,30 m
Rumpflänge 16,85 m
Höhe inkl. Rotorkopf 4,86 m

MIL/ROSTVERTOL MI-28N

Ursprungsland: Russland.
Kategorie: Zweisitziger Kampfhubschrauber.
Triebwerke: Zwei Gasturbinen Klimow VK-2500 von je 2400 WPS (1790 kW) Leistung.
Leistungen: Höchstgeschwindigkeit 305 km/h; max. Reisegeschwindigkeit 270 km/h; max. Schrägsteiggeschwindigkeit 13,6 m/Sek; Dienstgipfelhöhe 5800 m; Schwebehöhe ohne Bodeneffekt 3600 m; Reichweite mit max. Treibstoffzuladung 990 km.
Gewichte: Leergewicht 8590 kg; norm. Startgewicht 11000 kg; max. Startgewicht 12100 kg.
Bewaffnung: Eine 30-mm-2A42-Kanone in einem Turm unter der Rumpfnase und je zwei Waffenstationen mit einer Tragkraft von 480 kg an beiden Stummelflügeln. Typische Bewaffnung: Panzerabwehrlenkwaffen 9M114 Shturm und Luft-Luft-Lenkwaffen 9M39 Igla; max. Nutzlast 2000 kg.
Entwicklungsstand: Der Prototyp der Weiterentwicklung Mi-28N nahm am 14. November 1996 die Flugerprobung auf. Eine erste Serienmaschine flog erstmals im Dezember 2005. Neuesten Informationen zufolge erhält die russische Luftwaffe bis 2015 zwischen 47 und 67 Einheiten. Die ersten Maschinen wurden Mitte 2008 übergeben. Derzeit seien rund 20 Maschinen im Einsatz, die erste Kampfstaffel nahm Mitte 2009 den Betrieb auf. Venezuela ist ebenfalls an der Beschaffung der Mi-28N interessiert.
Bemerkungen: Die Mi-28N ist der zurzeit kampfstärkste Hubschrauber dieser Klasse. Sie verfügt über Panzerung aus Titan und Verbundwerkstoffen, um die Piloten, die Rumpftanks sowie weitere lebenswichtige Systeme zu schützen. Ähnlich wie die AH-64D (siehe Seiten 80/81) ist die Mi-28N mit einem im Mastvisier eingebauten 360°-Millimeter-Wellenradar ausgerüstet. Dank der hoch entwickelten elektronischen Kampfausrüstung ist sie allwetter- und nachtkampftauglich. Die Serienausführung besitzt neue Kunststoff-Rotorblätter mit nach hinten gepfeilten Spitzen.
Hersteller: Mil/Rostvertol, Werk Rostow, Moskau, Russland.

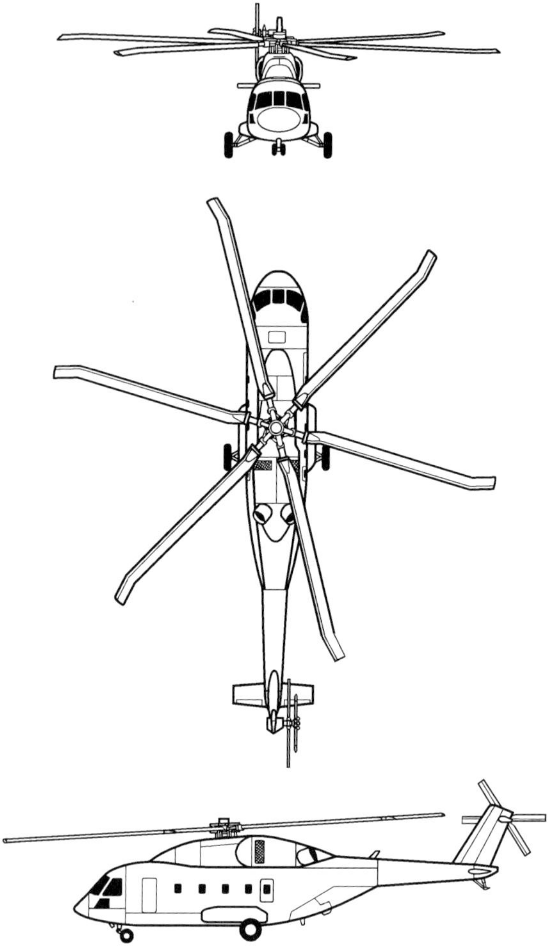

Abmessungen:
Rotordurchmesser 21,10 m
Rumpflänge 19,95 m
Höhe inkl. Rotor 5,20 m

Mil/KAZAN Mi-38

Ursprungsland: Russland.
Kategorie: Mittelschwerer militärischer und ziviler Mehrzweckhubschrauber.
Triebwerke: Zwei Gasturbinen Pratt & Whitney Canada PW127T/S von je 2500 WPS (1865 kW) oder Klimow TV7-117V von je auf 2465 WPS (1838 kW) reduzierter Leistung.
Leistungen (nach Angaben des Herstellers): Höchstgeschwindigkeit 275 km/h; Reisegeschwindigkeit 250 km/h; Dienstgipfelhöhe 6500 m; Schwebehöhe ohne Bodeneffekt 2500 m; Reichweite mit einer Nutzlast von 3500 kg 800 km, mit Zusatztanks maximal 1300 km.
Gewichte: Leergewicht 8620 kg; max. Startgewicht 15600 kg.
Zuladung: Zwei Piloten und 30 bis zu 44 Passagiere. Max. Nutzlast intern 5000 bis 6000 kg, extern 7000 kg.
Entwicklungsstand: Nach jahrelangen Verzögerungen nahm der Prototyp Mi-38 die Flugerprobung am 22. Dezember 2003 auf. Der zweite Prototyp soll 2010 erstmals starten. Zwei weitere Erprobungsmuster befinden sich im Bau. Die Indienststellung verzögert sich laufend. Nach neuesten Angaben wird diese für 2013 erwartet. Von russischen Firmen seien Letters of Intent für über 100 Maschinen eingegangen. Die russische Luftwaffe will die militärische Variante beschaffen.
Bemerkungen: Die Mi-38 soll die große Zahl von Mi-8-Helikoptern ersetzen. Zwei Versionen sind geplant: Die militärische Mi-383 mit einer Frachtkapazität von 6000 kg sowie die zivile Mi-382 in Passagierkonfiguration. In Konzeption und Auslegung gleicht die Mi-38 sehr der AW101 (siehe Seiten 18/19). Sie hat den gleichen sechsblättrigen Hauptrotor aus Verbundwerkstoffen und elastomeren Gelenken der Mi-28N (siehe Seiten 236/237). Der Heckrotor besteht aus zwei unabhängigen zweiblättrigen Rotoren in einer X-Anordnung. Das Fahrwerk ist einziehbar. Die Kabine weist folgende Innenmaße auf: Länge 6,80 m, Breite 2,20 m, Höhe 1.80 m. Zur Erleichterung des Ladevorganges ist eine große Heckladeklappe vorhanden. Die gesamte Flugsteuerung erfolgt durch ein Fly-By-Wire-System. Neuesten Informationen zufolge sollen die Serienmuster nicht mit dem PWC-Triebwerk, sondern mit dem russischen TV7-117V ausgerüstet werden.
Hersteller: Mil/Kazan (Euromil) Helicopters, Moskau/Kazan, Russland.

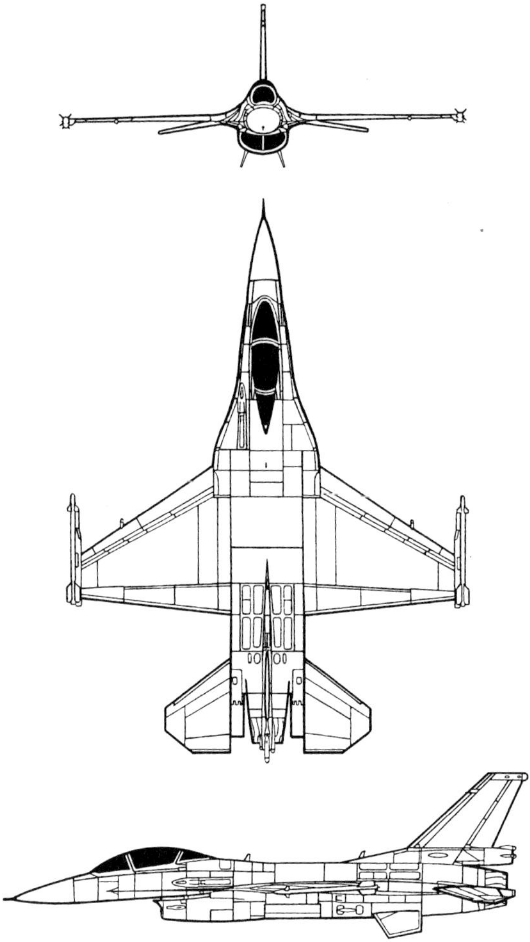

Abmessungen:
Spannweite 11,13 m
Länge 15,52 m
Höhe 4,96 m
Flügelfläche 34,84 m^2

MITSUBISHI F-2

Ursprungsland: Japan (USA).
Kategorie: (F-2A) Einsitziger bzw. (F-2B) doppelsitziger Mehrzweckjäger.
Triebwerke: Ein Mantelstromtriebwerk General Electric F110-GE-129 von 7711 kp (75,5 kN) Standschub ohne und 13880 kp (131,7 kN) mit Nachverbrennung.
Leistungen: Höchstgeschwindigkeit in großen Höhen Mach 2,0, in Bodennähe mehr als Mach 1,0; Anfangssteiggeschwindigkeit 255 m/Sek; Dienstgipfelhöhe 17900 m; Einsatzradius mit Antischiffs-Lenkwaffen 830 km; Überführungsreichweite 3500 km.
Gewichte: Leergewicht 9527 kg; norm. Startgewicht 18500 kg, max. 22000 kg.
Bewaffnung: Eine sechsläufige 20-mm-Revolverkanone M61A-1 und eine max. Waffenlast 9000 kg, die u.a. die japanischen Eigenentwicklungen Mitsubishi AAM-3-Luft-Luft- sowie die XASM-2-Anti-Schiffs-Lenkwaffen umfasst.
Entwicklungsstand: Erstflug des ersten von vier Prototypen FS-X am 7. Oktober 1995, des letzten am 24. Mai 1996. Die Ablieferungen an die japanischen Luftstreitkräfte begannen im September 2000. Von den ursprünglich 130 geplanten Einheiten werden definitiv nur deren 94 gebaut, rund 80 davon sind bereits abgeliefert. Die Produktion wird voraussichtlich 2010 eingestellt.
Bemerkungen: Die F-2 ist von der Lockheed F-16 abgeleitet. Im Laufe der Entwicklung hat sie sich technisch vom Ausgangsmuster immer weiter entfernt, so dass heute fast von einem vollständig neu entwickelten Typ gesprochen werden kann. Vorderrumpf und Heck sind leicht länger und der Flügel aus Kunststoff ist eine völlige Neuentwicklung. In amerikanisch-japanischer Zusammenarbeit wurde auch ein neuartiges Mehrzweck-Bordradar mit Aktiv-Steuerung und einer Reichweite bis zu 190 km konstruiert, welches gleichzeitig zehn Ziele verfolgen kann. Die übrige Elektronik stammt vollständig aus japanischer Entwicklung, wie das Weitwinkel-Head-Up Display, die fünf Flüssigkristallanzeigen im Cockpit sowie ein umfangreiches integriertes System für die elektronische Kampfführung. Diverse Teile des Rumpfes sind mit Radar-absorbierendem Material ausgestattet.
Hersteller: Mitsubishi Heavy Industries Ltd., Werk Nagoya, Tokio, Japan.

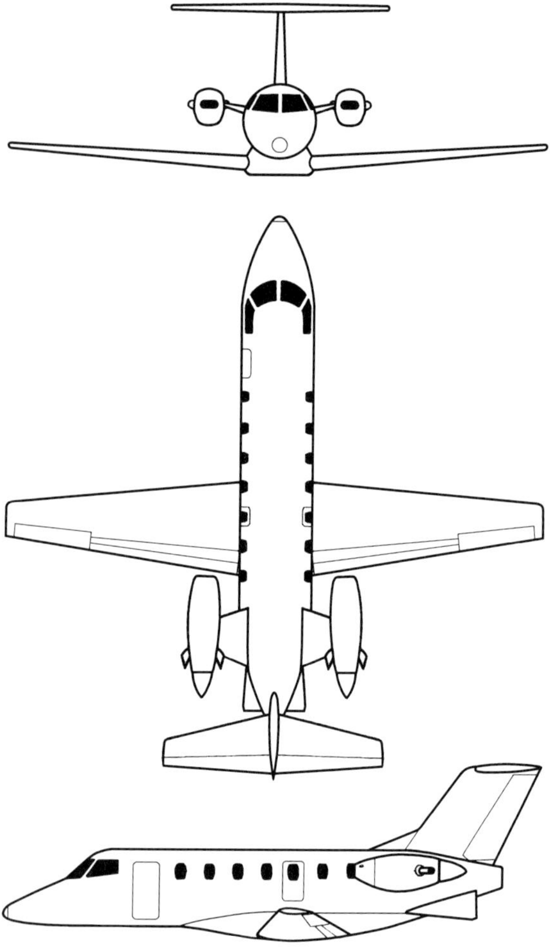

Abmessungen:
Spannweite 14,07 m
Länge 15,02 m
Höhe 5,17 m
Flügelfläche 25,70 m²

NAL SARAS

Ursprungsland: Indien (Russland).
Kategorie: Kurzstrecken-Verkehrsflugzeug.
Triebwerke: Zwei Propellerturbinen Pratt & Whitney PT6A-66 mit einer Leistung von je 1570 PS (1170 kW), reduziert auf je 850 WPS (634 kW).
Leistungen (nach Angaben des Herstellers): Max. Reisegeschwindigkeit 625 km/h; normale Reisegeschwindigkeit 520 km/h; Dienstgipfelhöhe 9000 m; Reichweite mit max. Nutzlast 1200 km; max. Flugdauer 6 Std.
Gewichte: Leergewicht 4116 kg; max. Startgewicht (Serienmaschinen) 7100 kg.
Zuladung: Zwei Mann Cockpitbesatzung und 15 Passagiere; max. Nutzlast 1232 kg.
Entwicklungsstand: Nach langen Verzögerungen startete der erste von zwei Prototypen am 29. Mai 2004 zum Jungfernflug. Ein zweites wesentlich überarbeitetes Muster begann die Flugerprobung Anfang 2009, ging aber kurz darauf durch Absturz verloren. Das Programm soll aber weitergeführt werden. Ein dritter Prototyp wird 2010 zum Erstflug starten. Die indische Luftwaffe plant einstweilen 15 Maschinen zu beschaffen, die ab 2011 abzuliefern sind.
Bemerkungen: Die Saras ist eigentlich eine russische Entwicklung des Konstruktionsbüros Myasischew und dauerte über 14 Jahre. Aus Finanzmangel konnte das Projekt durch Russland alleine aber nicht fertig gestellt werden. Die indische NAL hat sich nun zum Ziel gesetzt, die Saras zur Serienreife zu führen. Noch kämpft das Projekt mit Gewichtsproblemen. Der erste Prototyp wiegt rund 20 % mehr als geplant. Beim dritten Prototypen und den folgenden Serienmaschinen soll das Leergewicht um 500 kg reduziert werden. Speziell an diesem Muster sind die an Pylonen hinten neben dem Rumpf angebrachten Triebwerke mit Propellern als sog. »Pusher« ausgelegt. Dies reduziere den Lärm in der Kabine erheblich. Mehrere Aufgaben sind vorgesehen: Commutertransporte, Fliegende Ambulanz, Überwachungsaufgaben usw. Das Muster soll gut geeignet sein, ab hoch gelegenen und heißen Flugplätzen zu operieren, welche keine befestigte Piste aufweisen. In den Serienmustern sollen PT6-67A-Triebwerke eingebaut werden, welche 1200 WPS (895 kW) Leistung erbringen. Diese Triebwerke sind auch für die geplante gestreckte Variante für 19 Passagiere vorgesehen.
Hersteller: Entwickler: National Aerospace Laboratory (NAL), Hersteller: Hindustan Aeronautics Ltd., Bangalore, Indien.

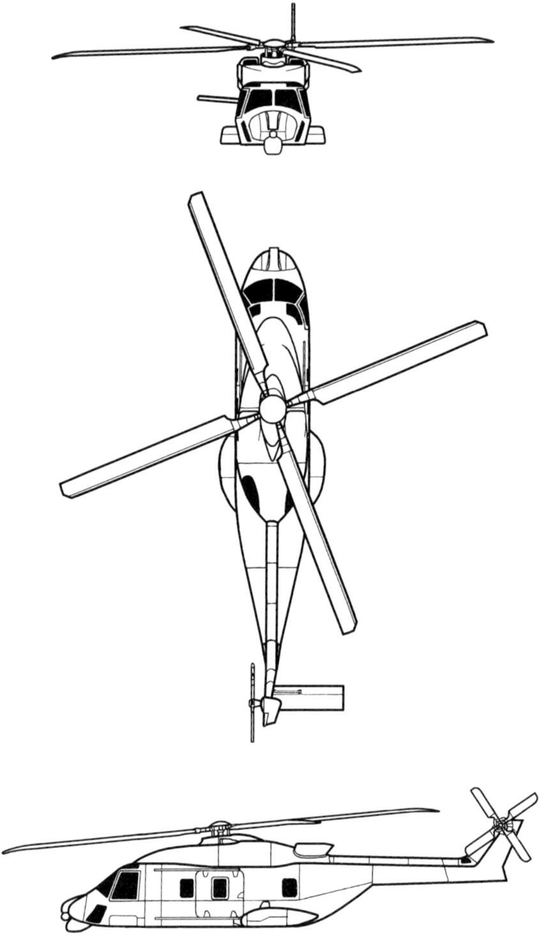

Abmessungen:
Rotordurchmesser 16,30 m
Rumpflänge 16,23 m
Höhe über Heckrotor 5,44 m

NH INDUSTRIES NH90 TTH

Ursprungsland: Deutschland, Frankreich, Italien, Niederlande.
Kategorie: Mittelschwerer militärischer Mehrzweckhubschrauber.
Triebwerke: Zwei Gasturbinen Rolls-Royce-Turboméca RTM322-01/9 bzw. General Electric T700-T6E von je 1680 WPS (1253 kW) Leistung.
Leistungen: Höchstgeschwindigkeit 305 km/h; normale Reisegeschwindigkeit 260 km/h; Schrägsteiggeschwindigkeit 11 m/Sek; Dienstgipfelhöhe 6000 m; Schwebehöhe mit Bodeneffekt 2960 m, ohne Bodeneffekt 2355 m; Einsatzradius mit 2000 kg Nutzlast 300 km; Überführungsreichweite 1200 km; Einsatzdauer 4 Std 35 Min.
Gewichte: Leer 5945 kg; normales Startgewicht 10600 kg, max. 11400 kg.
Zuladung: Zwei Piloten und 20 Soldaten bzw. 12 Verwundete; Nutzlast 2500 kg.
Bewaffnung: Kanonenbehälter und zwei schwenkbare Maschinengewehre bei den Seitentüren.
Entwicklungsstand: Der erste von fünf Erprobungsmustern (vier TTH, ein NFH) fliegt seit dem 18. Dezember 1995, die ersten Serienmuster seit Mitte 2004. Bisher wurden 456 NH90 TTH fest bestellt: Australien 46 als MRH 90 bezeichnete Hubschrauber, Belgien 4 (+ 2 Optionen), Deutschland (Luftwaffe 42, Heer 80), Finnland 20, Frankreich 34 (+ 34 Optionen), Griechenland 20 (+ 14 Optionen), Italien 60 UH-90, Neuseeland 8, Oman 20, Portugal 10, Saudi Arabien 54, Schweden 13, Spanien 45. Mit Anschlussaufträgen wird gerechnet. Erste Ablieferungen an Kunden erfolgten 2004. Bis Ende 2009 waren über 30 Einheiten hergestellt.
Bemerkungen: In der Grundkonzeption sind die NH90 TTH sowie die NH90 NFH (siehe Seiten 246/247) weitgehend gleich. Die vorwiegend für taktische Aufgaben konzipierte TTH besitzt eine Heckladerampe. Recht umfangreiche Lasten können in der Kabine transportiert werden. Sie weist folgende Innenmaße auf: Länge ohne Rampe 4,80 m, Breite 2,05 m und Höhe 1,58 m (Schweden 1,82 m). Die NH90 verfügt über eine weitgehend aus Verbundstoff bestehende Zelle und eine Fly-By-Wire-Steuerung. Derzeit wird geprüft, eine CSAR-Variante (Combat-Search-and-Rescue, Rettungseinsätze in Kampfgebieten) zu entwickeln. Aufträge dafür liegen jedoch noch nicht vor.
Hersteller: NH Industries, Aix-en-Provence, Frankreich.

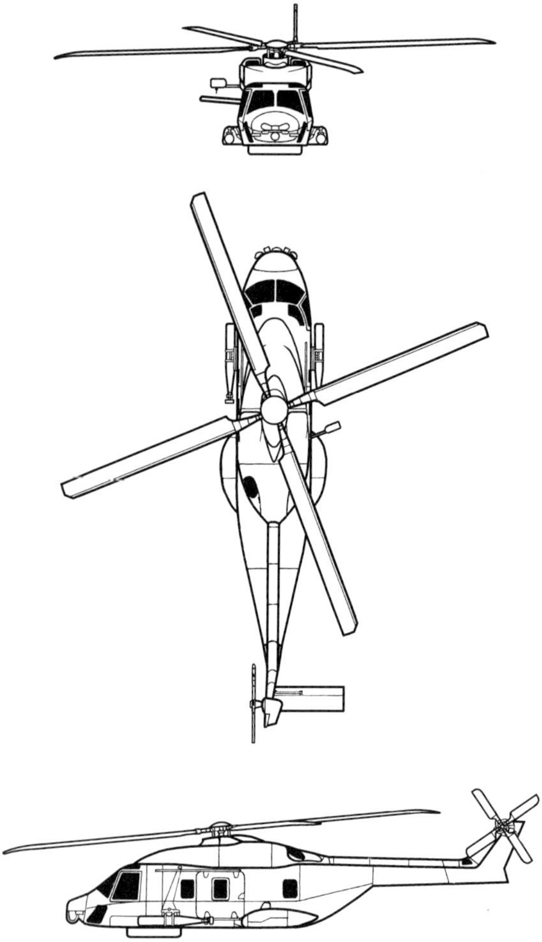

Abmessungen:
Rotordurchmesser 16,30 m
Rumpflänge 16,09 m
Höhe über Heckrotor 5,44 m

NH INDUSTRIES NH90 NFH

Ursprungsland: Deutschland, Frankreich, Italien, Niederlande.
Kategorie: Mittelschwerer bordgestützter U-Bootjagdhubschrauber.
Triebwerke: Zwei Gasturbinen Rolls-Royce-Turboméca RTM322-01/9 bzw. General Electric T700-T6E von je 1680 WPS (1253 kW) Leistung.
Leistungen: Max. Reisegeschwindigkeit 290 km/h; normale Reisegeschwindigkeit auf Meereshöhe 245 km/h; Schrägsteiggeschwindigkeit 11 m/Sek; Dienstgipfelhöhe 6000 m; Schwebehöhe mit Bodeneffekt 3140 m, ohne Bodeneffekt 2515 m; Flugzeit rund 110 km vom Schiff entfernt 3 Std. 20 Min; max. Einsatzdauer 4 Std. 45 Min; Überführungsreichweite 1200 km.
Gewichte: Leergewicht ohne Missionsausrüstung 6288 kg; normales Startgewicht 10600 kg, max. 11400 kg.
Zuladung: Zwei Piloten und bis vier Systemoperateure.
Bewaffnung: Je zwei Torpedos oder Anti-Schiffslenkwaffen an Trägern seitlich am Rumpf.
Entwicklungsstand: Der bisher einzige Prototyp der Marineausführung NFH nahm die Flugerprobung 1997 auf. Das erste Serienmuster für die Aéronavale startete am 12. Mai 2006 zum Erstflug. Geplante Beschaffungen: Belgien 4, Deutschland 30, Frankreich 27, Italien 46, Niederlande 20, Norwegen 14 (+ 10 Optionen), Saudi Arabien 10, Schweden 5. Aus technischen Gründen hat sich die Indienststellung weiter verzögert und wird nun für 2010 erwartet.
Bemerkungen: NH90 TTH (siehe Seiten 244/245) und NH90 NFH sind in ihrer Grundkonzeption weitgehend gleich. Die Marineausführung NFH verzichtet auf die Rampe, besitzt dafür faltbare Rotoren, ein beiklappbares Rumpfheck und zwei Schwimmer. Die Bordavionik umfasst u.a. taktisches Radar, FLIR, Sonar sowie zahlreiche weitere Sensorsysteme. Im Hinterrumpf befindet sich ein Ausstoß-System für Düppel, Infrarotfackeln und Sonarbojen. Die NH90 verfügt über eine weitgehend aus Verbundstoff bestehende Zelle und eine Fly-By-Wire-Steuerung.
Hersteller: NH Industries, Aix-en-Provence, Frankreich.

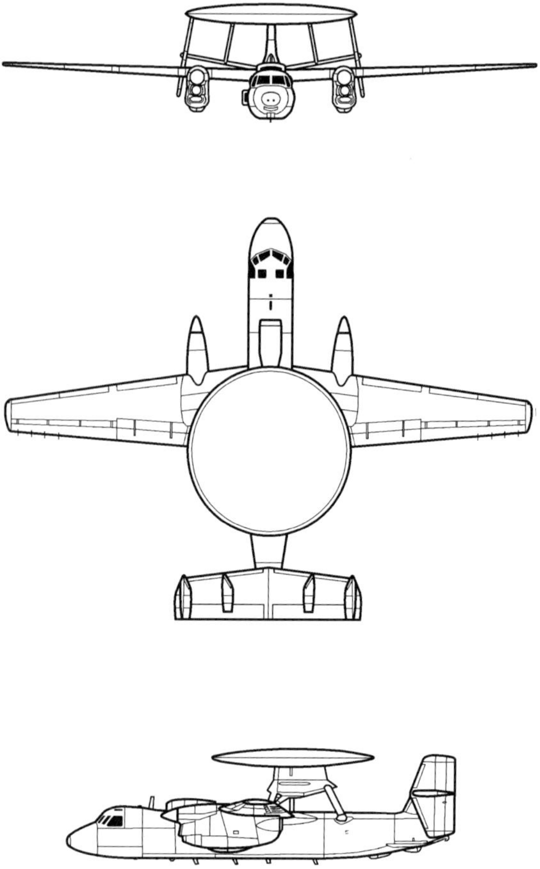

Abmessungen:
Spannweite 24,56 m
Länge 17,55 m
Höhe 5,69 m
Flügelfläche 65,03 m²

NORTHROP GRUMMAN E-2D ADVANCED HAWKEYE

Ursprungsland: USA.
Kategorie: Bordgestütztes Frühwarn- und Überwachungsflugzeug sowie fliegende Kommandozentrale.
Triebwerke: Zwei Propellerturbinen Rolls-Royce (Allison) T56-A-427A von je 5250 WPS (3917 kW) Leistung.
Leistungen: Höchstgeschwindigkeit 598 km/h; max. Reisegeschwindigkeit 576 km/h; Anfangssteiggeschwindigkeit 12,8 m/Sek; Dienstgipfelhöhe 9390 m; Einsatzdauer 4 Std. bei einem Aktionsradius von 370 km; max. Flugdauer 6,1 Std; Überführungsreichweite 2580 km.
Gewichte: Leer 17265 kg; max. Startgewicht 25850 kg.
Zuladung: Fünf Mann Besatzung, bestehend aus zwei Piloten und drei Ingenieuren im zentralen Einsatzraum.
Entwicklungsstand: Die neueste Ausführung E-2D absolvierte ihren Erstflug am 3. August 2007. Ein zweiter Prototyp folgte am 29. November 2007. Aktuellen Plänen zufolge soll die USN insgesamt 70 Einheiten beschaffen, welche ab 2011 zu liefern sind. Von den verschiedenen Ausführungen der E-2C sind bisher beschafft worden: USN 101, Ägypten 6, Frankreich 3, Japan 13, Mexico 3 (ex. Israel), Singapur 4 und Taiwan 6. Die US Küstenwache setzt vier, die US Zollbehörde eine von der US Navy gemietete E-2C zur Drogenbekämpfung ein.
Bemerkungen: Die E-2D stellt gegenüber der Vorversion Hawkeye 2000 in verschiedener Hinsicht einen wesentlichen Fortschritt dar. Obwohl von außen kaum Unterschiede feststellbar sind, ist das »Innenleben« weitgehend neu. Das Herz der E-2D ist das neue Radar AN/APY-9. Es arbeitet ebenfalls im UHF-Frequenzbereich, kann jedoch besonders kleine Ziele auf große Distanzen auch in einem gestörten Umfeld besser erkennen. Dank der hohen Rechenleistung ist es in der Lage, kleine bewegliche Ziele wie beispielsweise Marschflugkörper knapp über dem Boden zu verfolgen. Auf einer Höhe von 7600 m deckt die E-2D mit einem Radius von 550 km eine um 250 Prozent größere Fläche als die E-2C ab. Später soll die Advanced Hawkeye mit einer Luftbetankungssonde ausgerüstet werden.
Hersteller: Northrop Grumman Corporation, Werk St. Augustine, Florida, Los Angeles, Kalifornien, USA.

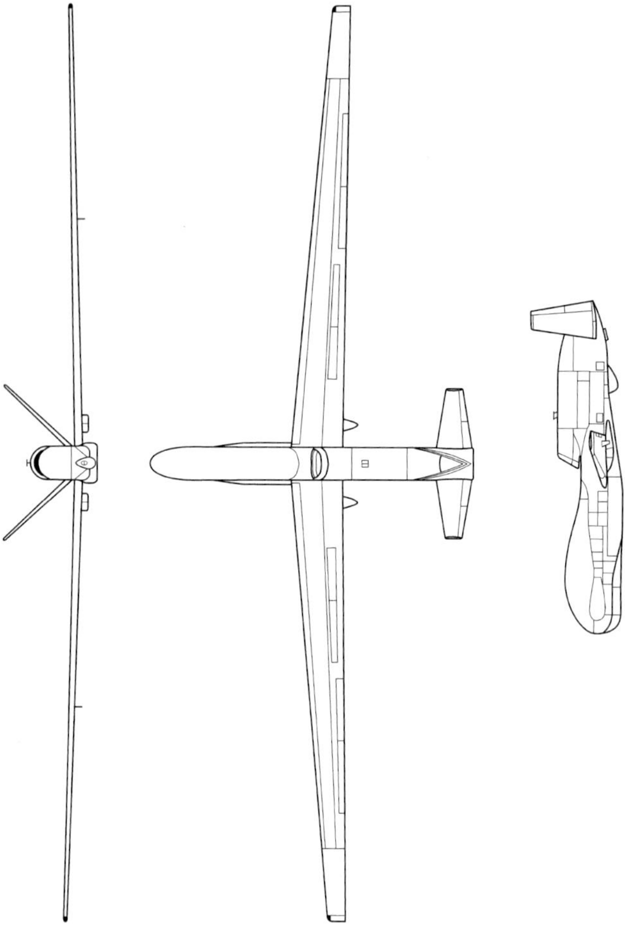

Abmessungen:
Spannweite 39,89 m
Länge 14,50 m
Höhe 4,63 m
Flügelfläche (RQ-4A) 50,10 m²

NORTHROP GRUMMAN RQ-4B GLOBAL HAWK

Ursprungsland: USA.
Kategorie: Unbemannter hochfliegender Langstreckenaufklärer.
Triebwerke: Ein Mantelstromtriebwerk Rolls-Royce Allison AE3007H von 3760 kp (36,8 kN) Standschub.
Leistungen: Höchstgeschwindigkeit ca. Mach 0,60, Patrouillengeschwindigkeit 635 km/h; Dienstgipfelhöhe 19800 m; max. Flugdauer 36 Std; Aktionsradius mit einer Aufenthaltsdauer von 24 Std. am Zielort 5500 km, Reichweite bis zu (RQ-4A) 25015 km, (RQ-4B) 22780 km.
Gewichte: Leergewicht 4173 kg; max. Startgewicht 14640 kg.
Zuladung: Aufklärungssysteme im Gesamtgewicht von 1360 kg.
Entwicklungsstand: Der erste Prototyp RQ-4A nahm die Flugerprobung am 28. Februar 1998 auf. 15 Prototypen bzw. RQ-4A Block 10 wurden für die USAF und die USN (2) gebaut. Ab dem neunten Serienexemplar stellte man auf die leistungsfähigere RQ-4B Block 20 um (Erstflug im November 2006). Die derzeit neueste Version Block 40 fliegt seit Ende 2009. Bei einem Bedarf von neu 77 Einheiten gab die USAF bisher 35 Systeme in Auftrag, rund 30 davon waren Ende 2009 gebaut. 68 RQ-4N erhält die US Navy ab 2011.
Bemerkungen: Die Global Hawk kann unbemannt aus 20 km Höhe in 24 Std. ein Gebiet der Größe Griechenlands flächendeckend aufklären und die gewonnenen Daten via Satellit weltweit online übertragen. Zur Erfüllung dieser Aufgaben ist sie mit modernsten Systemen ausgerüstet, u.a. allwettertaugliches Seitensichtradar, CCD-Kamera für hochauflösende Bilder, Wärmebildsensoren usw. Während der Rumpf konventionell aus Aluminium besteht, sind die Flügel vollständig aus Kohlefasern hergestellt und trotz großer Spannweite äußerst steif ausgelegt. Auch das gesamte Leitwerk ist aus Verbundwerkstoffen. Um ein hohes Maß an Ausfallsicherheit zu erreichen, ist die gesamte Flugsteuerung doppelt vorhanden, das gleiche gilt auch für die meisten Computer. Derzeit werden die Ausführungen RQ-4B Block 20, Block 30 und Block 40 gebaut. Sie unterscheiden sich primär durch immer leistungsfähigere Systeme. Fünf als EuroHawk bezeichnete ELINT-Varianten der RQ-4B mit einem SIGINT-Missionssystem von EADS werden als Ersatz der deutschen Breguet Atlantic ELINT sowie für die NATO beschafft (Ablieferung ab 2010).
Hersteller: Northrop Grumman Corp., Werk San Diego, Kalifornien, USA.

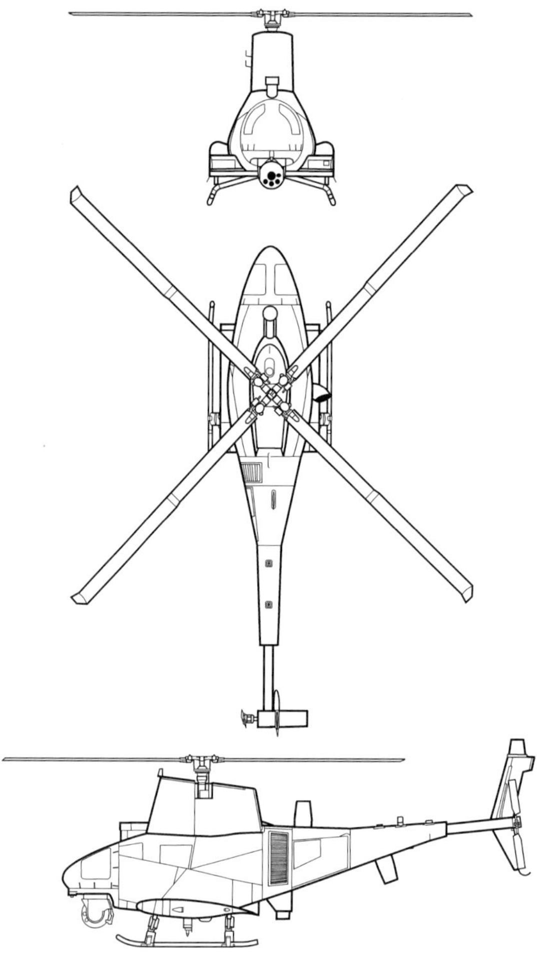

Abmessungen:
Rotordurchmesser 8,38 m
Rumpflänge 7,01 m
Höhe 2,87 m

NORTHROP GRUMMAN RQ-8A/MQ-8B FIRE SCOUT

Ursprungsland: USA.
Kategorie: Unbemannter Überwachungs- und Aufklärungshubschrauber.
Triebwerke: Eine Gasturbine Rolls-Royce 250-C20W von 420 WPS, reduziert auf (RQ-8A) 250 WPS (186,3 kW) bzw. (MQ-8B) 340 WPS (253,5 kW) Leistung.
Leistungen: Höchstgeschwindigkeit 230 km/h; Dienstgipfelhöhe 6100 m; Aufenthaltsdauer max. 6 Std, 200 km vom Mutterschiff entfernt 4 Std.
Gewichte (RQ-8A/MQ-8B): Startgewicht 1200/1425 kg.
Zuladung: Aufklärungsmittel, Elektronik- und Sensorenausrüstung von max. (RQ-8A) 57 kg, (MQ-8B) 272 kg.
Entwicklungsstand: Ein firmeneigener Prototyp begann die Erprobung am 19. Mai 2002. Derzeit befinden sich drei in der Flugversuchsphase. Die Weiterentwicklung MQ-8B der Fire Scout gelangt bei der US Army auf Brigadeebene zum Einsatz. Sieben Prototypen werden gebaut, der erste fliegt seit 20. Dezember 2006. Daneben hat die US Navy vorerst neun, die US Army 13 Seriensysteme bestellt. Die US Navy erhielt die ersten Serienexemplare Ende 2009.
Bemerkungen: Der unbemannte Drehflügler RQ-8A ist eine Ableitung des Leichthubschraubers Schweizer 333 (siehe Ausgabe 2004). Sein Aufgabengebiet umfasst Real-Time-Aufklärungs- und Überwachungseinsätze sowie Zieldarstellungen ab kleinen Schiffen in einem Radius von etwa 200 km. Dazu verfügt er über elektro-optische Sensoren, Infrarotausrüstung und einen Laser-Zielzuweiser. Zum gesamten Integral-System gehört nebst dem Fluggerät auch eine containerisierte Boden- bzw. Schiffstation S-280 zur Lenkung der Einsätze und zum Empfang der Informationen. Hubschrauber und Empfangsstation lassen sich schnell mit einem Transporter C-17 verlegen. Später sind auch leichte Waffeneinsätze denkbar. Es sind daher Versuche mit der Luft-Boden-Lenkwaffe AGM-114 Hellfire durchgeführt worden. Die Serienausführung heißt MQ-8B und umfasst einen Vierblattrotor, größere Treibstoffkapazität und erlaubt ein höheres Startgewicht. Auch die USN beschafft anstelle der RQ-8A diese Variante.
Hersteller: Northrop Grumman Corp., Los Angeles, Kalifornien, USA

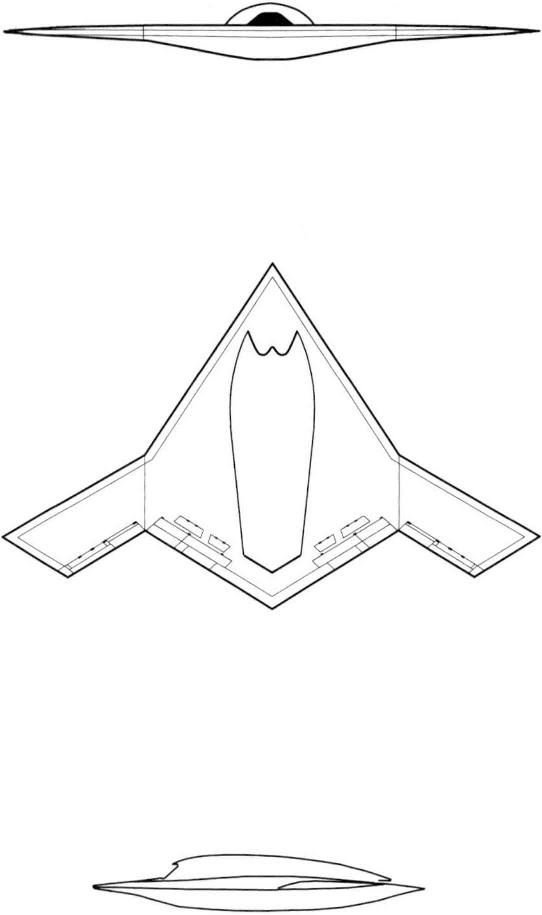

Abmessungen:
Spannweite 18,93 m, gefaltet 9,40 m
Länge 11,63 m
Höhe 3,10 m

NORTHROP GRUMMAN X-47B PEGASUS

Ursprungsland: USA.
Kategorie: Unbemanntes land- und bordgestütztes Langstrecken-Kampfflugzeug.
Triebwerke: Ein Mantelstromtriebwerk Pratt & Whitney F100-220U von 6630 kp (65,00 kN) Standschub.
Leistungen (sehr provisorische Angaben): Einsatzgeschwindigkeit im hohen Unterschallbereich; Dienstgipfelhöhe 12190 m; Einsatzradius 2770 km; Überführungsreichweite 6500 km.
Gewichte: Max. Startgewicht bis zu 20190 kg.
Bewaffnung: Eine Waffenlast von rund 2045 kg in einem internen Waffenschacht.
Entwicklungsstand: Die Weiterentwicklung X-47B soll 2010 erstmals fliegen. Vorerst werden zwei Prototypen für die USN hergestellt. Der auf eigenes Risiko der Herstellerin gebaute Erprobungsträger X-47A nahm die Flugerprobung am 23. Februar 2003 auf. Es wurde nur ein Prototyp gebaut.
Bemerkungen: Von der X-47A abgeleitet, ist die Weiterentwicklung X-47B Pegasus wesentlich größer. Mit diesem Erprobungsträger will man beweisen, dass unbemannte Waffensysteme auf Flugzeugträgern einsatztauglich gemacht werden können. Die Pegasus ist für Aufklärungs- und Kampfeinsätze »der ersten Stunde« gedacht, d.h. für besonders gefährliche Missionen, wie sie oft zu Beginn von Konflikten vorkommen. Sie soll Waffeneinsätze von bis zu 12 Std. fliegen können. Dank der mittlerweile vorgesehenen Luftbetankungseinrichtung sind aber auch längere Missionen bis zu 30 Std. machbar. Ein integriertes Waffensystem mit einem »Synthetic Aperture Radar« (= Radar mit synthetischer Blendenöffnung) ist eingebaut. Weitgehend aus Verbundwerkstoffen hergestellt, verfügt die X-47B über ausgezeichnete »Stealth«-Eigenschaften. Die als offenes System konzipierte Elektronik von BAE Systems erlaubt u.a. sehr präzise Landungen auf Flugzeugträgern. Um die Entwicklungsrisiken zu reduzieren, sollen mit diesem Erprobungsträger alle wesentlichen Elemente einer späteren Serienausführung getestet werden. Die US Navy plant eine von der X-47B abgeleitete Serienausführung 2020 einsatzbereit zu haben.
Hersteller: Northrop Grumman Corporation, Werk Palmdale, Kalifornien, USA.

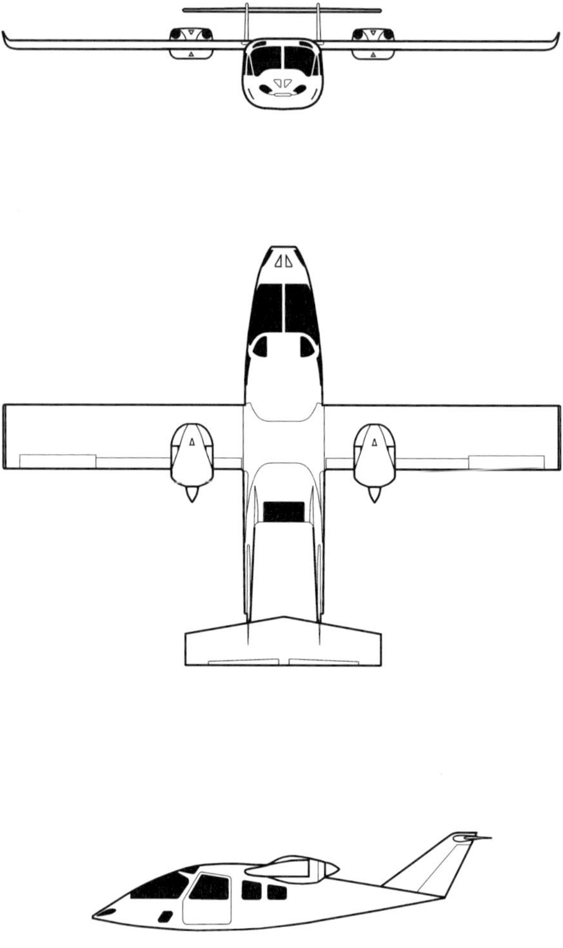

Abmessungen:
Spannweite 12,00 m
Länge 8,92 m
Höhe 2,55 m

OMA SUD SKYCAR

Ursprungsland: Italien.
Kategorie: Sport-, Reise- und Mehrzweckflugzeug.
Triebwerke: Zwei luftgekühlte Vierzylinder-Boxermotoren Lycoming IO-360 C1E6 von je 200 PS (149 kW) Leistung.
Leistungen: Max. Reisegeschwindigkeit 296 km/h; norm. Reisegeschwindigkeit 268 km/h; Anfangssteiggeschwindigkeit 7,6 m/Sek; Dienstgipfelhöhe 5490 m; normale Reichweite mit IFR-Reserven 1300 km, max. 1660 km.
Gewichte: Max. Startgewicht 1995 kg.
Zuladung: Pilot und vier Passagiere, max. Nutzlast 555 kg.
Entwicklungsstand: Der bisher einzige Prototyp flog erstmals am 21. Dezember 2007. Ende 2009 erhielt das Muster die Typenzulassung. Bisher sind rund 90 Maschinen bestellt worden.
Bemerkungen: Die völlig neu entwickelte Skycar fällt primär durch das heute selten gewordene Doppelleitwerk und die sog. Pusher-Triebwerksanordnung auf. Sie wurde als Mehrzweckflugzeug konzipiert, welche dank ihrer einfachen Struktur und den Boxermotoren sehr wirtschaftliche Leistungen erbringt. Auch wurde auf beste Aerodynamik geachtet. Gemäß dem Hersteller weist die nicht druckbelüftete Kabine ein für ihre Klasse sehr großes Raumvolumen auf. Dank großzügiger Verglasung ist die Sicht nach außen sehr gut. Die Inneneinrichtung ist sehr flexibel gestaltet und kann in kurzer Zeit für verschiedene zivile wie auch militärische Zwecke umgerüstet werden. Eine große Türe links am Rumpf erleichtert das Ein- und Ausladen. Der Zugang zum Gepäckraum wird zudem durch eine große Heckladeklappe erleichtert. Das Cockpit umfasst ein 3D Synthetic Vision Digital-System neuester Konzeption. Das Fahrwerk ist einziehbar.
Hersteller: O.M.A. Sud SpA, Capua, Campagna, Italien.

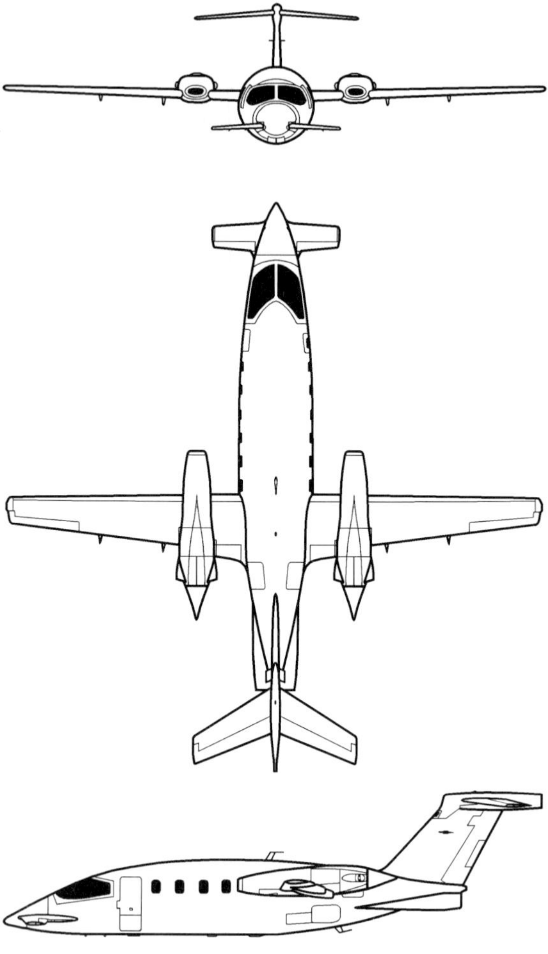

Abmessungen:
Spannweite 14,03 m
Länge 14,41 m
Höhe 3,98 m
Flügelfläche 16,00 m²

PIAGGIO P180 AVANTI II

Ursprungsland: Italien.
Kategorie: Firmenflugzeug und militärisches Mehrzweckflugzeug.
Triebwerke: Zwei Propellerturbinen Pratt & Whitney Canada PT6A-66B von je auf 850 WPS (634 kW) reduzierter Leistung.
Leistungen: Höchstgeschwindigkeit 737 km/h auf 8538 m; max. Dauergeschwindigkeit 644 km/h auf 11885 m; Anfangssteiggeschwindigkeit 15,0 m/Sek; Dienstgipfelhöhe 12500 m, Reichweite mit einer Nutzlast von sechs Personen und IFR-Reserven 2637 km; max. Reichweite mit VFR-Reserven 3148 km.
Gewichte: Rüstgewicht 3538 kg; max. Startgewicht 5489 kg.
Zuladung: Ein oder zwei Piloten und sieben bis acht Passagiere bei Standard-Innenausstattung. Für EMS-Einsätze zwei liegende Verwundete, als Frachter max. 1860 kg.
Entwicklungsstand: Erstflug des ersten von zwei Prototypen am 23. September 1986, das erste Serienflugzeug folgte am 29. Januar 1990. Ab dem 105. Exemplar wurde die Produktion auf die Avanti II umgestellt. Bisher fliegen von beiden Ausführungen rund 190 Maschinen, davon 80 der Version Avanti II. Ab 2010 sollen jährlich 50 Maschinen gebaut werden.
Bemerkungen: Die Avanti basiert mit ihrem futuristischen Aussehen auf dem sog. »Drei-Flächen-Konzept«, wobei der vorn platzierte kleine Stützflügel das Flugzeug in allen Flugphasen ausbalanciert und das Höhenleitwerk nur für die Richtungsänderungen benötigt wird. Der Flügel besitzt ein Laminarprofil und eine hohe Streckung bei vergleichsweise geringer Fläche. Die Avanti besteht zum großen Teil aus Leichtmetall, doch sind Kunststoffteile am Leitwerk, den Triebwerkverkleidungen, an der Rumpfspitze, dem Stützflügel und dem Hauptflügel eingesetzt. Die unkonventionelle Form beschert der Avanti eine der größten Kabinen ihrer Klasse (Länge 4,55 m, Breite 1,85 m, Höhe 1,75 m). Die 2005 neu lancierte Avanti II verfügt über das Avionik-Set Pro Line 21 von Rockwell Collins. Leistungsstärkere Triebwerke und ein erhöhtes Abfluggewicht verbessern insbesondere das Nutzlast-/Reichweiteverhältnis. Seit 2008 bietet Piaggio eine neue Inneneinrichtung mit modernisiertem Kommunikationssystem an.
Hersteller: Rinaldo Piaggio S.p.A., Genua-Sestri, Italien.

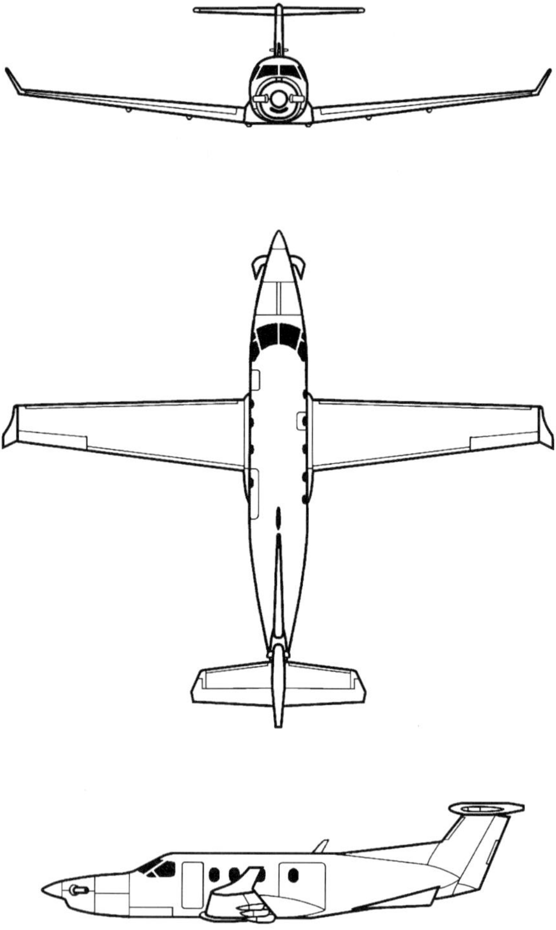

Abmessungen:
Spannweite 16,28 m
Länge 14,40 m
Höhe 4,26 m
Flügelfläche 25,81 m²

PILATUS PC-12NG

Ursprungsland: Schweiz.
Kategorie: Leichtes Mehrzweck- und Firmenflugzeug.
Triebwerke: Eine Propellerturbine Pratt & Whitney Canada PT6A-67B mit einer von 1605 WPS auf 1200 WPS (895 kW) reduzierten Leistung.
Leistungen: Max. Reisegeschwindigkeit 519 km/h auf 7620 m; Anfangssteiggeschwindigkeit 9,75 m/Sek; Dienstgipfelhöhe 9144 m; Reichweite mit drei Passagieren und IFR-Bedingungen 2900 km.
Gewichte: Leergewicht Frachter 2484 kg, mit Passagiereinrichtung 2974 kg; max. Startgewicht 4740 kg.
Zuladung: Pilot und Copilot/Passagier im Cockpit und bis zu neun Passagiere in Einzelsitzen; als Firmenflugzeug sechs bis acht Passagiere. Zuladung mit vollen Treibstofftanks 467 kg, max. Zuladung 1036 kg.
Entwicklungsstand: Der erste von zwei Prototypen startete am 31. Mai 1991 zum Erstflug. Im Mai 1994 begannen die Kundenauslieferungen. Die Ausführung PC-12NG ist seit Mitte 2008 erhältlich. Im April 2009 wurde die 900. Maschine abgeliefert. Die Jahresproduktion beläuft sich auf rund 100 Exemplare. Unter der Bezeichnung U-28 setzt die USAF mehrere PC-12 bzw. 12/47 ein. Die finnische Luftwaffe hat 2009 sechs PC-12NG als Verbindungsflugzeuge bestellt.
Bemerkungen: Das Mehrzweckflugzeug ist für den Einsatz in der Geschäftsfliegerei bis hin zum Transporter für Fracht geeignet. Die Zelle vermag Fracht bis zu 9,34 m3 zu laden. Eine kombinierte Variante für vier Passagiere und 5,95 m3 Fracht wird ebenfalls angeboten. Dank einer Passagiertüre vorn und einer großen Frachttüre hinten wird der Ladevorgang erleichtert. Die PC-12 ist mit einer umfangreichen Avionik von Allied-Signal Bendix/King ausgerüstet. Die 2006 vorgestellte Ausführung PC-12/47 bietet bei einem höheren Startgewicht entweder eine um 240 kg größere Nutzlast oder eine Reichweitenverbesserung von rund 550 km an. Zudem sind die Winglets überarbeitet. Eine weiter entwickelte Variante PC-12NG wurde 2006 angekündigt, ausgerüstet u.a. mit Primus Apex Avionik, neuem Cockpit-Design und Verbesserungen in der Ergonomie. Dank Einbau der stärkeren PT6A-67P-Turbine verbessern sich diverse Leistungsparameter. Weiterhin angeboten werden Spezialvarianten, z.B. für Überwachungseinsätze.
Hersteller: Pilatus Flugzeugwerke AG, Stans, Schweiz.

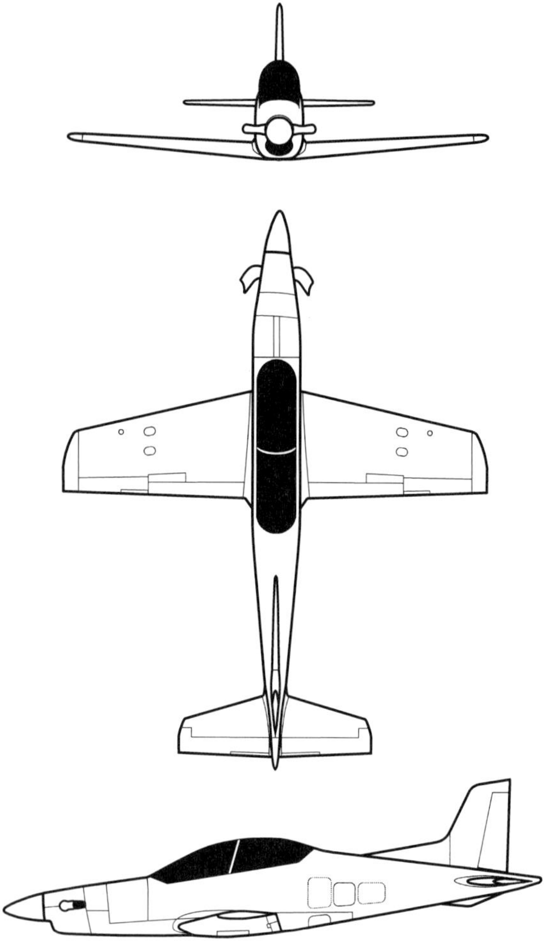

Abmessungen:
Spannweite 9,10 m
Länge 11,23 m
Höhe 3,75 m
Flügelfläche 15,22 m²

PILATUS PC-21

Ursprungsland: Schweiz.
Kategorie: Zweisitziges Trainingsflugzeug für Basic-, Advanced- und Fighter-Lead-In-Training.
Triebwerke: Eine Propellerturbine Pratt & Whitney Canada PT6A-68B mit einer von 1962 WPS (1463 kW) auf 1609 WPS (1200 kW) reduzierten Leistung.
Leistungen: Höchstgeschwindigkeit 625 km/h auf 3050 m, 600 km/h auf Meereshöhe; Anfangssteiggeschwindigkeit 22 m/Sek; Dienstgipfelhöhe 11400 m; Reichweite 1200 km.
Gewichte: Leergewicht 2270 kg; Startgewicht für Akrobatik-Einsätze 3100 kg; max. Startgewicht 4250 kg.
Entwicklungsstand: Ein Erprobungsträger fliegt seit Mai 2001, der eigentliche Prototyp nahm die Flugerprobung am 1. Juli 2002 auf. Ein zweiter folgte am 7. Juni 2004. Das Vorserienflugzeug fliegt seit 29. August 2005. Folgende Auslieferungen sind bisher erfolgt: Schweiz sechs, Singapur 19. Neu haben die UAE 25 Einheiten bestellt.
Bemerkungen: Unter der Bezeichnung PC-21 entwickelte Pilatus ein vollständig neues Flugzeug als Nachfolge des PC-7/9 (siehe Ausgabe 2008). Die Besonderheit des integrierten, flexiblen PC-21-Trainingssystems besteht darin, dass man das ganze Spektrum vom Anfangstraining bis hin zur Fortgeschrittenenschulung mit einem einzigen Muster abdeckt. Die Einsatz-Software wird so programmiert, dass verschiedene Kategorien von Flugzeugtypen realistisch dargestellt und geübt werden können. Jedes Cockpit mit drei EFIS-Hauptbildschirmen ist voll digitalisiert und NVG-kompatibel. Im vorderen Cockpit ist ein HUD installiert. Die Systemeingaben erfolgen u.a. über das HOTAS. Gegenüber des PC-9 unterscheidet sich der PC-21 nebst neuer Flugzeugstruktur durch ein leistungsstärkeres Triebwerk mit elektronischer Leistungsregelung, Fünfblattpropeller, Hochleistungs-Pfeilflügel mit Spoilern, Druckkabine mit automatischer Klimaanlage und Anti-g-System. Eingebaut ist auch das neueste Modell des Mk.16L-Schleudersitzes von Martin Baker mit Zero-Zero-Ausschussleistung.
Hersteller: Pilatus Flugzeugwerke AG, Stans, Schweiz.

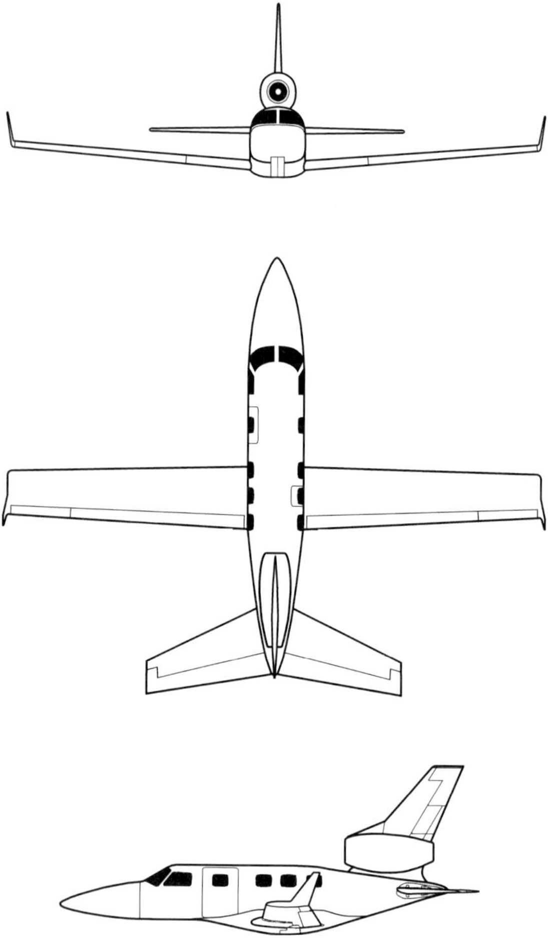

Abmessungen:
Spannweite 13,50 m
Länge 10,30 m
Höhe 4,82 m

PIPER PA-47 PIPERJET

Ursprungsland: USA.
Kategorie: Taxi- und Firmenflugzeug.
Triebwerke: Ein Mantelstromtriebwerk Williams International FJ44-3AP von 1129 kp (11,07 kN) Standschub.
Leistungen (nach Angaben des Herstellers): Max. Reisegeschwindigkeit 666 km/h; Dienstgipfelhöhe 10668 m; Reichweite maximal 2410 km.
Gewichte: Max. Startgewicht 3290 kg.
Zuladung: Pilot und fünf Passagiere und Toilette. Bei Verzicht auf letztere können einschließlich des Piloten sieben Personen mitgeführt werden; Nutzlast bei vollen Tanks 360 kg.
Entwicklungsstand: Ein Erprobungsträger flog erstmals am 30. Juli 2008. Ein zweiter folgt 2010. Nicht zuletzt aus wirtschaftlichen Gründen wird die Auslieferung an Kunden erst Mitte 2013 aufgenommen. Gemäß Piper sind bereits über 200 Einheiten bestellt worden.
Bemerkungen: Mit der PiperJet versucht dieser Hersteller ebenfalls mit einem Muster im mittlerweile umfangreichen Angebot von VLJ (**V**ery **L**ight **J**ets) zu reussieren. Das besondere Unterscheidungsmerkmal zu Mitbewerbern in dieser Klasse ist die Anordnung des Triebwerks in der Wurzel des Seitenleitwerks. Um eine möglichst gute Aerodynamik zu erreichen, wurde eine neuartige Verbindungstechnik für die Aluminiumkomponenten eingeführt. Der leicht gepfeilte Flügel ist auf gute Gleitwerte ausgelegt. Die Kabine stammt weitgehend vom propellergetriebenen Muster Piper Meridian (siehe Ausgabe 2005) ab. Der Hersteller gibt einen Kaufpreis für Erstbesteller von US$ 2,2 Mio. an. Aus der PiperJet soll eine ganze Familie von kleinen Firmenjets abgeleitet werden. Als nächstes ist eine größere Ausführung vorgesehen.
Hersteller: Piper Aircraft Inc., Vero Beach, Florida, USA.

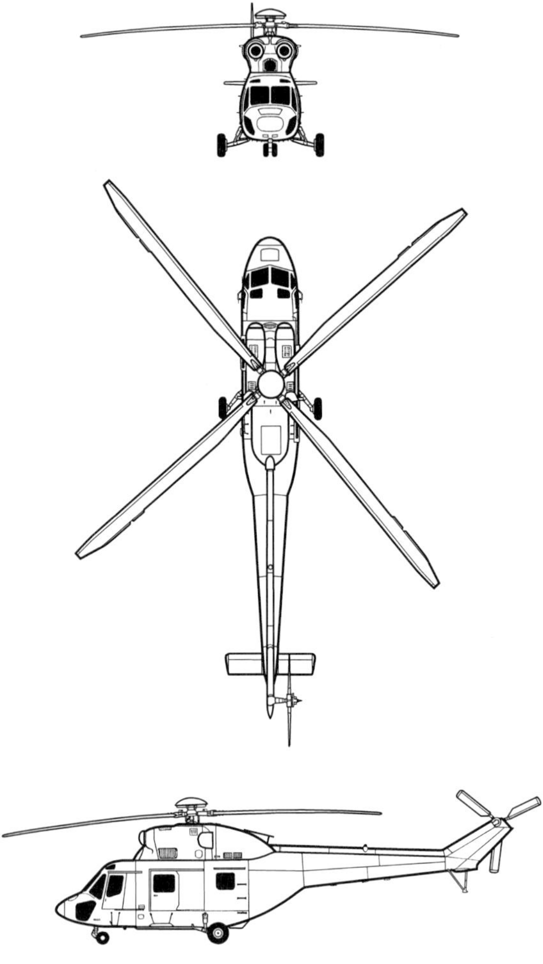

Abmessungen:
Rotordurchmesser 15,70 m
Rumpflänge 14,21 m
Höhe inkl. Rotorkopf 4,20 m

PZL SWIDNIK W-3 SOKOL

Ursprungsland: Polen.
Kategorie: Mittelschwerer Transport- und Mehrzweckhubschrauber.
Triebwerke: Zwei Gasturbinen WSK-PZL Rzeszow TWD-10W von je 888 WPS (662 kW) Leistung.
Leistungen: Höchstgeschwindigkeit 260 km/h; max. Reisegeschwindigkeit 235 km/h; ökonom. Reisegeschwindigkeit 220 km/h; max. Steigleistung 11,2 m/Sek; Dienstgipfelhöhe 6000 m; Schwebehöhe mit Bodeneffekt 3000 m, ohne Bodeneffekt 2100 m; Reichweite mit Standard-Treibstoffzuladung und 5 % Reserven 760 km, mit Zusatztanks 1240 km.
Gewichte: Leer 3850 kg; max. Startgewicht 6400 kg.
Zuladung: Zwei Piloten und bis zu 12 Passagiere, vier liegende Patienten plus Pfleger oder 2100 kg Fracht intern oder extern.
Bewaffnung (W-3W Huzar): Eine doppelläufige GSh-23-mm-Kanone seitlich am Rumpf sowie an vier Pylonen beispielsweise Luft-Luft-Lenkwaffen Gad, Behälter für 16 ungelenkte 57-mm-Raketen oder Panzerabwehrlenkwaffen AT-6 Spiral.
Entwicklungsstand: Der Erstflug erfolgte am 16. November 1979. Die Zulassung wurde am 10. April 1990 erteilt. PZL hat bisher über 400 W-3 der verschiedenen Versionen hergestellt. Nebst den Luftwaffen von Irak, Myanmar, Tschechien und Vietnam setzen eine große Zahl paramilitärische und zivile Stellen die W-3 ein. In Polen sind viele bei Luftwaffe, Marine, Zivilschutz und mehreren zivilen Betreibern im Einsatz. Die Produktion läuft in geringen Stückzahlen weiter. Neu hat die philippinische Luftwaffe acht Sokol bestellt.
Bemerkungen: Mittlerweile gibt es mehrere Versionen u.a. Standardtransporter W-3A und W-3RM, W-3SP Anakonda für SAR-Aufgaben, W-3W Huzar für Kampfzoneneinsätze. Als neueste Ausführung fliegt seit 2003 die Version W-3A2 mit neuem Vierachsen-Autopiloten. Der Hersteller hat 2009 angekündigt, eine neue Ausführung zu lancieren. Neu sind die Triebwerke LHTEC T-800 oder Turboméca Ardiden und ein Fünfblatthaupt- und Vierblatt-Heckrotor. Zudem ist ein Glas-Cockpit mit offener Architektur vorgesehen. Die Flugleistungen sollen sich stark verbessern, das Abfluggewicht auf 7400 kg steigen. Die maximale Nutzlast erhöht sich auf 2700 kg.
Hersteller: PZL-Swidnik, Swidnik, Polen (Tochtergesellschaft von AgustaWestland Ltd.).

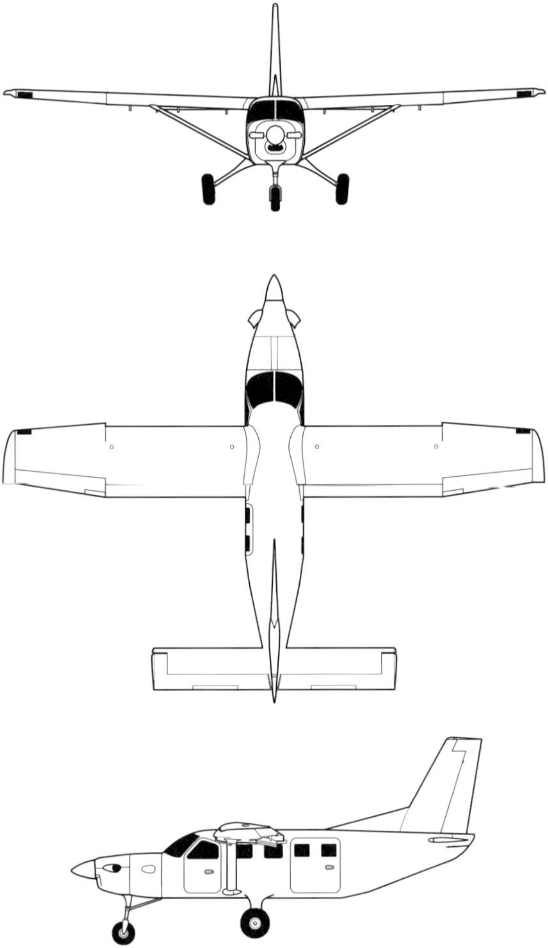

Abmessungen:
Spannweite 13,72 m
Länge 10,16 m
Höhe 4,67 m
Flügelfläche 22,31 m²

QUEST AIRCRAFT KODIAK

Ursprungsland: USA.
Kategorie: Einmotoriges STOL-Mehrzweckflugzeug.
Triebwerke: Eine Propellerturbine Pratt & Whitney Canada PT6A-34 von 750 WPS (559,30 kW) Leistung.
Leistungen: Max. Reisegeschwindigkeit 350 km/h; Anfangssteiggeschwindigkeit 8,7 m/Sek; Dienstgipfelhöhe 7710 m; max. Reichweite 1990 km, max. Flugdauer 5,8 Std.
Gewichte: Leergewicht 1576 kg; max. Startgewicht 3060 kg.
Zuladung: Pilot und zehn Passagiere, max. Nutzlast 1400 kg.
Entwicklungsstand: Der Prototyp fliegt seit Oktober 2004. Nach Erhalt der Zulassung im Juli 2007 begannen die Auslieferungen an Kunden im Dezember 2007. Über 100 Maschinen sind mittlerweile bestellt und rund 30 davon bisher gebaut worden. Mittlerweile werden monatlich drei Maschinen hergestellt.
Bemerkungen: Die Kodiak wurde primär als sehr robustes und kostengünstiges Arbeitsflugzeug für Entwicklungsländer konzipiert. Sie ist in der Lage, auf kurzen und unvorbereiteten Flächen zu starten und zu landen. Bei der Entwicklung wirkten diverse karitative US-Organisationen mit, welche dieses Muster für Missionseinsätze verwenden wollen und sich an den Entwicklungskosten beteiligten. Bisher sind diese Organisationen die Hauptabnehmer der Kodiak. Drei Ausführungen sind erhältlich: Die Tundra mit einer hochdichten Bestuhlung für zehn Passagiere, die Timberline mit größerer Reichweite hauptsächlich für Business- und Freizeiteinsätze und die Summit mit einer achtplätzigen VIP-Inneneinrichtung. Auch eine Variante mit Schwimmern ist vorgesehen. Ausgerüstet mit einer Garmin G1000-Avionik kostet die Kodiak aktuell US$ 1,3 Mio.
Hersteller: Quest Aircraft Company, Sandpoint, Idaho, USA.

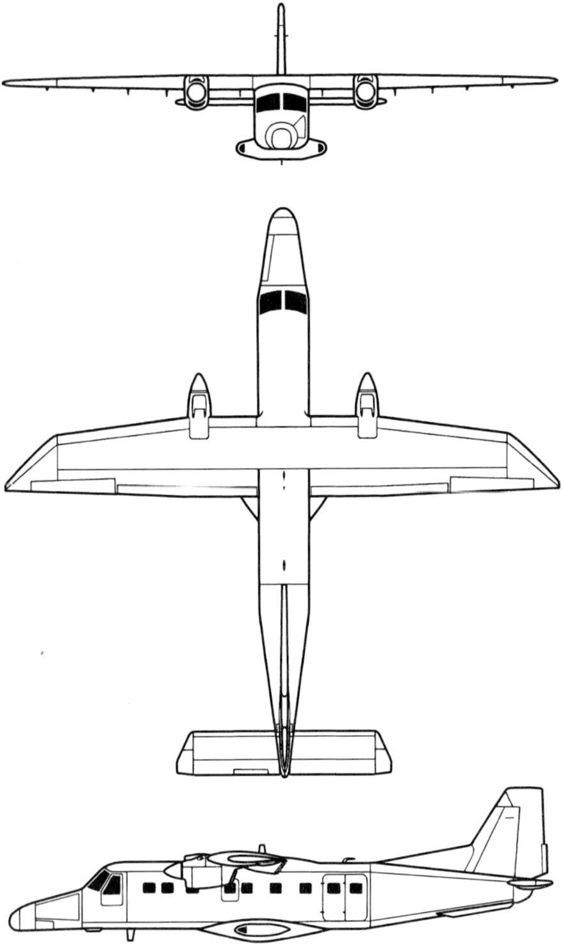

Abmessungen:
Spannweite 16,97 m
Länge 16,55 m
Höhe 4,86 m
Flügelfläche 32,00 m^2

RUAG (DORNIER) DO-228-212 NEW GENERATION

Ursprungsland: Deutschland, Indien und Schweiz.
Kategorie: Regionalverkehrsflugzeug, Mehrzwecktransporter und Marine-Patrouillenflugzeug.
Triebwerke: Zwei Propellerturbinen Garrett (Honeywell) TPE 331-10 von je 775 WPS (580 kW) Leistung.
Leistungen (Do-228-212): Max. Reisegeschwindigkeit 428 km/h auf 3050 m bzw. 370 km/h auf Meereshöhe, (New Generation) 435 km/h, Dauer-Reisegeschwindigkeit 333 km/h; max. Schrägsteiggeschwindigkeit 9,1 m/Sek; Dienstgipfelhöhe 9000 m; Reichweite mit 19 Passagiere inkl. Reserven 1000 km.
Gewichte (Do-228-212): Leergewicht 3742 kg; max. Startgewicht 6400 kg, mit Überlast 6600 kg.
Zuladung: Zwei Mann Cockpitbesatzung und je nach Innenausstattung bis zu 19 Passagiere, als Frachter max. Nutzlast 2200 kg.
Entwicklungsstand: Der Prototyp der Do 228-100 flog erstmals am 29. März 1981. Bis zur Produktionseinstellung 1998 wurden über 200 Einheiten der verschiedenen Ausführungen gebaut. In Indien produziert HAL diesen Typ weiterhin in geringen jährlichen Stückzahlen. Das Erprobungsmuster der Neuauflage Do 228-212 New Generation fliegt seit September 2008, das erste der Serie entsprechende Muster folgte am 5. November 2009. Bisher liegen Bestellungen für sechs Einheiten vor. Mit den Ablieferungen wird im Laufe von 2010 begonnen.
Bemerkungen: Die ursprünglich von Dornier entwickelte Do 228 war als robustes, einfaches und kostengünstiges Arbeitsflugzeug bekannt. Der rechteckige Rumpfdurchmesser ließ sich sehr gut beladen. Dafür musste auf die Druckkabine verzichtet werden. Bekannt wurde dieser Typ auch durch den für damalige Verhältnisse sehr aerodynamischen Flügel mit superkritischer Auslegung. Unter der Verantwortung der schweizerischen RUAG wird nun eine überarbeitete Fassung neu aufgelegt. In wesentlichen Teilen gleich wie das Ursprungsmuster, fällt die neue Ausführung u.a. durch leistungsfähigere Fünfblatt-Propeller und aerodynamisch leicht verbesserte Flügel auf. Dies führt zu gewissen Leistungssteigerungen und zu geringerer Lärmentwicklung. Weiter wird ein neues Cockpit heutiger Technologie eingebaut. Wesentliche Teile des neuen Musters werden in Indien durch HAL hergestellt, die Endmontage erfolgt in Deutschland.
Hersteller: RUAG Aerospace Ltd., Emmen, Schweiz; Werk Oberpfaffenhofen/Wessling, Bayern, Deutschland.

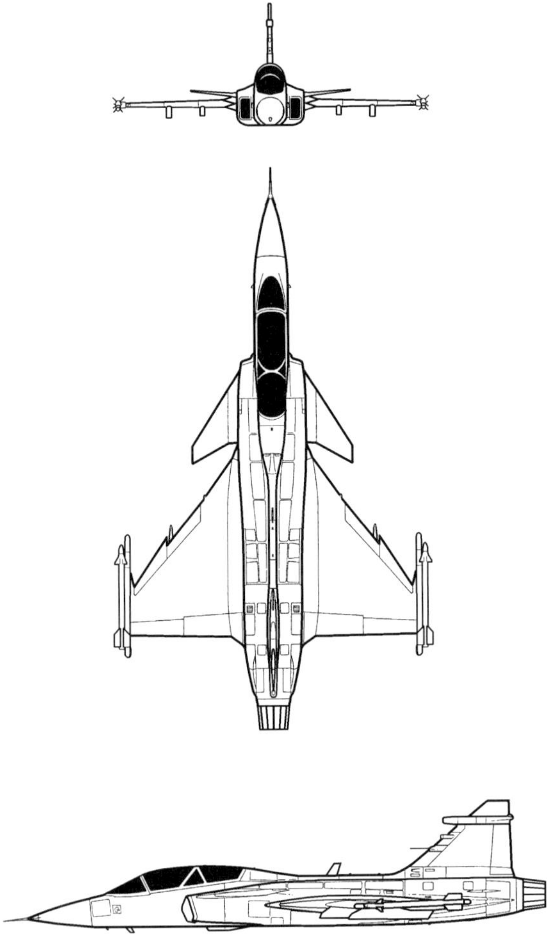

Abmessungen:
Spannweite 8,40 m
Länge (Einsitzer) 14,10 m, (Doppelsitzer) 14,80 m
Höhe 4,50 m
Flügelfläche 30 m²

SAAB JAS 39 NEW GRIPEN

Ursprungsland: Schweden.
Kategorie: Ein- oder zweisitziger Mehrzweckjäger.
Triebwerke: Ein Mantelstromtriebwerk General Electric F414G von 6470 kp (63,40 kN) ohne und 9978 kp (98,00 kN) mit Nachbrenner.
Leistungen (JAS 39C/D): Höchstgeschwindigkeit auf Meereshöhe 1470 km/h (Mach 1,2) bzw. Mach 2,0 auf 11000 m; Dienstgipfelhöhe 18000 m; Einsatzradius als Abfangjäger mit zwei Rb24 Sidewinder und Rb72 Sky Flash 800 km; Überführungsreichweite 3000 km.
Gewichte: Max. Startgewicht 16000 kg.
Bewaffnung: Eine 27-mm-Kanone Mauser BK27. Sechs Flügelstationen (inkl. zwei an den Flügelspitzen) für bis zu vier Luft-Luft-Lenkwaffen AIM-120 AMRAAM bzw. Rb72 Sky Flash und zwei Rb24 Sidewinder. Unter dem Rumpf befinden sich weitere zwei Waffenstationen; max. Waffenlast 5200 kg.
Entwicklungsstand: Die neueste Ausführung New Gripen nahm die Flugerprobung am 27. Mai 2008 auf. Ob dieses Muster als Gripen Next Generation in Serie geht, hängt von allfälligen Bestellungen ab. Die Ursprungsausführung JAS 39 flog erstmals am 9. Dezember 1988. Von den Varianten A, B, C und D wurden bisher bestellt und weitgehend bereits gebaut: Schwedische Luftwaffe 146 (alle Versionen), Südafrika 19 JAS39C, 9 JAS 39D, Ungarn 12 JAS 39C, 2 JAS 39D, Tschechien 12 JAS 39C, 2 JAS 39D und neu Thailand 6 (+ 6 Optionen) JAS 39C/D.
Bemerkungen: Mit der New Gripen lancierte Saab eine deutlich verbesserte Variante, welche u.a. auch als Konkurrenzmuster zur Lockheed Martin F-35A (siehe Seiten 222/223) gedacht ist. Das stärkere Triebwerk erlaubt die Verbesserung der meisten Leistungsparameter. So besitzt diese Version Supercruise-Fähigkeiten. Die erhöhte Nutzlast erlaubt das Mitführen von 1000 kg mehr Waffen. Zwei zusätzliche Aufhängepunkte unter dem Rumpf sind vorhanden. Erhöht wurde auch die Tankkapazität um 1400 l. Das verstärkte Hauptfahrwerk wurde neu unter den Flügeln positioniert und weist eine breitere Spur auf. Schließlich besitzt die New Gripen eine AESA-Radarantenne von Thales und die ganze Avionik ist nun modular aufgebaut.
Hersteller: Saab-Scania Aktiebolag, Linköping, Schweden.

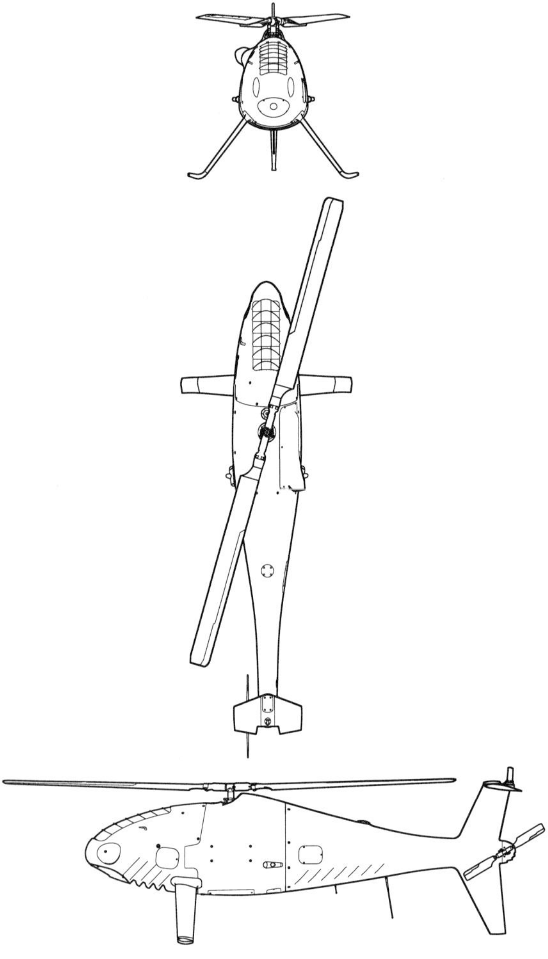

Abmessungen:
Rotordurchmesser 3,40 m
Rumpflänge 3,11 m
Höhe 1,12 m

SCHIEBEL CAMCOPTER S-100

Ursprungsland: Österreich.
Kategorie: Unbemannter Hubschrauber für Überwachungs-, Aufklärungs-, Kommunikations- und Leitungsaufgaben aller Art.
Triebwerke: Ein Rotax-Triebwerk Diamond von 55 PS (41 kW) Leistung.
Leistungen: Höchstgeschwindigkeit 220 km/h; übliche Einsatzgeschwindigkeit 100 km/h; typischer Einsatzradius zwischen 80 und 180 km von der Basis entfernt; Flugdauer mehr als 6 Std. mit einer Nutzlast von 34 kg.
Gewichte: Leergewicht 110 kg; max. Startgewicht 200 kg.
Zuladung: Diverse Nutzlasten wie beispielsweise Überwachungskameras, Sensoren zur Entdeckung von Minen, Geräte zur Feuerleitung der Artillerie usw. bis zu einer Nutzlast von 50 kg.
Entwicklungsstand: Die Flugerprobung der S-100 begann 2004. Sie erhielt die Zulassung Mitte 2007. Der erste Auftrag ging von den UAE für 40 Systeme (+ 40 Optionen) ein. Die deutsche Bundesmarine hat eine erste Tranche von 6 Camcopters zur Stationierung auf den neuen Korvetten der »Braunschweig-Klasse« bestellt. Auch das deutsche Bundesheer beabsichtigt die Beschaffung einer landgestützten Version. Mit weiteren drei Auftraggebern zusammen sollen bisher über 200 Einheiten bestellt worden sein.
Bemerkungen: Zwischen 2003 und 2005 entwickelte die österreichische Firma Schiebel die Camcopter, um eine Vielzahl von militärischen und zivilen Aufgaben durchführen zu können. Ursprünglich als fliegende stabilisierte Kameraplattform gedacht, wurde daraus die heutige S-100 entwickelt, welche wie ein Hubschrauber startet und landet und völlig autonom operieren kann. Das Einsatzprofil wird vor dem Flug programmiert, es braucht daher keine Steuerung durch einen Piloten vom Boden aus. Die vollautomatische Navigation erfolgt via INS (**I**nertial **N**avigation **S**ystem) und GPS. Ein Systemoperateur kann aber jederzeit die manuelle Bedienung übernehmen. Je nach Aufgabe führt die Camcopter unterschiedliche Systeme mit. Im Vordergrund stehen dabei Geräte für Aufklärungs- und Überwachungsaufgaben, z.B. auch zum Monitoring des Straßenverkehrs. Die ganze Struktur besteht zur Gewichtsersparnis aus Kohlefaserstoffen.
Hersteller: Schiebel Elektronische Geräte GmbH, Wien, Österreich.

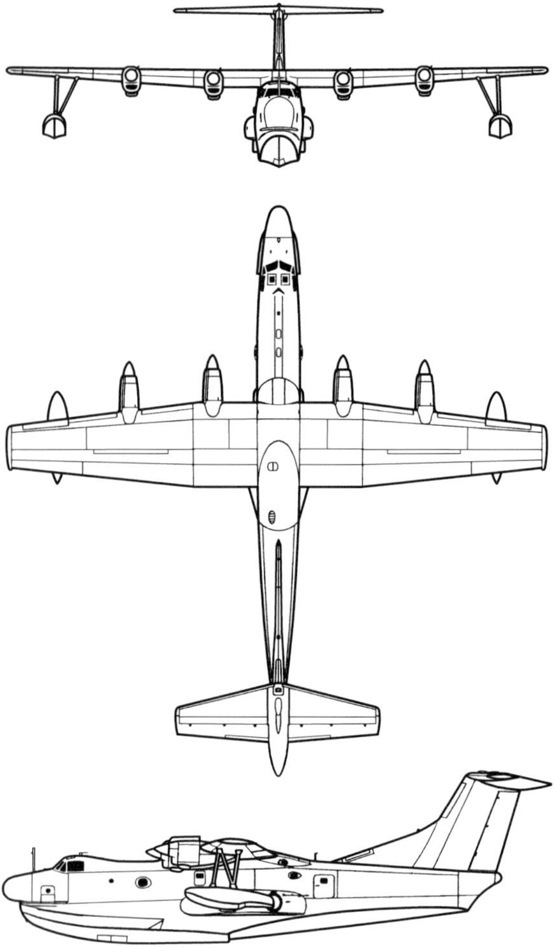

Abmessungen:
Spannweite 33,15 m
Länge 33,46 m
Höhe 9,80 m
Flügelfläche 135,82 m^2

SHIN MAYWA US-2 KAI

Ursprungsland: Japan.
Kategorie: Amphibisches SAR-Flugzeug für Langstrecken.
Triebwerke: Vier Propellerturbinen Rolls-Royce AE2100J von je 4500 WPS (3356 kW) Leistung.
Leistungen: Höchstgeschwindigkeit 555 km/h; Reisegeschwindigkeit 425 km/h; Dienstgipfelhöhe 7195 m; Reichweite ab Landflughafen 3815 km.
Gewichte: Rüstgewicht 25630 kg; max. Startgewicht ab Wasser 43000 kg, ab Land 45000 kg.
Zuladung: Zwei Piloten und 20 Passagiere oder 12 Tragen.
Entwicklungsstand: Der erste von zwei Prototypen dieser Weiterentwicklung der ursprünglichen US-1 nahm am 18. Dezember 2003 die Flugerprobung auf, der zweite folgte Mitte 2004. Die japanische Marine sieht vor, 14 US-2 zu beschaffen. Sieben Serienmaschinen sind mittlerweile bestellt, die erste wurde im Februar 2009 abgeliefert. Von der bisherigen Such- und Rettungsversion US-1 sind 19 gebaut worden und noch etwa 6 Einheiten befinden sich im Einsatz.
Bemerkungen: Nachdem die US-1 seit vielen Jahren im Dienst ist, soll die verbesserte Ausführung US-2 (früher als US-1A bezeichnet) die Nachfolge antreten. In wesentlichen Teilen handelt es sich dabei um eine Neukonstruktion. So werden die T64-Triebwerke von General Electric durch die leistungsfähigeren von Rolls-Royce ersetzt, die mit sechsblättrigen Propellern aus Verbundwerkstoffen verbunden sind. Damit erzielt die US-2 KAI deutlich bessere Flugleistungen im gesamten Spektrum. Die Startstrecke ab dem Wasser soll sich beispielsweise um 50 % verkürzen lassen. Um diese Werte zu erreichen, ist zusätzlich ein Triebwerk Rolls Royce Honeywell CTS800-4K eingebaut, welches für die Reduktion von Luftwirbeln Teile der Flügel anbläst. Das Triebwerk-Management übernimmt ein FADEC-System. Die Flügel werden durch solche weitgehend aus Verbundwerkstoffen ersetzt, der Rumpf ist in einzelnen Teilen druckbelüftet. Neu sind ebenfalls das Cockpit mit Flachbildschirmen und die gesamte Avionik. Die US-2 erhält auch ein neues Suchradar Ocean Master von Thales. Shin Maywa versucht, eine zivile Version als Lösch- oder Passagierflugzeug zu vermarkten. Erstere hätte eine Wasserkapazität von 12000 l.
Hersteller: Shin Maywa Industries Ltd., Werk Konan, Chiyoda-ku, Tokyo, Japan.

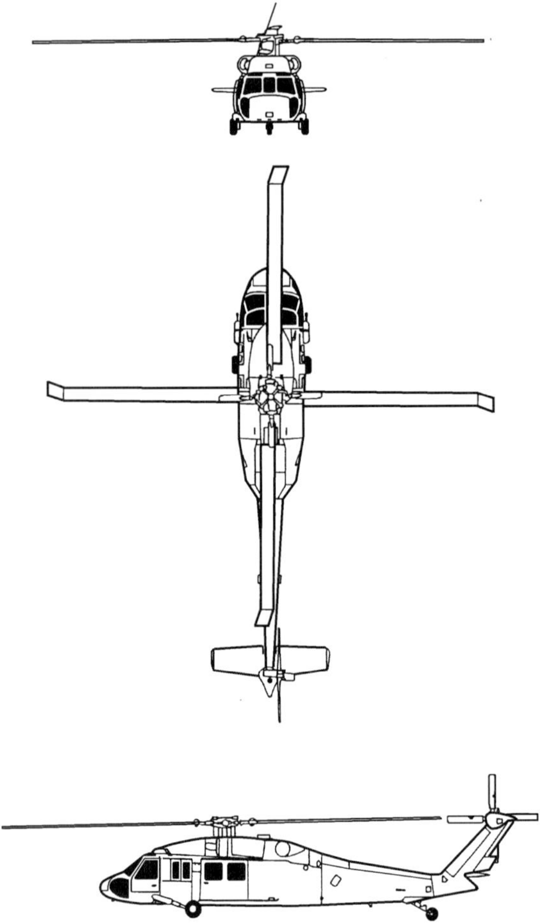

Abmessungen:
Rotordurchmesser 16,36 m
Rumpflänge 15,26 m
Höhe inkl. Rotormast 3,76 m

SIKORSKY UH-60M BLACKHAWK

Ursprungsland: USA.
Kategorie: Taktischer Transporthubschrauber.
Triebwerke: Zwei Gasturbinen General Electric T700-GE-701D von je 2215 WPS (1651 kW) Leistung.
Leistungen: Höchstgeschwindigkeit bei einem Gewicht von 7620 kg 281 km/h; vertikale Steiggeschwindigkeit 5,04 m/Sek; Dienstgipfelhöhe 5837 m; Schwebehöhe ohne Bodeneffekt 3390 m; Reichweite mit 30 Min. Reserven 637 km, mit zwei 870-l-Zusatztanks 1667 km.
Gewichte: Leer 5670 kg; max. Startgewicht mit Außenlasten 10433 kg.
Zuladung: Drei Mann Besatzung und elf voll ausgerüstete Soldaten. Als Transporter bis zu 4100 kg Außenlasten am Frachthaken.
Entwicklungsstand: Die neueste Variante der mittlerweile umfangreichen S-70/H-70-Familie, die UH-60M, flog erstmals am 17. September 2003. Rund 1000 neue Hubschrauber werden für die US Army in jährlichen Tranchen von etwa 80 Maschinen seit 2007 beschafft. Bisher sind Aufträge über 354/444 UH/HH-60M eingegangen, die 100. wurde im März 2009 an die US Army abgeliefert. Neun UH-60M erhält Bahrain, weitere laufen dem US Customs und dem FBI zu. Seit 29. August 2008 fliegt ein Erprobungsmuster UH-60M Upgrade mit u.a. Fly-By-Wire-Steuerungssystem. Bis auf weiteres bleibt auch die UH-60L (siehe Ausgabe 2001) in Produktion. Gegen 3000 Blackhawks sind bisher an 26 militärische oder paramilitärische Organisationen, aber auch vereinzelt an Private in rund 26 Ländern geliefert worden. Neueste (Nach)bestellungen der UH-60L: Brasilien weitere 4, Kolumbien weitere 15, Taiwan 60, Thailand weitere 3.
Bemerkungen: Die UH-60M stellt eine wesentlich weiter entwickelte Ausführung der UH-60L dar. Durch verschiedene Verbesserungen steigt die Lebensdauer der Triebwerke an. Ihre Leistung konnte zudem um 4 % verbessert werden. Weitere Merkmale der UH-60M sind die größere Treibstoffkapazität, breitere Rotorblätter und ein neues Glascockpit. Die Avionik umfasst auch ein GPS sowie einen neuen Autopiloten. Zudem musste die Struktur verstärkt werden. Später kommen vielleicht ein Fly-By-Wire-System und auch neue Triebwerke GE CT7-8C der Leistungsklasse 3000 WPS hinzu. Neu wird eine als S-70i bezeichnete Weiterentwicklung der UH-60L angeboten, die über eine crash-resistentere Kabine verfügt.
Hersteller: Sikorsky Aircraft, Stratford, Connecticut, USA.

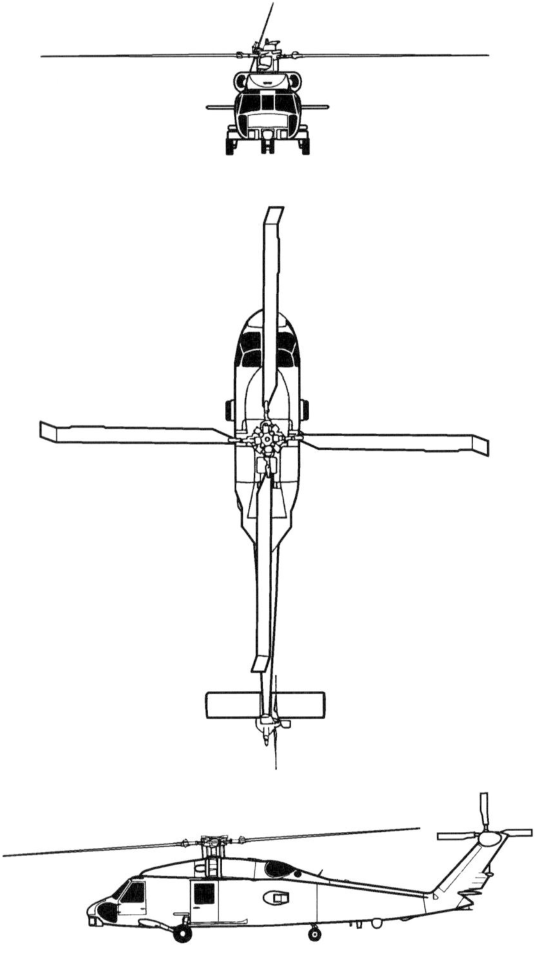

Abmessungen:
Rotordurchmesser 16,36 m
Rumpflänge 15,26 m
Höhe inkl. Rotormast 3,79 m

SIKORSKY MH-60R STRIKEHAWK

Ursprungsland: USA.
Kategorie: Bordgestützter U-Bootjäger- und Mehrzweckhubschrauber.
Triebwerke: Zwei Gasturbinen General Electric T700-GE-401C von je 1900 WPS (1417 kW) Leistung.
Leistungen: Höchstgeschwindigkeit 272 km/h auf Meereshöhe; max. Reisegeschwindigkeit 249 km/h auf 1525 m; Aufenthaltsdauer 3 Std. 50 Min. in 92 km bzw. 45 Min. in 483 km Entfernung vom Stützpunkt.
Gewichte: Leergewicht 6191 kg; max. Startgewicht 10700 kg.
Bewaffnung: Zwei Torpedos Mk.46 oder zwei Antischiffslenkwaffen Penguin sowie AGM-114 Hellfire-Panzerabwehrlenkwaffen und ein 7,62 mm-Maschinengewehr.
Entwicklungsstand: Eine aus einer SH-60B umgebaute MH-60R flog erstmals am 19. Juli 2001, die erste voll ausgerüstete Ausführung am 4. April 2002. 298 sollen durch die US Navy beschafft werden, 283 davon sind bereits bestellt. Die erste Staffel hat im Oktober 2007 die Einsatzfähigkeit erlangt. Von den verschiedenen Versionen der SH/HH-60 wurden rund 520 Einheiten an zehn Marinen oder Küstenwachen geliefert.
Bemerkungen: Während die Grundstruktur der MH-60R gegenüber dem Ausgangsmuster in etwa gleich bleibt, stellt sie in vielen Bereichen eine Neukonstruktion dar. So verfügt sie u.a. über ein EFIS-Glascockpit, APS-147-Mehrzweckradar, AQS-22-Sonar, Akustik-Prozessor. FLIR-Sensor und ECM-Ausrüstung sind ebenfalls völlig neu. Später sollen neue Triebwerke der 3000 WPS-Klasse (2240 kW) eingebaut werden, welche sowohl die Flugleistungen als auch die Wirtschaftlichkeit verbessern. Die Ausrüstung der MH-60R ermöglicht es, mehrere Aufgaben der früheren SH-60B/SH-60F/HH-60H-Versionen in einem Muster zu vereinen. Die SH-60K (siehe Foto) der japanischen Marine ist eine verbesserte Ausführung der SH-60J mit einer der MH-60R ähnlichen Aufdatierung (bisher 30 bestellt, 14 weitere geplant).
Hersteller: Sikorsky Aircraft, Stratford, Connecticut, USA.

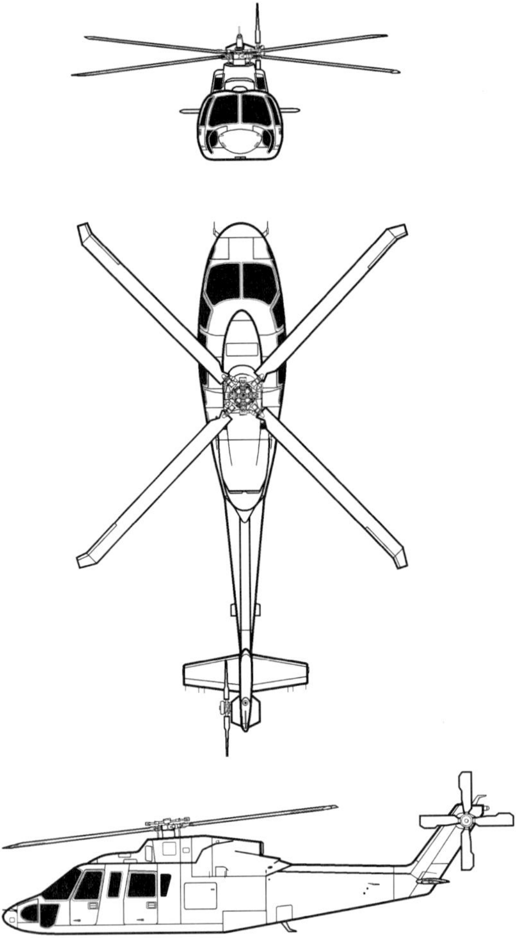

Abmessungen:
Rotordurchmesser 13,41 m
Rumpflänge 13,22 m
Höhe über Heckleitwerk 3,58 m

SIKORSKY S-76D

Ursprungsland: USA.
Kategorie: Ziviler Mehrzweck- und Transporthubschrauber.
Triebwerke: Zwei Gasturbinen Pratt & Whitney PW 210S von je 1050 WPS (783 kW) Leistung.
Leistungen: Höchstgeschwindigkeit 287 km/h auf Meereshöhe; Dienstgipfelhöhe 4572 m; Schwebehöhe mit Bodeneffekt 2957 bzw. ohne Bodeneffekt 1524 m; Reichweite mit normaler Treibstoffzuladung und 30 Min. Reserven 639 km, ohne Reserven 818 km.
Gewichte: Max. Startgewicht 5306 kg.
Zuladung: Ein bis zwei Piloten und normal sechs, maximal 12 Passagiere; max. Nutzlast (Utility/Executive, S-76C++) 2129/1571 kg.
Entwicklungsstand: Der Prototyp der S-76D hob erstmals am 7. Februar 2009 ab, ein zweiter folgte im Oktober des gleichen Jahres. Mit den Auslieferungen soll im Laufe 2011 begonnen werden. Bisher sind Bestellungen für 100 Exemplare (+ Optionen) bekannt gegeben worden. Von allen Versionen baute der Hersteller bisher rund 700 Einheiten. Die S-76C++ (siehe Ausgabe 2009) wird parallel zur S-76D weiterhin hergestellt.
Bemerkungen: Die derzeit neueste Ausführung S-76D ist mit leistungsfähigeren und verbrauchsgünstigeren Triebwerken ausgestattet. Besonders in heißen und hochgelegenen Regionen kann sie wesentlich größere Nutzlasten mitführen. Zudem verfügt sie über vibrationsärmere Rotorblätter aus Verbundwerkstoffen. Neu ist auch die TopDeck-Avionik von Thales. Wegen der umfangreicheren Ausrüstung musste auch das elektrische System verstärkt werden. Mit der S-76D zielt der Hersteller primär auf den VIP-Hubschraubermarkt. Diese Version ist mit einer entsprechend komfortablen Inneneinrichtung ausgerüstet. Im Flug soll sie noch vibrations- und geräuschärmer als die Vorgängerversion sein. Der Rumpf und weitere Elemente werden von Aero Vodochody in Tschechien hergestellt.
Hersteller: Sikorsky Aircraft, Stratford, Connecticut, USA.

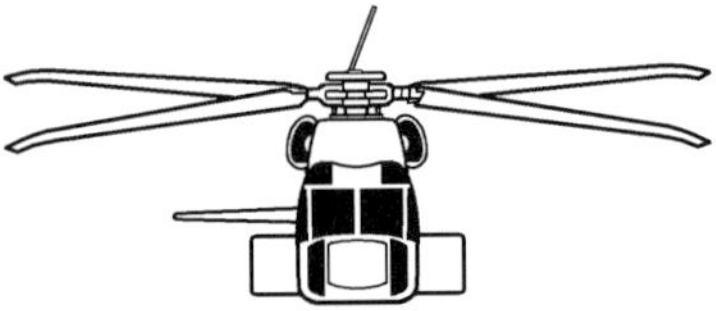

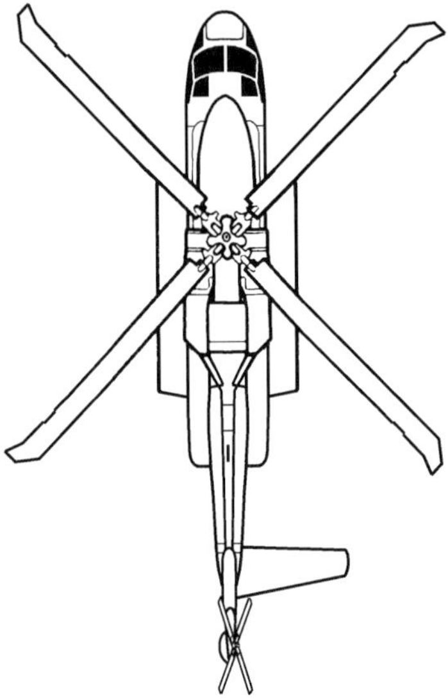

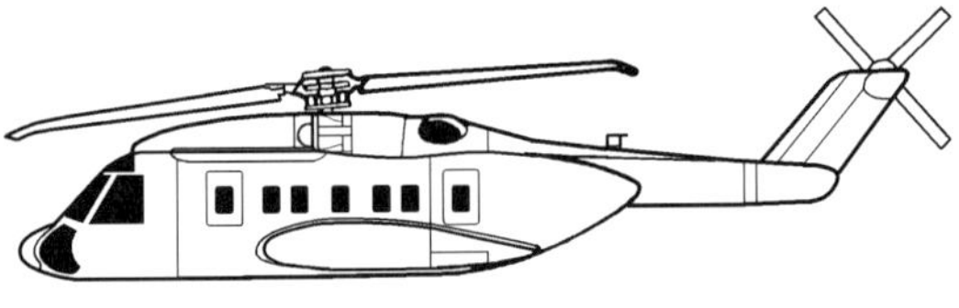

Abmessungen:
Rotordurchmesser 17,17 m
Rumpflänge 17,10 m
Höhe inkl. Rotorkopf 4,71 m

SIKORSKY S-92 HELIBUS/SUPERHAWK

Ursprungsland: USA.
Kategorie: Ziviler und militärischer Mehrzweckhubschrauber.
Triebwerke: Zwei Gasturbinen General Electric CT7-8 von je 2400 WPS (1790 kW) Leistung.
Leistungen: Höchstgeschwindigkeit 305 km/h; max. Reisegeschwindigkeit 280 km/h; normale Reisegeschwindigkeit 254 km/h; Dienstgipfelhöhe 4570 m; Schwebehöhe mit Bodeneffekt 3261 m, ohne Bodeneffekt 1942 m; Reichweite mit 19 Passagieren ohne Reserven 996 km, max. 1272 km.
Gewichte: Leergewicht 7212 kg; max. Startgewicht mit interner Nutzlast 12150 kg, mit externer Nutzlast 12837 kg.
Zuladung: Zwei Piloten und zwischen 19 und 22 Passagiere; max. externe Nutzlast 4760 kg.
Entwicklungsstand: Das erste von vier Erprobungsexemplaren S-92A startete am 23. Dezember 1998 zum Erstflug. Die Ablieferung an Kunden begann Mitte 2004. Rund 130 Hubschrauber waren Ende 2009 im Einsatz, darunter mehrere als Staatshubschrauber (Bahrain, Guinea, Qatar, Südkorea, Thailand, Türkei, Turkmenistan). 28 Einheiten einer Mehrzweckversion CH-148 Cyclone (Erstflug 15. November 2008) erhält die Marine Kanadas. Taiwan beschafft drei S-92 als Such- und Rettungshubschrauber, die englische Küstenwache vier. Die bisher größten Besteller sind CHC Helicopters mit 30 und Bristow mit 18 Einheiten. Der neueste Auftrag ging von der japanischen National Police Agency ein.
Bemerkungen: Während der Rumpf eine völlige Neukonstruktion darstellt, sind die meisten dynamischen Komponenten (Haupt- und Heckrotor, Rotorkopf) von der S-70 übernommen. Die geräumige Kabine (Länge 5,67 m, Breite 2,00 m, Höhe 1,83 m) bietet einen Komfort wie ein Linienflugzeug, so z. B. bezüglich Lärm und Vibration. Das Fahrwerk ist einziehbar. Zum besseren Beladen ist eine Heckladerampe vorhanden. Nebst der heute üblichen Elektronik verfügt die S-92 über die Besonderheit eines digitalen Flugkontrollsystems (AFCS), das den Hubschrauber auch im Schwebeflug automatisch steuert. Als Avionik gelangt die Collins Pro Line 21 zum Einbau. Die S-92 soll dank verschiedener Kits für eine Vielfalt von Aufgaben einsetzbar sein, u.a. Offshore-Einsätze, SAR-, ASW-Aufgaben sowie für VIP- und Commuterflüge.
Hersteller: Sikorsky Aircraft, Stratford, Connecticut, USA.

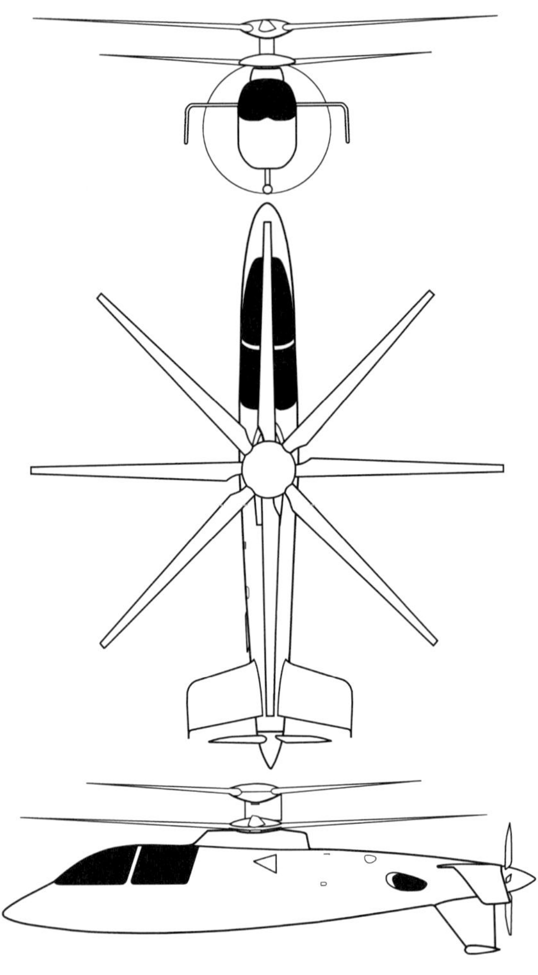

Abmessungen:
Noch keine Angaben erhältich.

Sikorsky X-2/X-2 LHT

Ursprungsland: USA.
Kategorie (X-2): Zweisitziger Technologieträger, (X-2 LHT) Erprobungsträger für einen taktischen Hubschrauber.
Triebwerke (X-2): Eine Gasturbine Honeywell LHTEC T800-801 von rund 1600 WPS (1200 kW) Leistung.
Leistungen (X-2, nach Angaben des Herstellers): Höchstgeschwindigkeit 465 km/h; Reichweite 1300 km.
Gewichte (geschätzt): Max. Startgewicht 3600 kg.
Zuladung: Zwei Mann Besatzung in Tandem-Anordnung.
Entwicklungsstand: Der vorläufig einzige Prototyp startete am 27. August 2008 zum Erstflug. Vorderhand ist ein längeres Erprobungsprogramm vorgesehen, bei dem die Leistungsparameter immer weiter ausgedehnt werden. Ob daraus eine für zivile oder militärische Zwecke abgeleitete Serienmaschine entsteht, ist noch offen. Der Hersteller präsentierte Mitte 2009 eine Attrappe einer Weiterentwicklung X-2 LHT. Derzeit ist nicht klar, ob auf dieser Basis ein Prototyp gebaut wird.
Bemerkungen: 2005 kündigte Sikorsky den Programmstart für den Erprobungsträger neuer Technologien X-2 an. Hervorstechendes Merkmal ist der Koaxialantrieb, also zwei gegenläufig drehende Hauptrotoren verbunden mit einem Schubpropeller. Bereits früher hat Sikorsky dieses Prinzip erprobt. Damit will man die Vorteile des Hubschraubers mit denen eines Flächenflugzeuges verbinden, ohne auf das Prinzip des Schwenkrotors greifen zu müssen. Für Hub und Vortrieb genügt ein einziges Triebwerk, was die Komplexität des Prinzips erheblich reduziert. Die gesamte Steuerung nach Fly-By-Wire-Prinzip ist völlig neu entwickelt. Ein Aktivsystem soll die bei Hubschraubern bekannten Vibrationen weitgehend eliminieren. Mit der X-2 LHT präsentiert Sikorsky eine konkrete Anwendungsmöglichkeit des X-2-Konzepts. Als leichter Kampfhubschrauber wäre er für Abwehr- und Spezialaufgaben geeignet.
Hersteller: Sikorsky Aircraft, Werk Schweizer Elmira, New York, Stratford, Connecticut, USA.

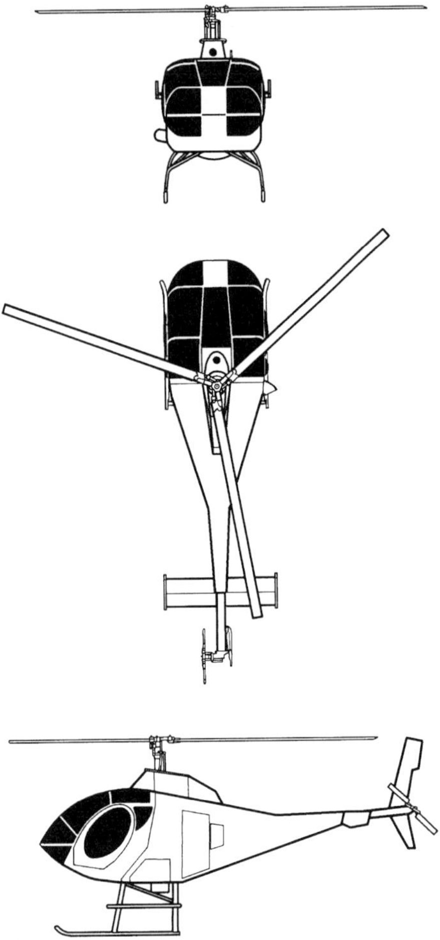

Abmessungen:
Rotordurchmesser 8,39 m
Rumpflänge bei drehendem Rotor 9,51 m
Höhe inkl. Rotormast 3,34 m

SIKORSKY S-333/S-434

Ursprungsland: USA.
Kategorie: Leichter Trainings- und Mehrzweckhubschrauber.
Triebwerke: Eine Gasturbine Rolls-Royce Allison 250-C20W von 320 WPS (238 kW) Leistung.
Leistungen: Höchstgeschwindigkeit 222 km/h; normale Reisegeschwindigkeit 194 km/h; Schwebehöhe mit Bodeneffekt 3993 m, ohne Bodeneffekt 3810 m; Reichweite rund 500 km, Flugdauer 4,0 Std.
Gewichte: Max. Startgewicht 1315 kg.
Zuladung: Drei, maximal vier Personen einschliesslich des Piloten; max. Nutzlast 590 kg.
Entwicklungsstand: Die neueste und erste unter der neuen Eigentümerschaft von Sikorsky entwickelte Version S-434 nahm die Flugerprobung am 18. Dezember 2008 auf. Mit der Auslieferung soll 2010 begonnen werden. Als Erstbesteller erhält das saudische Militär neun Einheiten. Die noch unter der früheren Gesellschaft Schweizer entwickelte S-333 wird weiterhin in kleinen Stückzahlen produziert und angeboten.
Bemerkungen: Abgeleitet vom Vorgängermodell S-333 (siehe Foto und Dreiseitenriss), weist die 434 wesentlich bessere Leistungen auf. Diese neue Version vereinigt viele der neuesten Konstruktionsmerkmale für leichte Hubschrauber auf sich. Auch wurden Technologien des unbemannten Hubschraubers Northrop Grumman RQ-8 (siehe Seiten 252/253) übernommen. Neu sind das stärkere Triebwerk und statt eines Dreiblatt- nun ein Vierblattrotor. Die Tankkapazität wurde erhöht. S-333 wie auch S-434 zeichnen sich durch ein geräumiges Cockpit mit guter Sicht nach aussen aus. Dank verstärkter Struktur, aufschlagsicheren Treibstofftanks, Kufen mit energieabsorbierenden Teleskop-Dämpfern usw. gelang es, eine erheblich verbesserte »Crash- und Überroll-Tauglichkeit« zu erzielen. Für Trainingsaufgaben kann die S-333 auf Wunsch mit Doppelsteuerung geliefert werden. Im Vergleich zu Konkurrenzmodellen zeichnen sich beide Modelle durch sehr günstige Anschaffungs- und Betriebskosten aus.
Hersteller: Sikorsky Aircraft, Stratford, Connecticut, Werk Elmira, New York, USA.

Abmessungen (Su-30MK):
Spannweite 14,70 m
Länge 21,93 m
Höhe 6,35 m
Flügelfläche 63,20 m²

SUCHOJ SU-30MKK/MKI/MK2

Ursprungsland: Russland.
Kategorie: Zweisitziges Mehrzweckkampfflugzeug.
Triebwerke: Zwei Mantelstromtriebwerke Saturn (Lyulka) AL-31F von je 8100 kp (79,43 kN) Standschub ohne und 12500 kp (122,60 kN) mit Nachbrenner.
Leistungen (Su-30MK): Höchstgeschwindigkeit Mach 2,0 in großer Höhe; 1350 km/h auf Meereshöhe (Mach 1,1); Anfangssteiggeschwindigkeit 330 m/Sek; Dienstgipfelhöhe 17300 m; Einsatzradius im Tiefflug 1270 km, Reichweite in großen Höhen 3000 km, mit einer Flugbetankung 5200 km.
Gewichte (Su-30MKK): Leergewicht 17700 kg; Startgewicht norm. 26090 kg, max. 34500 kg.
Bewaffnung: Eine sechsläufige 30-mm-Revolverkanone und Waffen aller Art bis zu 8000 kg an zwölf Aufhängepunkten.
Entwicklungsstand: Die Mehrzweckversion Su-30M fliegt seit 30. Dezember 1989, gefolgt von der Su-30MKK 1993 und der Su-30MKI am 26. November 2000. Mehr als 200 Su-30MKK bzw. Su-30MK2 beschafft die chinesische Luftwaffe, 24 die Marine. Folgende weitere Luftwaffen setzen diese Version ein: Algerien 28 Su-30MKI, Indien 50 (18 Su-30K, 32 Su-30MKI + 180 MKI im Lizenzbau), Indonesien 12 Su-30MK, Malaysia 18 Su-30MKM, Russland 4 M2, Venezuela 24 Su-30MKV, Vietnam neu 16 Su-30MK2.
Bemerkungen: Die doppelsitzige Ausführung Su-30M ist vorwiegend für Jagdbomber-Einsätze vorgesehen. Entsprechend dem Aufgabenspektrum wurden anstelle des Abfangradars ein neues Kampfelektroniksystem sowie ein Navigationssystem Loran eingebaut. Besonders die Heckpartie wurde überarbeitet und verstärkt. Eine Exportversion heißt Su-30MK und ist ebenfalls mit Vorflügeln und auf Wunsch mit zusätzlicher Vektorsteuerung (Su-30MKI) ausgerüstet. Ein weiterer Unterschied zur Su-30M besteht in der Kampfelektronik. 2002 wurde unter der Bezeichnung Su-30KN eine Weiterentwicklung mit digitalem Cockpit, neuem Missions-Computer und überarbeitetem Waffenkontrollsystem vorgestellt. Ganz neu ist die Su-30MK2, u.a. für die Luftwaffe Chinas. Sie weist verbesserte Erdkampffähigkeiten auf und kann Präzisionswaffen neuester Generation mitführen.
Hersteller: Suchoj Design Bureau/KnAAPO, Werke Komsomolsk-na-Amur und Irkutsk, Moskau, Russland.

Abmessungen:
Spannweite 15,30 m
Länge 21,93 m
Höhe 5,90 m

SUCHOJ SU-35M-1

Ursprungsland: Russland.
Kategorie: Einsitziger Luftüberlegenheits- und Mehrzweckjäger.
Triebwerke: Zwei Mantelstromtriebwerke NPO Saturn 117S mit Schubvektorsteuerung von je 8800 kp (86,27 kN) ohne und 14500 kp (142,97 kN) mit Nachbrenner.
Leistungen: Höchstgeschwindigkeit Mach 2,25 in großer Höhe; 1400 km/h auf Meereshöhe; Anfangssteiggeschwindigkeit 330 m/Sek; Dienstgipfelhöhe 18000 m; Einsatzradius im Tiefflug 1270 km, Reichweite auf Meereshöhe 1580 km, in großen Höhen 3600 km, mit Zusatztanks 4500 km.
Gewichte: Leergewicht 17000 kg; max. Startgewicht 34000 kg, mit Überlast 38800 kg.
Bewaffnung: Eine sechsläufige 30-mm-Revolverkanone und Waffen aller Art bis zu 8000 kg an zwölf Aufhängepunkten.
Entwicklungsstand: Der erste Prototyp nahm die Flugerprobung am 19. Februar 2008 ab, gefolgt vom zweiten am 2. Oktober 2008. Die russische Luftwaffe bestellte 2009 48 Su-35M. Ein Kaufinteresse liegt seitens der VR China vor. Die Einsatzbereitschaft wird für 2011 erwartet.
Bemerkungen: Erste Bemühungen, die einsitzige Su-27 weiterzuentwickeln, gab es bereits Mitte der Neunziger Jahre. Immer wieder wurden weitere Varianten vorgestellt, die aber alle im Prototypstadium stecken blieben. Die neueste als Su-35-1 bezeichnete Ausführung der Generation 4++ besitzt einen überarbeiteten Flügel. Dafür wurde auf die Vorflügel verzichtet. Dank stärkerer Triebwerke mit Schubvektorsteuerung verbessern sich diverse Leistungsparameter. So besitzt die Su-35M-1 Supercruise-Fähigkeiten. Eingebaut wird das derzeit modernste russische Kampfradar Tikhomirov NIIP Irbis-E mit neuester Phased-Array-Funktion (= elektronische Strahlablenkung). Weitere Elektroniksysteme, z.B. zur Suche via Infrarot und zur Verfolgung von Zielen sind vorgesehen. Völlig neu ist das Cockpit mit u.a. sog. HOTAS-Bedienung (**H**ands-**o**n-**t**hrottle-**a**nd-**s**tick). Angesichts des erhöhten Startgewichts wurde das Fahrwerk verstärkt und vorne mit Zwillingsrädern versehen.
Hersteller: Suchoj Design Bureau/KnAAPO, Werk Komsomolsk-na-Amur, Moskau, Russland.

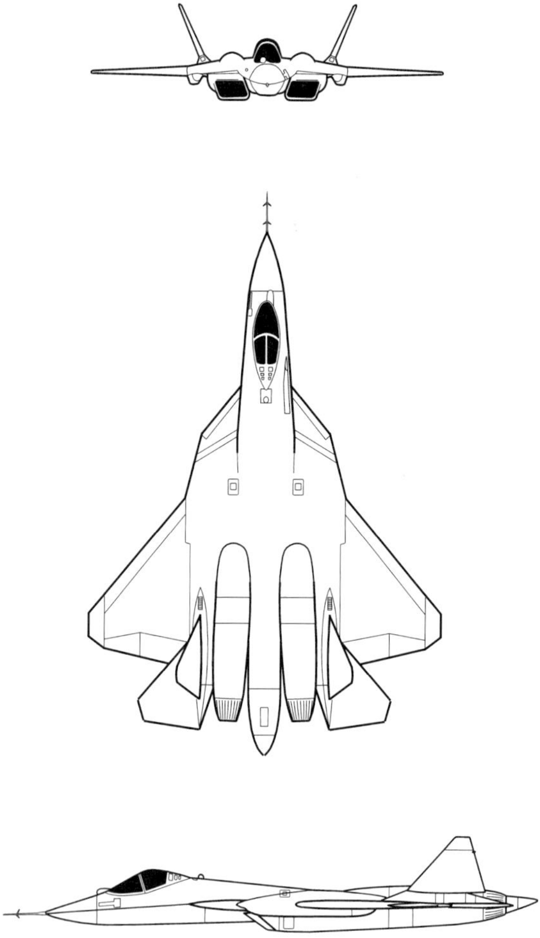

Abmessungen:
Spannweite 14,20 m
Rumpflänge 20,60 m
Höhe 6,05 m
Flügelfläche 78,80 m²

SUCHOJ T-50

Ursprungsland: Russland.
Kategorie: Einsitziger Luftüberlegenheitsjäger der fünften Generation.
Triebwerke (Prototypen): Zwei Mantelstromtriebwerke NPO Saturn 117-S von je 8800 kp (86,27 kN) ohne und je 14600 kp (142,97 kN) mit Nachbrenner und Schub-Vektor-Steuerung.
Leistungen (provisorische Angaben): Höchstgeschwindigkeit 2250 km/h (Mach 2,2); Supercruise-Geschwindigkeit auf optimaler Höhe rund Mach 1,22; Dienstgipfelhöhe 18000 m; Aktionsradius mit normaler Bewaffnung 1200 km; Überführungsreichweite ohne Zusatztanks 5500 km, mit Zusatztanks 7400 km.
Gewichte: Leergewicht 18500 kg; normales Startgewicht 26000 kg, max. 37000 kg.
Bewaffnung: Sechs intern mitgeführte Luft-Luft-Raketen, davon vier des Mittelstreckentyps R-77M sowie zwei Kurzstrecken Luft-Luft-Raketen R-73, R-74 oder R-30. Weiter können TV-, Laser- und Radar-gelenkte Luft-Boden-Waffen bis zu einem Gewicht von rund 7500 kg geladen werden.
Entwicklungsstand: Bereits 2002 wurden erste Pläne für einen neuen Luftüberlegenheitsjäger T-50 bekannt. Am 29. Januar 2010 hat nun der erste von voraussichtlich drei Prototypen die Flugerprobung aufgenommen. Die Indienststellung ist für 2013 geplant.
Bemerkungen: Große Teile der russischen Luftwaffe sind veraltet. Nicht zuletzt aus Geldmangel mussten in den letzten Jahren immer wieder neue Projekte bereits in einem frühen Entwicklungsstand aufgegeben werden. Was das Projekt eines mit der F/A-22 Raptor vergleichbaren Kampfflugzeuges angeht, ist Russland fest entschlossen, dieses Vorhaben bis zur Serienfertigung durchzuziehen. Wie bei allen neuen Konstruktionen von Kampfflugzeugen wird die T-50 über gute Stealth-Eigenschaften verfügen. Eine weitere Neuerung für russische Modelle ist die Fähigkeit, ohne Nachbrenner recht hohe Überschallgeschwindigkeit zu erreichen. Konkrete Informationen über Auslegung, Materialverwendung und Elektronik sind noch nicht im Detail bekannt. Man kann davon ausgehen, dass die T-50 alle einem Muster der sog. fünften Generation entsprechenden Konstruktionsmerkmale und Systeme aufweist.
Hersteller: Suchoj Design Bureau/KnAAPO, Moskau, Werk Komsomolsk am Amur, Russland.

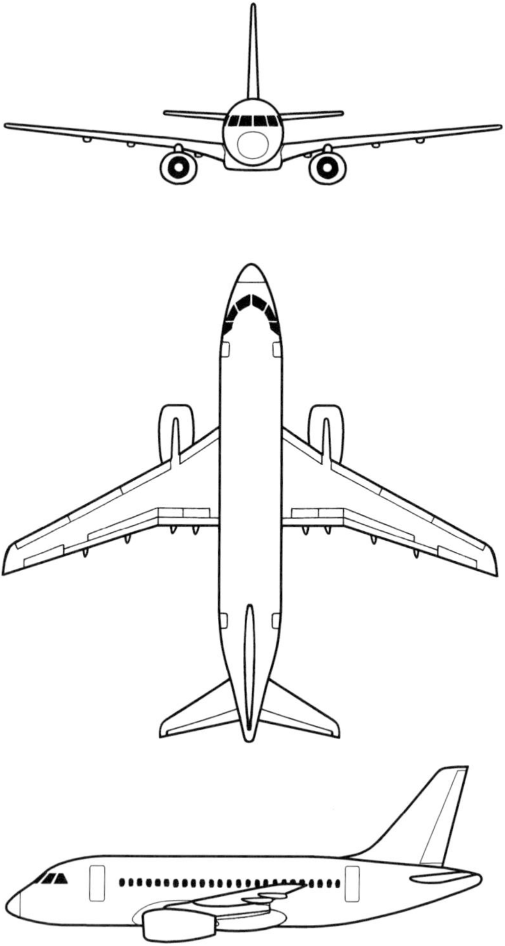

Abmessungen:
Spannweite 27,80 m
Länge (SSJ 100-75) 26,33 m, (SSJ 100-95) 29,83 m
Höhe 10,28 m
Flügelfläche 84,00 m^2

SUCHOJ SUPERJET 100

Ursprungsland: Russland.
Kategorie: Kurz- und Mittelstrecken-Verkehrsflugzeug.
Triebwerke: Zwei Mantelstromtriebwerke Snecma/NPO Saturn SaM-146 von je (SSJ 100-75) 6985 kp (68,50 kN) bzw. (SSJ 100-95) von je 7937 kp (77,85) Standschub.
Leistungen (nach Angaben des Herstellers): Max. Reisegeschwindigkeit Mach 0,78; Dienstgipfelhöhe 12497 m; Reichweite mit max. Nutzlast (SSJ 100-75/LR) 2900/4550 km, (SSJ 100-95/LR) 2950/4420 km, als Option bis zu 4550 km.
Gewichte: Leergewicht zwischen 21900 und 24715 kg; max. Startgewicht (SSJ 100-75/LR) 38820/42280 kg bzw. (SSJ 100-95/LR) 42500/45880 kg.
Zuladung: Zwei Mann Cockpitbesatzung und je nach Ausführung (SSJ 100-75) 75 bzw. (SSJ 100-95) 98 Passagiersitze in Viererreihen. Max. Nutzlast (SSJ 100-75) 9130 kg und (SSJ 100-95) 12245 kg.
Entwicklungsstand: Anfänglich als RRJ95 bezeichnet, hat der erste Superjet 100 nach Verspätung am 19. Mai 2008 die Flugerprobung aufgenommen, die zweite folgte am 24. Dezember 2008. Bis Ende 2009 sind 150 Bestellungen eingegangen, u.a. von Aeroflot 30, AIRUnion 15, Dalavia 6, Avia Leasing 24, FinanceLeasing 10+, ItAli Airlines 10 (+ 10 Optionen). Ende 2010 beginnt die Auslieferung an den Erstkunden Aeroflot.
Bemerkungen: Mit dieser neuen Familie von mittelgroßen Commuter-Flugzeugen versucht sich Russland im nationalen wie auch im internationalen Zivilflugzeugmarkt zu etablieren. Um dies zu erreichen, wurden mehrere internationale Kooperationen eingegangen, so u.a. mit der italienischen Alenia. Beide Grundmuster des Superjets sind zu 95 % baugleich. Besondere Merkmale dieses Typs sind die robuste, möglichst einfach gehaltene Grundkonstruktion, welche eine sehr große Bandbreite von Bedürfnissen abdeckt. Der Superjet ist mit einem Fly-By-Wire-Steuersystem mit Sidesticks ausgerüstet. Er kann auf nur teilweise vorbereiteten Pisten starten und landen. Daher ist das Hauptfahrwerk mit vier Rädern ausgerüstet, was in dieser Klasse von Flugzeugen unüblich ist. Auf die Wirtschaftlichkeit wurde besonderer Wert gelegt.
Hersteller: Suchhoj Civil Aircraft Company, Moskau, Werk KnAAPO, Komsomolsk-na-Amur, Russland.

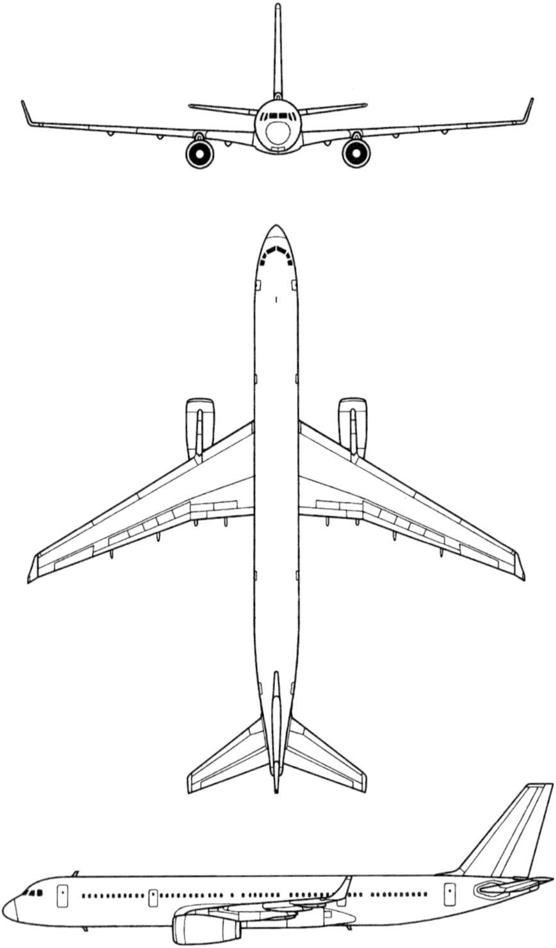

Abmessungen:
Spannweite 42,00 m
Länge (Tu-204-100/-120/-214) 46,10 m, (-300) 40,20 m
Höhe 13,90 m
Flügelfläche 184,1 m²

TUPOLEV TU-204/TU-214

Ursprungsland: Russland.
Kategorie: Mittelstrecken- (Tu-204) bis Langstrecken-Verkehrsflugzeug (Tu-204-300).
Triebwerke: Zwei Mantelstromtriebwerke (Tu-204-100) Perm (Solowiew) PS-90 von je 16000 kp (156,9 kN) oder (Tu-204-120) Rolls Royce RB.211-535E4 von je 19580 kp (193 kN) Standschub.
Leistungen (Tu-204-100): Max. Reisegeschwindigkeit 850 km/h auf 10650 m; Dienstgipfelhöhe 12505 m; Reichweite mit max. Nutzlast 4900 km, (Tu-204-300) 9250 km.
Gewichte (T-204-100): Leer 56500 kg; max. Startgewicht 103000 kg.
Zuladung: Zwei Mann Cockpitbesatzung und normalerweise in Dreiklassenbestuhlung 170, max. jedoch bei nur einer Klasse 214 Passagiere in Sechserreihen; max. Nutzlast als Frachter 24840 kg.
Entwicklungsstand: Der erste Prototyp der Tu-204 flog am 2. Januar 1989. 1997 begann die Auslieferung an die ersten Kunden. Rund 90 Maschinen (+ Optionen) der verschiedenen Ausführungen sind bestellt und bisher etwa 40 abgeliefert worden. Der Erstflug des ersten Serienflugzeugs Tu-214 fand Anfang 2001 statt, jener der Tu-204-300 im August 2003. Die neueste Ausführung Tu-204SM soll 2010 erstmals fliegen. Bisher sind etwa 50 davon bestellt, u.a. Ilyushin Finance 31 (+ 30 Optionen), Iran Airtour 5. Die Tu-204SM soll auch im Iran in Lizenz gebaut werden.
Bemerkungen: Nebst der Grundausführung Tu-204-100 werden weitere Varianten angeboten. Die Tu-214 ermöglicht dank höherem Startgewicht von 110000 kg größere Reichweiten. Wie die Tu-204 besitzt sie russische Avionik. Wahlweise kann sie aber auch mit Rolls Royce-Triebwerken und mit westlicher Avionik ausgerüstet geliefert werden. Weiter ist der Frachter Tu-204-120C (bisher sechs bestellt) erhältlich sowie die um fast 6 m verkürzte Ausführung Tu-204-300. Ganz neu ist die Tu-204SM wahlweise mit PS-90A2- oder mit IAE V2500-Triebwerken, welche die früheren Versionen ablösen soll. Dank geringerem Strukturgewicht, neuem Zweimann-Cockpit und verbesserter Avionik soll primär die Wirtschaftlichkeit erhöht werden. Zudem ist der Passagierkomfort verbessert.
Hersteller: Tupolew Joint Stock Comp., Werke Ulyanovsk (Tu-204) und Kazan, Tatarstan (Tu-214), Moskau, Russland.

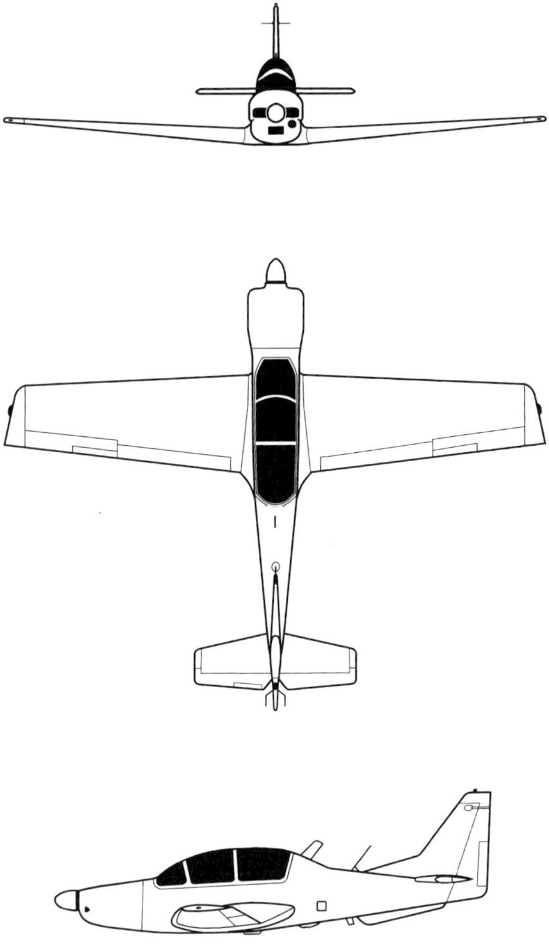

Abmessungen:
Spannweite 8,34 m
Länge 8,04 m
Höhe 2,96 m
Flügelfläche 11,00 m²

UTVA LASTA 95

Ursprungsland: Serbien.
Kategorie: Leichter Trainer.
Triebwerke: Ein luftgekühlter Sechszylinder-Boxermotor Lycoming AEIO 540-Z1B5D von 300 PS (224 kW) Leistung.
Leistungen (vorläufige Angaben): Höchstgeschwindigkeit 345 km/h; max. Reichweite 1060 km.
Gewichte: Leergewicht 1100 kg; max. Startgewicht 1630 kg.
Bewaffnung: Als Waffentrainer können an je einer Station unter den Flügeln Bomben, ungelenkte Raketen oder Maschinengewehrbehälter für max. 200 kg mitgeführt werden.
Entwicklungsstand: Der erste von zwei Prototypen startete am 5. Februar 2009 zum Erstflug. Der zweite als Waffentrainer konzipierte folgte später. Irak hat 20 Lasta 95 (+ 15 Optionen) bestellt, die serbische Luftwaffe plant, 15 zu beschaffen.
Bemerkungen: Die Lasta 95 (= Schwalbe) basiert auf einem Entwurf aus den Achziger Jahren, der Lasta 1, welche wiederum von der Lola Utva 75 stammte. Daraus abgeleitet folgte die Version Lasta 2. Mitte der Neunziger Jahre entstand schließlich die Lasta 3, später in Lasta 95 umbezeichnet. Die Prototypen wurden jedoch während des Kosovokrieges zerstört und das Projekt erst 2006 wieder aufgenommen. Von der Lasta 2 unterscheidet sich die Lasta 95 durch einen neuen Flügel und ein geändertes Leitwerk. Die ganze Konstruktion ist konventionell aufgebaut und vergleichbar beispielsweise mit der Fuji T-7 (siehe Ausgabe 2004).
Hersteller: Utva-Flugzeugwerke, Batajinca/Belgrad, Serbien.

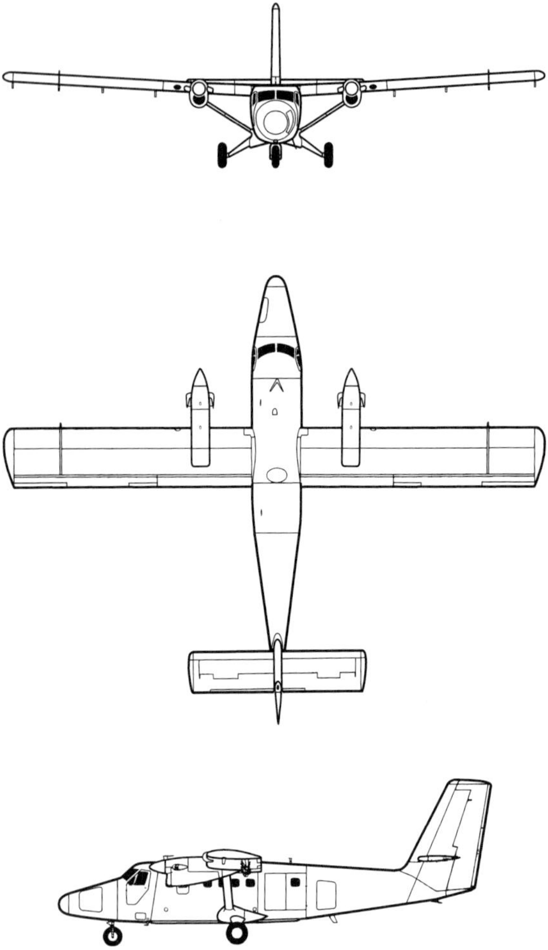

Abmessungen:
Spannweite 19,81 m
Länge 15,77 m
Höhe 5,94 m
Flügelfläche 39,00 m^2

VIKING AIR TWIN OTTER

Ursprungsland: Kanada.
Kategorie: STOL-Mehrzweck- und Zubringerflugzeug.
Triebwerke: Zwei Propellerturbinen Pratt & Whitney Canada PT6A-34 von je 750 WPS (559,30 kW) Leistung.
Leistungen: Max. Reisegeschwindigkeit 315 km/h auf Meereshöhe bzw. 337 km/h auf 3050 m; Angangssteiggeschwindigkeit 8,13 m/Sek; Dienstgipfelhöhe 8138 m; Reichweite 1435 km, mit Zusatztanks 1815 km; Einsatzdauer 7,10 Std.
Gewichte: Leergewicht 3121 kg; max. Startgewicht 5670 kg.
Zuladung: Ein bis zwei Mann Cockpitbesatzung und je nach Innenausstattung bis zu 20 Passagiere, als Frachter eine maximale Nutzlast von 1941 kg.
Entwicklungsstand: Die neu von Viking Air gebaute Twin Otter flog erstmals im Oktober 2008, und zwar in der Amphibienversion. Bisher sind Bestellungen und Optionen für rund 40 Maschinen eingegangen, darunter drei für das Golden Knight-Fallschirmspringer-Team der US Army. Mit den Auslieferungen an den Erstbesteller Zimex begann man Anfang 2010. Von der Ursprungsausführung De Havilland Canada DHC-6 Twin Otter (Erstflug 20. Mai 1965) wurden von den verschiedenen Versionen bis 1988 844 Einheiten gebaut.
Bemerkungen: Es hat sich gezeigt, dass die Nachfrage nach dem robusten Transporter DHC-6 Twin Otter wieder zunimmt und im Markt kein geeigneter Ersatz erhältlich ist. Daher hat Viking Air die Rechte von Bombardier (Nachfolger von DHC) erworben und baut nun eine überarbeitete, intern als DHC-6-400 bezeichnete neue Ausführung. Im Wesentlichen gegenüber dem Ausgangsmuster unverändert, gelangt jedoch das neue Avionik-System Primus Apex von Honeywell sowie stärkere Triebwerke PT6A-34 statt der bisherigen PT6A-27 zum Einbau. Je eine Version mit Fahrwerk, Skis oder mit Schwimmkörpern ist erhältlich. Viking gibt den Kaufpreis für eine standardmässig ausgerüstete Twin Otter mit US$ 4,5 Mio. an. Auf Wunsch können die noch leistungsstärkeren PT6A-35-Triebwerke eingebaut werden, die bei gleicher Startleistung bessere »Hot and High«-Leistungen bieten.
Hersteller: Viking Air, Victoria International Airport, British Columbia, Kanada.

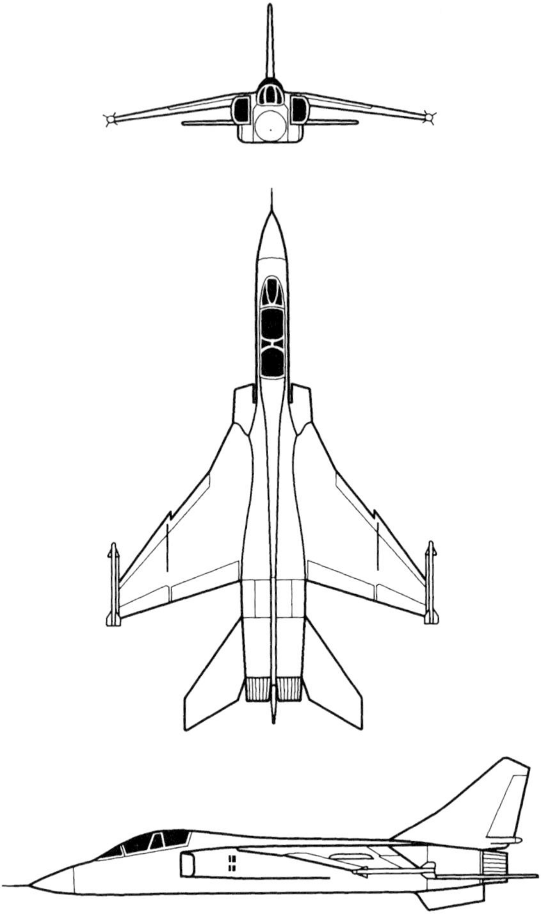

Abmessungen:
Spannweite 12,71 m
Länge mit Sonde 22,33 m
Höhe 6,58 m
Flügelfläche 52,30 m²

XIAN JH-7/JH-7A FLYING LEOPARD

Ursprungsland: Volksrepublik China.
Kategorie: Zweisitziges (JH-7) Allwetter-Marinekampfflugzeug bzw. (JH-7A) Elektronikkampfflugzeug.
Triebwerke: Zwei Mantelstromtriebwerke Xian WS9 (Lizenzbau Rolls-Royce Spey Mk.202) von je 9300 kp (91,20 kN) Standschub mit Nachverbrennung.
Leistungen: Höchstgeschwindigkeit auf 11000 m (JH-7) 1800 km/h (Mach 1,70) bzw. (JH-7A) 1850 km/h (Mach 1,75), 1210 km/h auf Meereshöhe; Dienstgipfelhöhe 15600 m; Aktionsradius (JH-7) 1650 km, (JH-7A) 1750 km; Überführungsreichweite ohne Nutzlast und Aussentanks (JH-7) 3650 km, (JH-7A) 3700 km.
Gewichte (JH-7/JH-7A): Max. Startgewicht 28475 kg/30000 kg.
Bewaffnung: Eine 23 mm-doppelläufige Kanone und Waffenlasten von insgesamt (JH-7) 6500 kg bzw. (JH-7A) 7000 kg an vier Aufhängepunkten unter den Flügeln, je zwei an den Flügelspitzen und unter dem Rumpf.
Entwicklungsstand: Der erste von zwei Prototypen nahm die Flugerprobung am 14. Dezember 1988 auf. Der Öffentlichkeit vorgestellt wurde dieses Muster aber erst im November 1998. Je nach Quellen sollen von der Ursprungsausführung JH-7 nach etwa 18 Vorserienmaschinen weitere 24 Serienflugzeuge bis 2004 gebaut und von der chinesischen Marine in Dienst gestellt worden sein. Die Weiterentwicklung JH-7A flog erstmals am 1. Juli 2002. Vermutlich wurden rund 40 Maschinen hergestellt. 2009 soll die Produktion wieder aufgenommen worden sein. Der Bedarf beläuft sich auf 170 JH-7.
Bemerkungen: Offenbar verlief die Erprobung des früher als FH-7, heute als JH-7 bezeichneten Kampfflugzeugs nicht frei von Problemen, so dass eine Produktion in großen Stückzahlen bis heute ausblieb. So soll insbesondere das Triebwerk Schwierigkeiten bereitet haben. Sie ist mit dem chinesischen Mehrzweck-Bordradar JL-10A ausgerüstet, welches eine Reichweite von 80 km aufweist und gleichzeitig bis zu 15 Ziele orten kann. Zudem kann ein Tiefangriffs-Radar-/FLIR-Navigationspod mitgeführt werden. Neuerdings ist eine als JH-7A bezeichnete Variante zur Elektronikabwehr gesichtet worden. Von außen unterscheidet sie sich primär durch veränderte Cockpitscheiben und zwei Finnen unter dem Rumpf. Sie soll in zwei bis drei Regimentern im Einsatz stehen.
Hersteller: Xi'an Aircraft Company, Xi'an, Provinz Shaanxi, VR China.

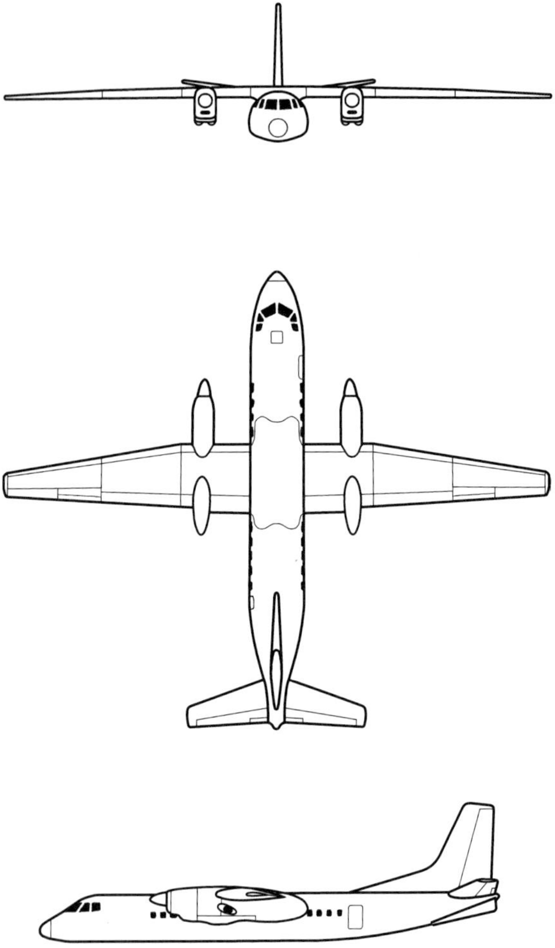

Abmessungen:
Spannweite (Y-7/MA60) 29,67/29,20 m
Länge je nach Version zwischen 24,22 und 24,71 m
Höhe 8,85 m
Flügelfläche 74,98, m²

XIAN Y-7/MA-60/MA600

Ursprungsland: Volksrepublik China.
Kategorie: Kurzstrecken-Passagier-, Kombi- und Frachtflugzeug.
Triebwerke (Y-7-200B): Zwei Propellerturbinen Dongan WJ5A-1 von je 2917 WPS (2175 kW) bzw. (MA60) Pratt & Whitney Canada PW127C von je 2750 WPS (2050 kW) Leistung.
Leistungen (MA60): Max. Reisegeschwindigkeit 459 km/h; Anfangssteiggeschwindigkeit 8,05 m/Sek; Dienstgipfelhöhe 7600 m; Reichweite mit 60 Passagieren 1600 km, mit max. Treibstofffüllung 2646 km.
Gewichte (MA60): Leergewicht 13700 kg; max. Startgewicht 21800 kg.
Zuladung: Zwei Piloten und normal 56 Passagiere oder bei dichter Bestuhlung 60 Passagiere; max. Nutzlast als Frachter 5500 kg.
Entwicklungsstand: Erstflug der Y7H-500 Ende 1988, der Y7-200A im 3. Quartal 1993. Von diesen Ausführungen sind bisher 120 Maschinen, davon rund 35 der MA-60, von chinesischen Fluggesellschaften, diversen Luftwaffen, u.a. Bolivien und Nepal, aber auch Airlines von mehreren Entwicklungsländern bestellt worden. Die MA600 fliegt seit 19. Oktober 2008 und ist ab 2010 erhältlich.
Bemerkungen: Diese ursprünglich aus der damals sowjetischen An-24/26 abgeleitete Ausführung hat Xian in verschiedenen Etappen wesentlich weiterentwickelt. Derzeit werden folgende Varianten angeboten und gebaut: Passagier- bzw. Executiveversion Y7-100, Y7-100A mit Winglets, Y7-100C mit westlicher Avionik von Rockwell Collins und verlängertem Rumpf, die Commuterversion Y7-200A (nun als MA60 bezeichnet) sowie die zivilen und militärischen Frachter Y7-200B und Y7H-500 mit Heckladerampe. Alle -200-Ausführungen verfügen über ein EFIS-Cockpit, ein APU von Allied-Signal, ein leichteres Fahrwerk und Vierblattpropeller von Hamilton Standard. Dank des Triebwerks PWC127C resultiert eine Reduktion des spezifischen Treibstoffverbrauchs um 25 %, die Nutzlast ist um 800 kg erhöht. Die neueste MA600 weist verschiedene Verbesserungen auf, wie z.B. Reduktion des Strukturgewichts, neue Avionik Pro Line 21 und eine überarbeitete Passagierkabine. Sie verfügt über leistungsstärkere PW127J-Triebwerke. Kürzlich vorgestellt wurde eine weiter verbesserte Ausführung MA700, welche der ATR-42-500 sehr ähnlich sieht.
Hersteller: Xi'an Aircraft Company, Xi'an, Provinz Shaanxi, VR China.

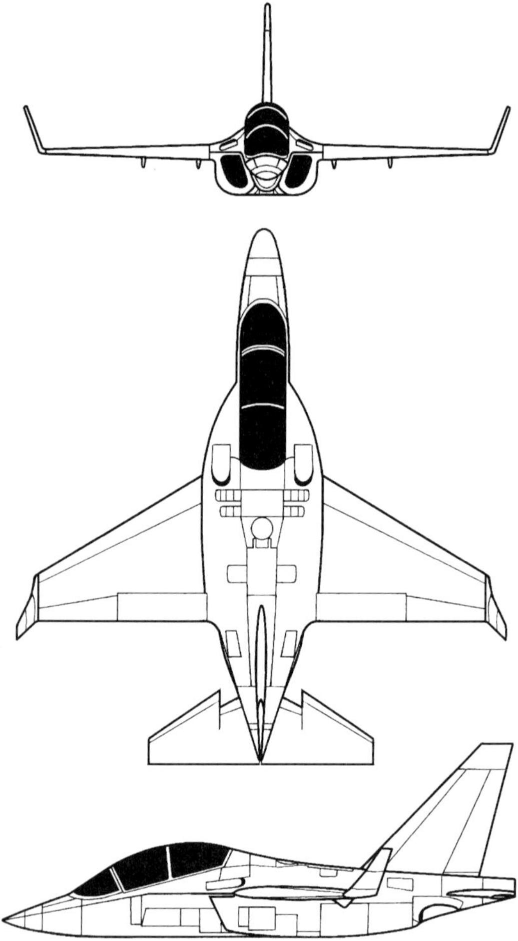

Abmessungen:
Spannweite 9,72 m
Länge 11,25 m
Höhe 4,76 m
Flügelfläche 23,50 m^2

YAKOWLEW YAK-130

Ursprungsland: Russland.
Kategorie: Zweisitziger Fortgeschrittenentrainer und leichtes Erdkampfflugzeug.
Triebwerke: Zwei Mantelstromtriebwerke Progress AI-222-25 von je 2500 kp (24,50 kN) Standschub.
Leistungen: Höchstgeschwindigkeit auf optimaler Höhe 1050 km/h; auf Meereshöhe 850 km/h+; Anfangssteiggeschwindigkeit 75 m/Sek; Dienstgipfelhöhe 12500 m; Aktionsradius mit zwei 500-kg-Bomben (Einsatzprofil hoch-tief-tief-hoch) 850 km; Überführungsreichweite 2000 km.
Gewichte: Leergewicht 4600 kg; normales Startgewicht 5700 kg; max. Startgewicht 9000 kg.
Bewaffnung: Waffen aller Art bis zu einem Gewicht von 3000 kg.
Entwicklungsstand: Ein Prototyp startete mit grosser Verspätung am 25. April 1996 zum Erstflug. Das erste Serienmuster flog erstmals Ende 2003, das zweite im April 2005. Bisher sind laut Hersteller für verschiedene Luftwaffen rund 80 Yak-130 bestellt, die ab 2009 zur Auslieferung gelangen. Der Gesamtedarf der russischen Luftwaffe beläuft sich auf 200 Maschinen, die ersten wurden Mitte 2009 geliefert. Weitere 16 Maschinen bestellte Algerien, Libyen sechs. Syrien interessiert sich ebenfalls für diesen Typ.
Bemerkungen: Die Yak-130 soll die Nachfolge der heutigen Trainingsflugzeuge Aero L 29 Delfin und L 39 Albatros bei der russischen Luftwaffe antreten. Da sie besonders wendig ist, kann die Yak-130 alle wichtigen Flugmanöver der heutigen Kampfflugzeuggeneration Su-27 und MiG-29 ausführen. Die Konstruktion ist von konventioneller Art und besonders robust ausgelegt. Ungewöhnlich ist der komplexe Deltaflügel mit den ovalen Triebwerkeinläufen. Das Triebwerkmanagement (FADEC) ist vollständig digitalisiert, ebenso die übrige Avionik. Die Flugsteuerung stützt sich auf ein vierfach redundantes FBW-System ab. Das Cockpit umfasst u.a. drei große LCD-Bildschirme. Unter der Bezeichnung Yak-133 sind eine einsitzige Erdkampfversion sowie eine unbemannte Aufklärungsversion in Planung.
Hersteller: OKB Alexander S. Yakowlew, Werke Nizhniy Novgorod und Saratow, Russland.

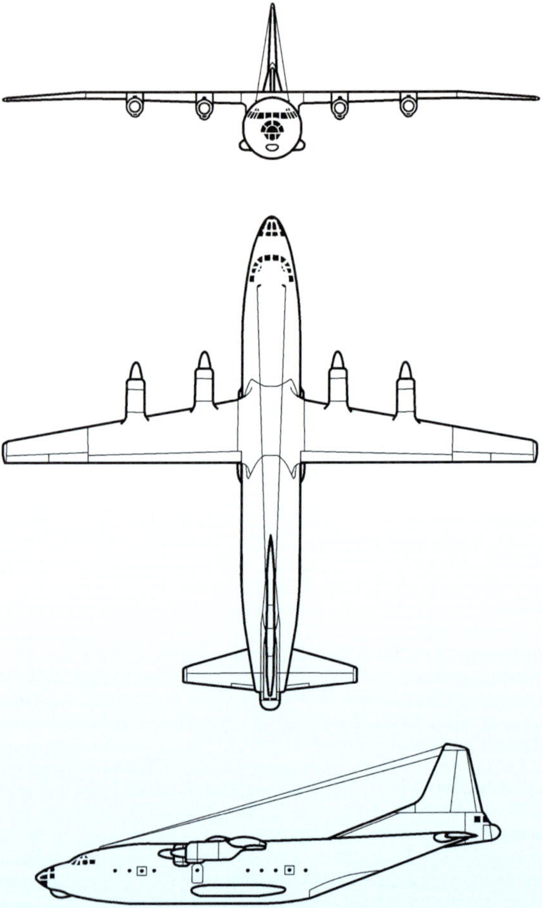

Abmessungen:
Spannweite 38,02 m
Länge 33,11 m
Höhe 11,44 m
Flügelfläche 121,73 m²

ANTONOW AN-12 CUB

Ursprungsland: UdSSR.
Kategorie: Mittelschwerer militärischer und ziviler Transporter.
Triebwerke (AN-12B): Vier Propellerturbinen Ivchenko AI-20M von je 4250 WPS (3169 kW) Leistung.
Leistungen: Höchstgeschwindigkeit 656 km/h; normale Reisegeschwindigkeit 550 km/h; max. Schrägsteiggeschwindigkeit 10 m/Sek; Dienstgipfelhöhe 9600 m; Reichweite mit 14000 kg Nutzlast 1780 km, max. Reichweite 3290 km.
Gewichte: Leergewicht 37000 kg; normales Startgewicht 56000 kg, max. 61000 kg.
Zuladung: Sieben Mann Besatzung und bis zu 96 Soldaten oder 58 Fallschirmspringer; max. Frachtzuladung 20000 kg.
Entwicklungsstand: Der Erstflug des ersten Prototypen fand am 16. Dezember 1956 statt. Zwischen 1956 und 1973 sind insgesamt rund 1250 Maschinen gebaut worden. Der Hauptabnehmer mit etwa 600 Einheiten war die Luftwaffe der UdSSR. Weitere 200 erhielt die Aeroflot. Zahlreiche andere Länder setzten diesen bewährten Typ für militärische, später aber zunehmend auch für zivile Aufgaben ein. Groben Schätzungen zufolge sind heute immer noch rund 100 An-12 der verschiedenen Ausführungen bei Luftwaffen und zivilen Betreibern im Einsatz.
Bemerkungen: Aus dem Passagierflugzeug Antonow An-10 wurde der primär für militärische Einsätze abgeleitete Frachter An-12 gebaut. Neben generell besseren Flugleistungen wies diese Variante eine Heckladerampe auf. Zusammen mit der Lockheed C-130 (siehe Seiten 324/325) war die An-12 der weltweit erste militärische Transporter mit vier Propellerturbinen und der Fähigkeit, taktische Einsätze zu fliegen. Dafür hatte Antonow eine sehr robuste Konstruktion gewählt, die auch von unvorbereiteten Pisten aus operieren kann. Zahlreiche Varianten für die verschiedensten Aufgaben wurden vom Grundmuster abgeleitet. Eine deutlich weiter entwickelte Ausführung baut die VR China als Shaanxi Y-8 weiter und entwickelt sogar neue Modelle (siehe Ausgabe 2007).
Hersteller: Entwicklungsbüro OKB Oleg Antonow, Kiew/UdSSR (heute Ukraine); Produktion in Woronezh und Tashkent, UdSSR.

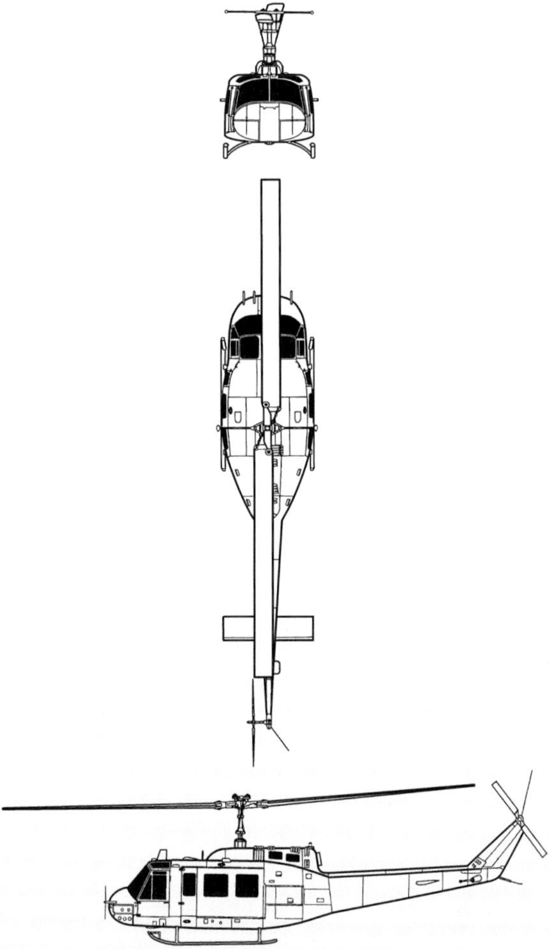

Abmessungen:
Rotordurchmesser (UH-1B) 13,41 m, UH-1D/H 14,63 m
Rumpflänge (UH-1B) 12,08 m, (UH-1D/H) 12,77 m
Höhe 4,42 m

BELL UH-1B, D, H HUEY/IROQUOIS

Ursprungsland: USA.
Kategorie: Mittelschwerer Mehrzweckhubschrauber.
Triebwerke (UH-1H): Eine Gasturbine Avcro Lycoming T53L-13 von 1400 WPS (1044 kW) Leistung.
Leistungen (UH-1H): Höchstgeschwindigkeit 220 km/h; normale Reisegeschwindigkeit 204 km/h; max. Schrägsteiggeschwindigkeit 8,1 m/Sek; Dienstgipfelhöhe 3840 m; Schwebehöhe mit Bodeneffekt 3840 m, ohne Bodeneffekt 1220 m; Reichweite mit max. interner Treibstoffzuladung rund 500 km, mit Zusatztanks bis zu 850 km.
Gewichte (UH1-H): Leergewicht 2255 kg; max. Startgewicht 4309 kg.
Zuladung (UH-1H): Ein bis zwei Piloten und bis zu 12 voll ausgerüstete Soldaten oder sechs Bahren; Nutzlast intern 1760 kg.
Entwicklungsstand: Der erste von drei noch als XH-40 bezeichnete Prototyp hob am 20. Oktober 1956 erstmals ab. Daraus abgeleitet wurde die Serienausführung UH-1A/B mit diversen Untervarianten. Die größere und leistungsverbesserte YUH-1D nahm die Flugerprobung am 16. August 1961 auf. Von den verschiedenen Ausführungen bis zur Version UH-1H wurden in den USA und bei mehreren Lizenzgebern rund 15000 Einheiten zwischen 1956 und 1988 gebaut. Damit ist er der am meisten produzierte Hubschrauber der sog. westlichen Welt. Mehrere 100 befinden sich immer noch im Einsatz. Eine wesentliche Weiterentwicklung, die Bell 412 (siehe Seiten 48/49) wird immer noch hergestellt.
Bemerkungen: Zum Zeitpunkt der Lancierung war die Bell UH-1 Huey bzw. Iroquois eine revolutionäre Konstruktion. Erstmals konnte ein mit einer Propellerturbine angetriebener Hubschrauber echte und nachhaltige Transportleistungen erbringen. Gegenüber den mit Kolbenmotoren ausgerüsteten Vorgängern gelang ein eigentlicher Quantensprung. Hauptmerkmale der Iroqouis waren die leichte und doch robuste Konstruktion und das für die damalige Zeit im Verhältnis zum Gewicht sehr leistungsfähige Triebwerk. Eine Vielzahl von Varianten und Unterausführungen sind hergestellt worden. Die bekanntesten und am meisten produzierten waren die UH-1D und die UH-1H.
Hersteller: Bell Helicopters Corp. (später eine Tochtergesellschaft der Textron Inc.), Werk Fort Worth, Texas, USA.

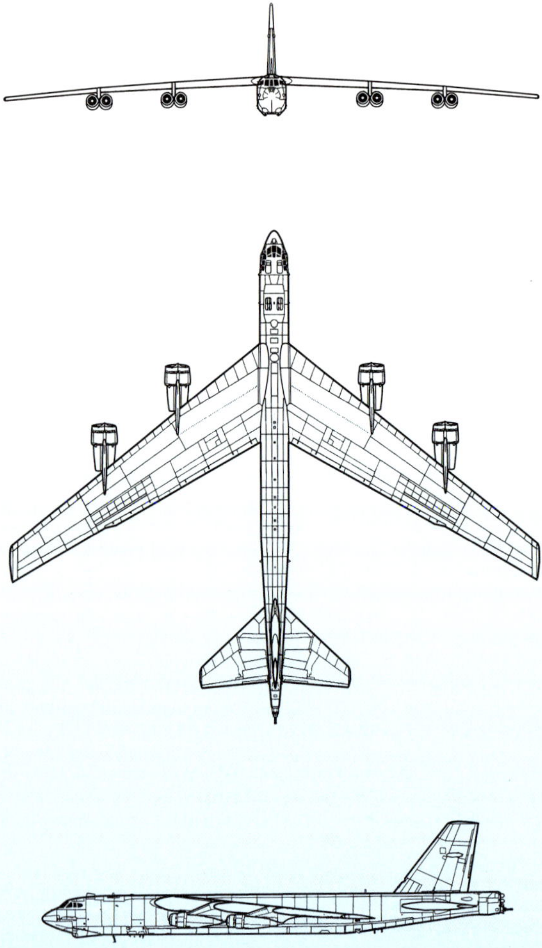

Abmessungen:
Spannweite 56,39 m
Länge 47,72 m
Höhe (B-52H) 12,40 m
Flügelfläche 371,60 m²

BOEING B-52 STRATOFORTRESS

Ursprungsland: USA.
Kategorie: Schwerer Langstreckenbomber.
Triebwerke (B-52H): Acht Mantelstromtriebwerke Pratt & Whitney TF33-P3/103 von je 7709 kp (75,6 kN) Leistung.
Leistungen (B-52H): Höchstgeschwindigkeit auf optimaler Höhe 1014 km/h; Marschgeschwindigkeit rund 850 km/h; Dienstgipfelhöhe 16765 m; Anfangssteiggeschwindigkeit 31,85 m/Sek; Einsatzradius mit normaler Bewaffnung, 7210 km; Überführungsreichweite mit Zusatztanks 20150 km.
Gewichte (B-52H): Leergewicht 83250 kg; max. Startgewicht 221250 kg.
Bewaffnung (B-52H): Eine Vielzahl von konventionellen oder gelenkten Bomben, Atomwaffen, Minen, Lenkwaffen aller Art im Bombenschacht und an je einer Aufhängestation unter den Flügeln. Zudem können noch elektronische (Stör)Behälter mitgeführt werden; max. Waffenzuladung 31500 kg.
Entwicklungsstand: Der Prototyp XB-52A nahm die Flugerprobung am 15. April 1952 auf, gefolgt von einer YB-52A. Insgesamt sind bis 1962 744 B-52-Bomber in mehreren Versionen (B-52A 3, B-52B 50, B-52C 35, B-52D 170, B-52E 100, B-52F 89, B-52G 193 und B-52 H 102) gebaut worden. Von letzterer Ausführung sind bei der USAF immer noch 76 Maschinen im Einsatz. Ein Ende der Dienstzeit ist noch nicht abzusehen. Mit über 55 Jahren dürfte die B-52 das am längsten im Einsatz stehende Kampfflugzeug der Welt sein.
Bemerkungen: Mit der Stratofortress gelang Boeing anfangs der fünfziger Jahre eine revolutionäre Konstruktion. Erstmals wurde ein Bomber in dieser Grösse mit acht Düsentriebwerken entwickelt. Die lange Karriere dieses Typs bei der USAF zeigt, wie erfolgreich und anpassungsfähig das Grundmuster ausgelegt wurde. Während in der Anfangsphase die Hauptaufgabe jene eines strategischen Atombombenträgers für Abwürfe in grosser Höhe war, kamen mit der Zeit immer neue und anforderungsreichere Aufgaben bis zur Tiefangriffsfähigkeit hinzu. Um diese Flexibilität zu erreichen wurden im Laufe der Einsatzzeit unzählige Modifikationen vorgenommen. Weitere sind derzeit in Arbeit. Auch ein Ersatz der bald 50-jährigen Triebwerke wird immer wieder diskutiert.
Hersteller: The Boeing Company, Werke Renton, Washington und Wichita, Kansas, Seattle, Washington, USA.

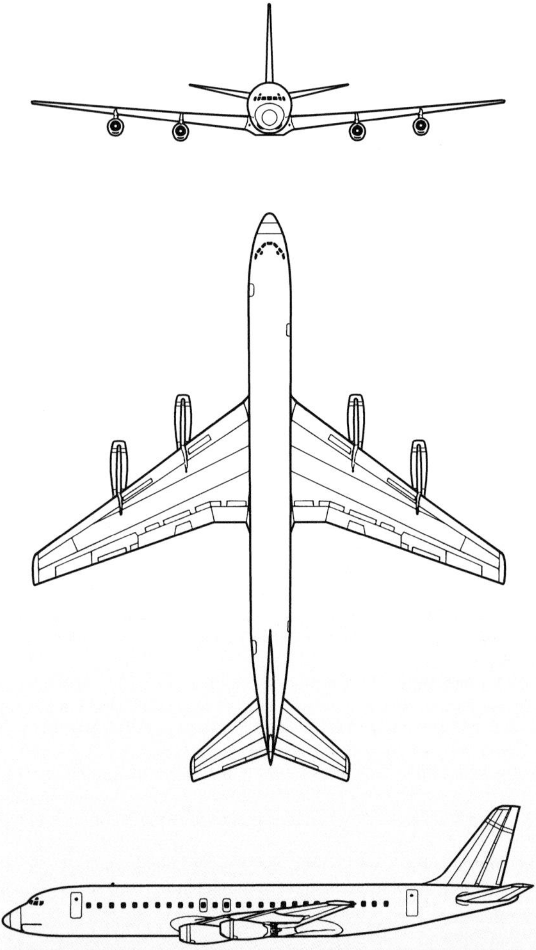

Abmessungen:
Spannweite (-30) 43,41 m, (-62/-63) 45,24 m
Länge (-30) 45,87 m, (-62) 47,98m, (-61/-63) 57,10 m
Höhe (-30/-62) 13,21 m, (-63) 13,11 m
Flügelfläche (-30) 257,43 m², (-62/-63) 271,93 m²

DOUGLAS DC-8

Ursprungsland: USA.
Kategorie: Langstrecken-Passagierflugzeug, Frachter.
Triebwerke (DC-8-8-30/-63): Vier Düsentriebwerke Pratt & Whitney JT4A-9 von je 7620 kp (74,50 kN) bzw. vier Mantelstromtriebwerke JT3D-7 von je 8618 kp (84,51 kN) Standschub.
Leistungen (DC-8-30/-63): Max. Reisegeschwindigkeit 946/959 km/h, normale Reisegeschwindigkeit 861/827 km/h; max. Steiggeschwindigkeit 11 m/Sek; Dienstgipfelhöhe 10900 m; Reichweite mit max. Nutzlast 7410 km/3445 km, max. Reichweite 9725 km/8820 km.
Gewichte (DC-8-30/-63): Leergewicht 60781 kg/66361 kg; max. Startgewicht 140614 kg/161025 kg.
Zuladung (DC-8-30/-63): Drei Mann Cockpitbesatzung und je nach Innenausstattung bis zu 176/259 Passagiere in Fünferreihen, max. Nutzlast als Frachter 19278 kg/52027 kg.
Entwicklungsstand: Die Ursprungsversion DC-8-10 startete am 30 Mai 1958 zum Erstflug. Im September 1959 fand der erste kommerzielle Flug statt. Zwischen 1958 und dem Auslaufen der Produktion 1972 wurden insgesamt 556 DC-8 gebaut und zwar aufgeteilt nach Versionen DC-8-10 28, -20 34, -30 96, -40 32, -50 103, -61 88, -62 67, -63 107. Heute befinden sich immer noch rund 120 Maschinen im Einsatz, vorwiegend die Versionen -71/-73 als Frachter in den USA.
Bemerkungen: Zusammen mit dem Konkurrenzmuster Boeing 707 war die DC-8 das erste vierstrahlige Verkehrsflugzeug, welches in großer Zahl gebaut wurde. Während der Jahre entwickelte Douglas das Grundmuster DC-8-10 bzw. -20 via DC-8-30 zur DC-8-50 mit echten Langstrecken-Eigenschaften weiter. Danach folgten die wesentlich größeren Versionen DC-8-61/-62 und -63. Nebst leistungsstärkeren Triebwerken waren bei den Versionen -61 und -63 der Rumpf um ganze 11,00 m verlängert, bei der -62 nur um 2,04 m. Die DC-8-62 und -63 wiesen zudem einen modifizierten Flügel auf. Später baute man zahlreiche DC-8-61, -62 und -63 mit neuen Triebwerken CFM56-2C5 mit einer Leistung von 10044 kp (98,50 kN) zu DC-8-71, -72 und -73 um.
Hersteller: Douglas Aircraft Company (später McDonnell Douglas bzw. Boeing), Werk Long Beach, Kalifornien, USA.

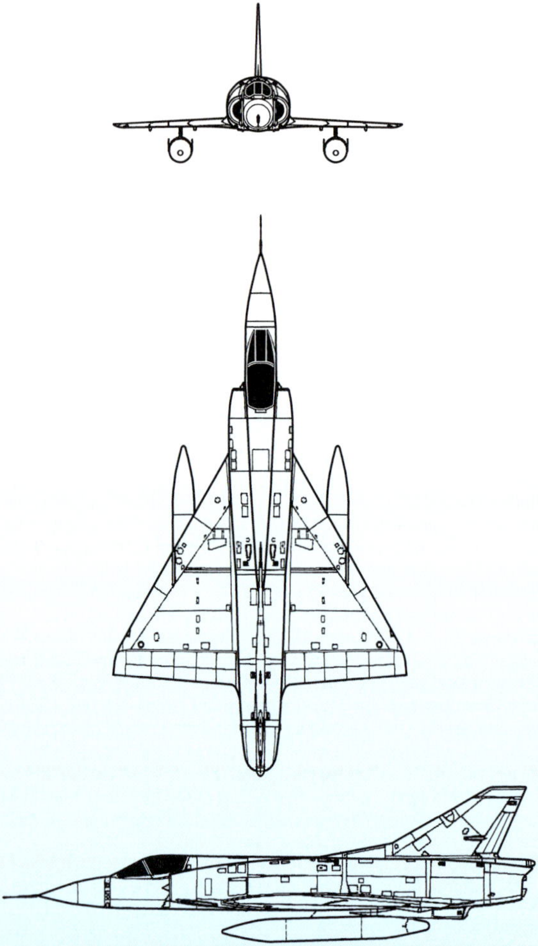

Abmessungen:
Spannweite 8,22 m
Länge (IIIC) 14,77 m, (IIIE) 15,03 m, (B) 15,40m
Höhe (IIIC) 4,25 m, (IIIE) 4,50 m
Flügelfläche 34,85 m²

G.A.D. DASSAULT MIRAGE III

Ursprungsland: Frankreich.
Kategorie: Einsitziger Allwetter-Abfangjäger (IIIC) bzw. Mehrzweckkampfflugzeug (IIIE) und zweisitziger Einsatztrainer (IIIB).
Triebwerke (IIIE): Ein Strahltriebwerk SNECMA Atar 9C von 4280 kp (41,97 kN) ohne und 5979 kp (58,66 kN) mit Nachbrenner. Optional ein Raketenmotor SEPR 844 hinten am Rumpf mit einer Leistung von 1500 kg.
Leistungen (geschätzt): Höchstgeschwindigkeit (IIIC) Mach 2,15 km/h, (IIIE) 2350 km/h (Mach 2,20) auf optimaler Höhe; Höchstgeschwindigkeit auf Meereshöhe 1390 km/h; Anfangssteiggeschwindigkeit (IIIE) 83,5 m/Sek; Dienstgipfelhöhe (IIIE) 17000 m; Aktionsradius 1200 km.
Gewichte: Leergewicht (IIIC) 6000 kg, (IIIE) 7050 kg; max. Startgewicht (IIIC) 12000 kg, (IIIE) 13500 kg.
Bewaffnung: Zwei 30 mm-ADEN-Kanonen sowie Bomben und Raketen an Stationen unter Rumpf und Flügeln im Gesamtgewicht von 1800 kg.
Entwicklungsstand: Der Prototyp Mirage III nahm die Flugerprobung am 17. November 1956 auf, gefolgt von der ersten Mirage IIIC im Oktober 1960. Von den verschiedenen Ausführungen IIIA, B(E), C, D, E, O, R(RS), RD, S, 5 wurden zwischen 1958 und 1992 rund 1422 Maschinen gebaut, darunter in Australien, Belgien und Schweiz in Lizenz. Etwa 20 Luftwaffen flogen diesen Typ als Erstkäufer und als Erwerber von Occasionsmaschinen. In einer größeren Anzahl sind noch Mirage III/5 in Pakistan im Einsatz.
Bemerkungen: Mit der Mirage gelang dem Hersteller sein Meisterstück. Als erstes europäisches Kampfflugzeug mit Deltaflügeln und Mach 2-Eigenschaften war es in technischer wie auch kommerzieller Hinsicht ein großer Erfolg. Einfach in der Konstruktion, sehr wendig und im Vergleich zu US-Konkurrenzmustern wirtschaftlicher, verhalf es vielen Ländern mit geringerem Verteidigungsbudget zu einem ebenbürtigen Jagd- und Kampfflugzeug. Im Laufe der Jahre wurde die Mirage immer weiter entwickelt. Sie diente auch als Ausgangsmuster für die israelische IAI Kfir (siehe Ausgabe 1982).
Hersteller: Aviation Marcel Dassault S.A., Werk Bordeaux-Mérignac, Frankreich.

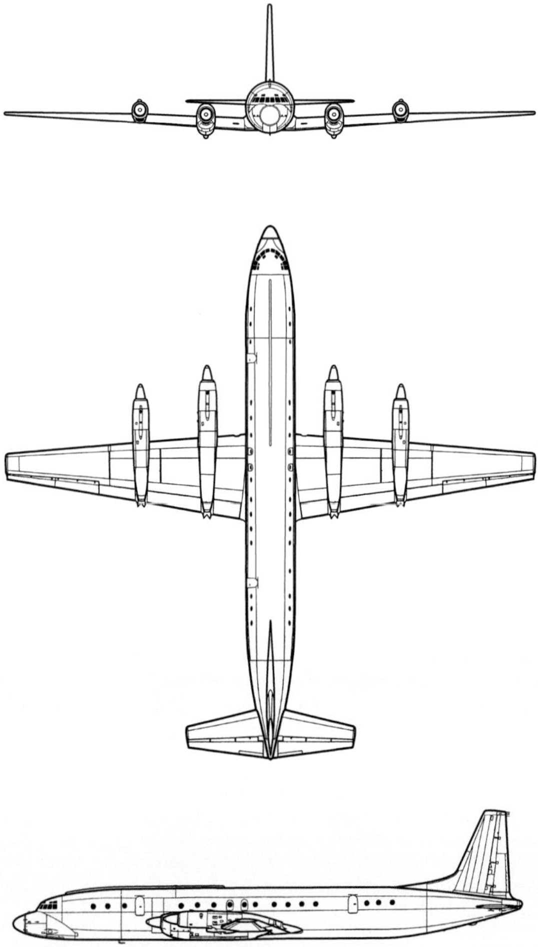

Abmessungen:
Spannweite 37,40 m
Länge 35,90 m
Höhe 10,17 m
Flügelfläche 140,00 m²

ILYUSCHIN IL-18

Ursprungsland: UdSSR.
Kategorie: Mittelstrecken-Verkehrsflugzeug.
Triebwerke (Il-18D): Vier Propellerturbinen Ivchenko AI-20 von je 4250 WPS (3169 kW) Leistung.
Leistungen (Il-18D): Höchstgeschwindigkeit 675 km/h, normale Reisegeschwindigkeit 625 km/h; max. Schrägsteiggeschwindigkeit 10,5 m/Sek; Dienstgipfelhöhe 11800 m; Reichweite mit max. Nutzlast 3700 km, max. Reichweite 6500 km.
Gewichte (Il-18D): Leergewicht 34000 kg; max. Startgewicht 64000 kg.
Zuladung: Fünf Mann Cockpitbesatzung und je nach Innenausstattung bis zu 122 Passagiere in Sechserreihen, normalerweise aber 90 bis 100 Passagiere in drei Klassen. Max. Nutzlast 13500 kg.
Entwicklungsstand: Der Prototyp der Il-18 startete im Juli 1957 zum Erstflug. Das erste Serienflugzeug übergab der Hersteller am 20. April 1958 an die Aeroflot. Bis 1979 wurden insgesamt 565 Il-18 in vier Hauptvarianten und zahlreichen zivilen wie militärischen Spezialausführungen gebaut. Noch mehrere Maschinen fliegen für die verschiedensten Aufgaben. Eine Weiterentwicklung stellte die Seeaufklärungs- und U-Boot-Jagd-Variante Il-38 (siehe Ausgabe 1979) dar, von der gegen 100 Einheiten gebaut wurden und noch heute in größerer Zahl im Einsatz sind.
Bemerkungen: Mit der Il-18 gelang ein eigentlicher Entwicklungssprung in der sowjetischen Zivilluftfahrt. Vergleichbar mit der Lockheed L.188 Electra stellte sie ein konkurrenzfähiges Verkehrsflugzeug dar, welches nebst bei der Aeroflot bei vielen Fluggesellschaften auf der ganzen Welt im Einsatz stand. In ihrer Klasse stellte die Il-18 mehrere Weltrekorde auf. Als typischer Vertreter der sowjetischen Konstruktionsphilosophie war sie sehr robust und einfach gebaut, dafür aber weniger wirtschaftlich im Betrieb als westliche Verkehrsflugzeuge.
Hersteller: OKB Sergei Ilyuschin, Werk Hadinka bei Moskau, UdSSR.

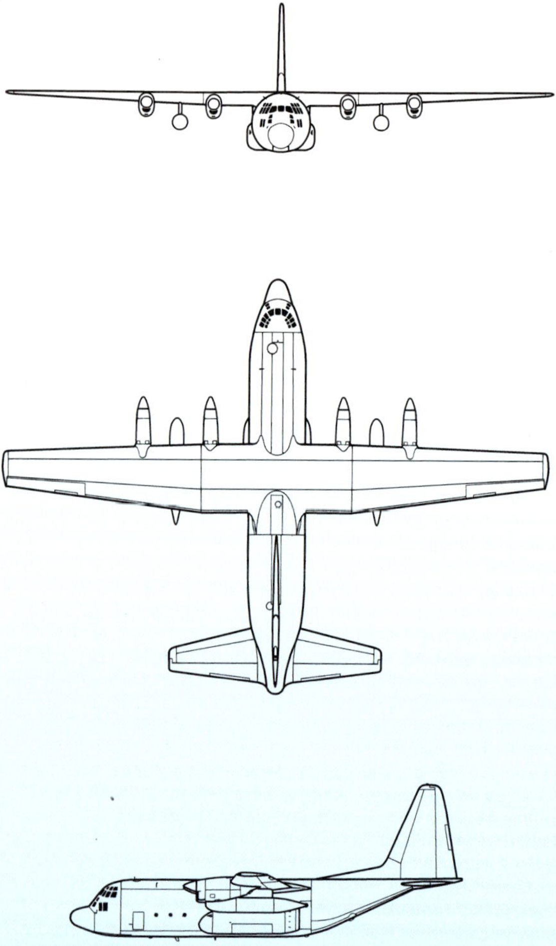

Abmessungen:
Spannweite 40,25 m
Länge (C-130E) 29,79 m, (L-100-30) 34,49 m
Höhe 11,66 m
Flügelfläche 162,12 m²

LOCKHEED C-130 HERCULES

Ursprungsland: USA.
Kategorie: Mittelschwerer militärischer und ziviler Transporter.
Triebwerke (C-130E): Vier Propellerturbinen Allison T56A-7A von je 4050 WPS (3020 kW) Leistung.
Leistungen (C-130E): Max. Reisegeschwindigkeit 618 km/h, norm. Reisegeschwindigkeit 547 km/h; Anfangssteiggeschwindigkeit 9,3 m/Sek; Dienstgipfelhöhe 7010 m; Reichweite mit maximaler Nutzlast 3895 km, bei reduzierter Nutzlast und Unterflügeltanks 7560 km.
Gewichte (C-130E): Leergewicht 31460 kg, max. Abfluggewicht 70310 kg.
Zuladung: Vier Mann Cockpitbesatzung, max. 96 Soldaten oder 64 voll ausgerüstete Fallschirmspringer; als Frachter max. Nutzlast 20412 kg.
Entwicklungsstand: Der erste von zwei Prototypen YC-130 vollzog den Erstflug am 23. August 1954. Eine Vielzahl von Varianten folgte seither. Die C-130 ist das am weitesten verbreitete militärische Transportflugzeug weltweit. Fast 70 Luftwaffen und zahlreiche zivile Betreiber setzen die Hercules ein. Seit 1954 ununterbrochen in Produktion, wurden ohne die neueste Ausführung C-130J rund 2200 Maschinen gebaut und zwar in folgenden Hauptversionen und zahlreichen Unterversionen bzw. Umbauten: C-130A 219, C-130B 173, C-130D 12, C-130E 505, C-130F, (K)C-130F/G 61, C-130H 907, C-130K 66, weitere Varianten 154, Zivilfrachter L-100 118. Die neueste Ausführung C-130J ist auf den Seiten 216/217 beschrieben.
Bemerkungen: Mit dem Transporter C-130 Hercules hat Lockheed Luftfahrtgeschichte geschrieben. Kaum je ein anderes Muster wurde in der mittlerweile fünf Jahrzehnte dauernden Einsatzzeit für so viele Aufgaben eingesetzt. Primär als Frachter konzipiert, wurden Ausführungen u.a. für folgende Zwecke gebaut: Tanker KC-130, Such- und Rettungsflugzeug SC/HC-130, Spezialeinsätze MC-130, Kommando- bzw. ECM-Versionen EC-130, Aufklärer RC-130, Wetterflugzeuge WC-130. Weiter gibt es Nahkampfausführungen AC-130 ausgerüstet mit div. Maschinengewehren und Kanonen. Einige zivile Betreiber und wenige Luftwaffen setzen die verlängerte L-100-30 bzw. C-130-30 ein.
Hersteller: Lockheed Company, Georgia Division, Marietta, Georgia, USA.

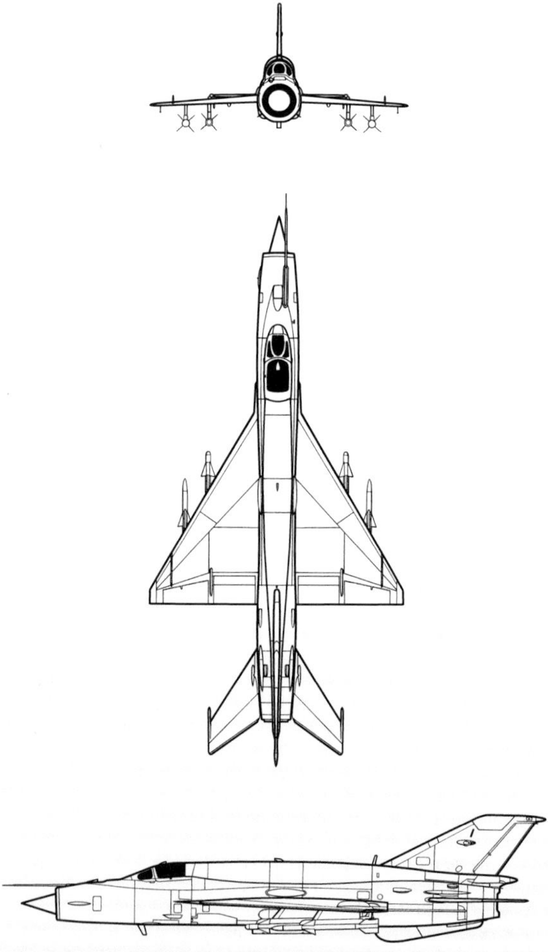

Abmessungen:
Spannweite 7,15 m
Länge 14,48 m
Höhe 4,50 m
Flügelfläche 23,04 m^2

MIKOJAN MIG-21

Ursprungsland: UdSSR.
Kategorie: Einsitziger Mehrzweckjäger und doppelsitziger Einsatztrainer.
Triebwerke (MiG-21bis): Ein Strahltriebwerk Tumanskiy R-13 von 4100 kp (40,2 kN) Standschub und 7100 kp (69,6 kN) mit Nachverbrennung.
Leistungen (MiG-21bis): Höchstgeschwindigkeit auf Meereshöhe 1300 km/h, 2175 km/h (Mach 2,04) auf 13000 m; Zeit um 17000 m zu erreichen 8,5 Min; Dienstgipfelhöhe 17800 m; Reichweite mit zwei Luft-Luft-Lenkwaffen und einem 800-l-Zusatztank 1470 km.
Gewichte (MiG-21bis): Leergewicht 5895 kg; max. Startgewicht 10420 kg.
Bewaffnung (MiG-21bis): Eine doppelläufige 23-mm-Kanone GSH-23L und für Abfangeinsätze bis zu acht Kurzstrecken-Luft-Luft-Lenkwaffen R-60, als Erdkämpfer Luft-Boden-Raketen und Bomben aller Art.
Entwicklungsstand: Der erste Prototyp Ye-4 in der definitiven Konfiguration flog erstmals am 16. Juni 1955. Mit 10645 in der UdSSR gebauten MiG-21 der verschiedenen Ausführungen ist sie das am meisten produzierte Mach 2-Kampfflugzeug der Welt. Zusätzlich sind Lizenzbauten erfolgt: CSSR 194, Indien 657, VR China etwa 2400. Aktuellen Angaben zufolge setzen immer noch 23 Länder rund 1000 Maschinen ein, wobei der Einsatzstand teilweise zweifelhaft sein dürfte. Als größte Betreiber sind zu nennen: Indien 160, Vietnam 146, Kuba 183, Syrien 210.
Bemerkungen: Die MiG-21 zeichnet sich durch ihre Robustheit und Einfachheit aus. Daher fand sie nebst bei den früheren sog. Ostblockländern große Verbreitung in vielen Entwicklungsländern. Die am meisten gebaute Ausführung war die letzte Version MiG-21bis mit rund 2000 Stück. Zum Erhalt der Einsatzfähigkeit wurden verschiedene Modernisierungsprogramme durchgeführt. Die wichtigsten davon: Indien ca. 125 mit neuem Kopyo-Radar, Elta-Avionik, ECM, GPS usw. (Erstflug 6. Oktober 1998). Unter dem Namen MiG-2000 Lancer modifizieren IAR, Rumänien und IAI, Israel, etwa 110 für Rumänien (Erstflug 29. März 1998): Tumanskiy R-25-300-Triebwerk, Avionik von Aerostar und Elbit, Mehrzweck-Bordradar Elta EL-2032M, INS/GPS usw. Eine von einer früheren MiG-Ausführung abgeleitete chinesische Weiterentwicklung F-7M Airguard wurde in der Ausgabe 1998 beschrieben.
Hersteller: OKB Mikojan/Gurewitsch, Werke Gor'kiy, Moskau und Tbilisi, UdSSR.

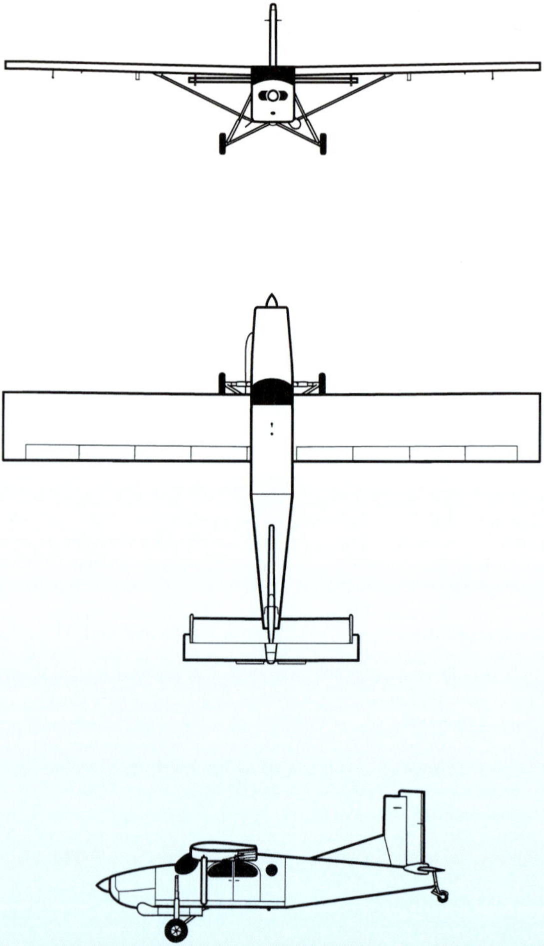

Abmessungen (Turbo Porter B2-H4):
Spannweite 15,87 m
Länge 10,90 m
Höhe 3,20 m
Flügelfläche 30,15 m²

PILATUS PC-6 (TURBO) PORTER

Ursprungsland: Schweiz.
Kategorie: Einmotoriges STOL-Mehrzweckflugzeug.
Triebwerke: (Porter, siehe Dreiseitenriss) Ein Kolbenmotor Lycoming GSO-480-B1A6 von 340 PS (253 kW) bzw. (Turbo Porter B2-H4, siehe Foto) eine Propellerturbine Pratt & Whitney Canada PT6A-27 mit einer auf 550 WPS (410 kW) reduzierten Leistung.
Leistungen (Turbo Porter B2-H4): Höchstgeschwindigkeit 280 km/h; normale Reisegeschwindigkeit 232 km/h auf Meereshöhe; Anfangssteiggeschwindigkeit 5,20 m/Sek; Dienstgipfelhöhe 7620 m; Reichweite mit max. Nutzlast 926 km, mit max. Treibstoffzuladung und Unterflügeltanks 1611 km.
Gewichte (Turbo Porter B2-H4): Rüstgewicht 1270 kg, max. Startgewicht mit Skies 2600 kg, mit Rädern 2800 kg.
Zuladung (Turbo Porter B2-H4): Pilot und normal sieben, maximal bis zu zehn Passagiere. Als Frachter eine maximale Zuladung von 1200 kg.
Entwicklungsstand: Erstflug des Ausgangsmusters PC-6A am 4. Mai 1959. In ununterbrochener Reihenfolge wurden bisher etwa 550 Maschinen hergestellt, in den letzten Jahren jedoch nur noch in kleinen Stückzahlen. In über 50 Ländern ist die Turbo Porter weiterhin im zivilen und militärischen Einsatz.
Bemerkungen: Dieses robuste Ganzmetallflugzeug zeichnet sich durch außerordentlich Kurzstart- und Landeeigenschaften aus. Eine Piste von etwa 200 m genügt bereits für einen Start. Weltweit wird der Turbo Porter für die vielfältigsten Aufgaben eingesetzt, wie z.B. Transporte in entlegene Gegenden mit bescheidener Infrastruktur, Ambulanzeinsätze, Luftvermessung und -beobachtung, Transport und Absetzen von Fallschirmspringern usw. Zur Erleichterung von Ein- und Auslad sind an beiden Rumpfseiten große Schiebetüren vorhanden. Wegen seiner stabilen Flugeigenschaften eignet sich der PC-6 auch ideal für Spezialmissionen. Nebst Radfahrwerk kann der Turbo Porter auch mit Skies oder Schwimmern ausgerüstet werden.
Hersteller: Pilatus Flugzeugwerke AG, Stans, Schweiz.

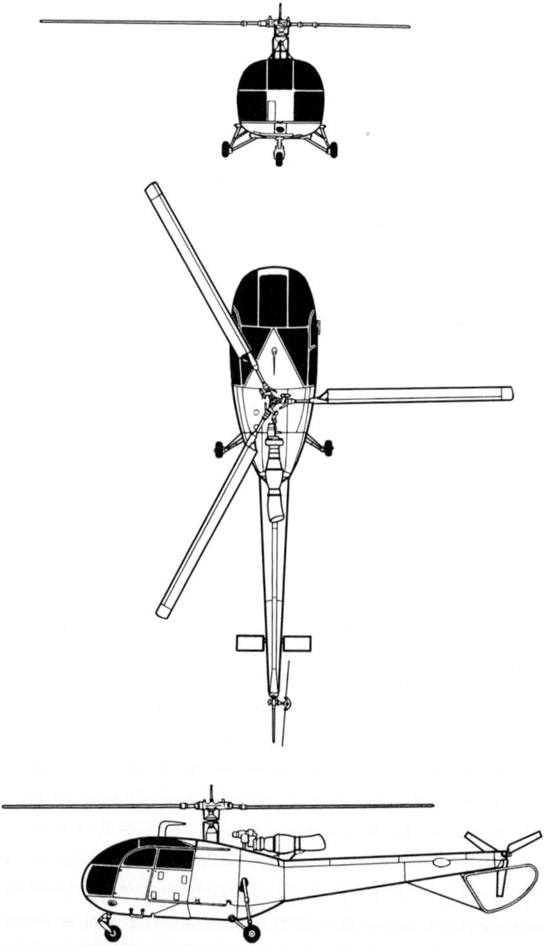

Abmessungen (SA 316B):
Rotordurchmesser 11,02 m
Rumpflänge 10,03 m
Höhe 3,00 m

SUD-AVIATION SA 316/319 ALOUETTE III

Ursprungsland: Frankreich.
Kategorie: Militärischer und ziviler Mehrzweckhubschrauber.
Triebwerke (SA 316B): Eine Gasturbine Turboméca Artouste IIIB mit einer von 870 WPS (649 kW) auf 570 WPS (425 kW) reduzierten Leistung.
Leistungen (SA 316B): Höchstgeschwindigkeit 220 km/h; normale Reisegeschwindigkeit 185 km/h; max. Schrägsteiggeschwindigkeit 4,5 m/Sek; Dienstgipfelhöhe 3200 m; Schwebehöhe mit Bodeneffekt 1700 m, ohne Bodeneffekt 550 m; Reichweite mit max. interner Treibstoffzuladung rund 600 km.
Gewichte (SA 316B): Leergewicht 1143 kg; max. Startgewicht 2200 kg.
Zuladung: Ein oder zwei Piloten und bis zu sechs Passagiere; Nutzlast extern 750 kg.
Entwicklungsstand: Der noch als SE. 3160 bezeichnete Prototyp startete am 28. Februar 1959 zum Erstflug. Die erste Serienausführung SA 316A wurde zwischen 1960 und 1968, die Weiterentwicklung SA 316B bis anfangs der Achtziger Jahre gebaut. Nebst 1453 in Frankreich gebauter Alouette III, entstanden weitere in Lizenz in Rumänien (230 IAR 316) und in der Schweiz (60). Unter dem Namen Chetak produzierte die indische HAL über 300 Exemplare. In begrenzten Stückzahlen wird sie dort weitergebaut bzw. ältere Muster werden modernisiert. In über 70 Ländern war und ist die Alouette III im militärischen Einsatz. Dazu gesellen sich weltweit zahlreiche zivile Nutzer.
Bemerkungen: Mit der Alouette III gelang der früheren Sud-Aviation (später Aérospatiale, heute Eurocopter) ein eigentlicher Verkaufsschlager. Einfach, robust und sehr wirtschaftlich war sie für eine Vielzahl von militärischen und zivilen Aufgaben bestens geeignet. Noch heute sind viele Alouette III beispielsweise in der Luftrettung eingesetzt. Zwei Hauptausführungen wurden gebaut, die SA 316A und die SA 316B. Letztere wies einen verstärkten Rotor und damit verbunden bessere Flugleistungen auf. Das eingebaute Triebwerk Artouste ist durch seine große Zuverlässigkeit bekannt geworden.
Hersteller: Sud-Aviation S.A., Marseille-Marignane, Frankreich.

Abmessungen (Tu-95KM):
Spannweite 50,04 m
Länge 48,70 m
Höhe 12,12 m
Flügelfläche 283,70 m²

TUPOLEW TU-95/-142 BEAR

Ursprungsland: UdSSR.
Kategorie: Schwerer strategischer Langstreckenbomber (Tu-95) und Seeaufklärer und U-Boot-Jäger (Tu-142).
Triebwerke (Tu-95KM): Vier Einwellen-Propellerturbinen Kusnezow von je 15000 WPS (11100 kW) Leistung.
Leistungen (Tu-95KM): Höchstgeschwindigkeit 860 km/h; max. Reisegeschwindigkeit 750 km/h; Dienstgipfelhöhe 11600 m; Aktionsradius 6340 km; max. Reichweite 13000 km.
Gewichte (Tu-95KM): Leergewicht 79400 kg; max. Startgewicht 165150 kg.
Bewaffnung: Je nach Version eine Waffenlast von bis zu 11000 kg, mit Überlast sogar 25000 kg bzw. entsprechende Aufklärungssysteme. Am Heck verfügten die meisten Versionen über eine 20 mm-Zwillingskanone. Einige waren für den Transport von Nuklearwaffen, andere Ausführungen für das Mitführen von konventionellen Bomben oder Lenkwaffen ausgerüstet. In späteren Jahren wurden mehrere Tu-95 umgerüstet, welche Cruise Missiles beispielsweise des Typs Raduga Ch-20 mitführen konnten.
Entwicklungsstand: Der Prototyp Tu-95/1 flog erstmals am 12. November 1952. Es war der Beginn einer Vielzahl von Versionen der Tu-95/-142, welche ab 1953 bis 1993 in rund 250 Exemplaren gebaut wurden. Noch heute setzt die russische Luftwaffe etwa 70 Tu-95 in drei Staffeln ein. Sie werden laufend mit neuen Systemen aufdatiert.
Bemerkungen: In ihrer Auslegung war die Tu-95/-142 weltweit einmalig. Weder vor- noch nachher wurde je ein Bomber mit auf 35° gepfeilten Flügeln und vier Propellerturbinen gebaut. Diese Auslegung machte die Bear zum schnellsten Flugzeug mit Propellerturbinen. Sie war das sowjetische Gegenstück zur amerikanischen B-52 (siehe Seiten 314/315) und wies einige Parallelen auf. Beide hatten ursprünglich den gleichen Auftrag als Atomwaffenträger, weisen eine rekordlange Einsatzdauer auf und wurden immer wieder den neuen strategischen Erfordernissen entsprechend modernisiert.
Hersteller: OKB Andrei Tupolew, Werk Kuibyshew, UdSSR.

VERZEICHNIS DER FLUGZEUGTYPEN

ABKüRZUNGEN IM TEXT

Aéronavale	= Französische Marineluftwaffe
AEW/C	= **A**irborne **E**arly **W**arning/**C**ommand, fliegende Radarfrühwarn- und Kommandoflugzeuge
ALAT	= **A**viation **L**égère de l'**A**rmée de **T**erre, französische Heeresluftwaffe
Armée de l'Air	= Französische Luftwaffe
ASTOR	= **A**irborne **St**and-**O**ff **R**adar
ASW	= **A**nti-**S**ubmarine **W**arfare, U-Boot-Bekämpfung
AWACS	= **A**irborne **W**arning **A**nd **C**ontrol **S**ystem, Frühwarnflugzeug
COMINT	= **COM**munications **INT**elligence, Nachrichtenaufklärung
CTOL	= **C**onventional **T**ake-**O**ff and **L**anding, Start und Landung konventionell
CRT	= **C**athode-**R**ay-**T**ube, Kathodenröhren-Anzeigen
ECM	= **E**lectronic **C**ounter **M**easures, Sammelbegriff für alle Maßnahmen zur Störung feindlicher Funk- und Radareinrichtungen auf elektronischem Weg
EFIS	= **E**lectronic **F**light **I**nstrument **S**ystem, Elektronische Bildschirmanzeigeinstrumente
Elint	= **El**ectronics **Int**elligence, elektronische Aufklärung
FADEC	= **F**ull **A**uthority **D**igital **E**ngine **C**ontrol, Digitales Triebwerkmanagement-System
FBW	= **F**ly-**B**y-**W**ire, Steuerung des Flugzeuges mittels elektrischen Impulsen
FLIR	= **F**orward-**L**ooking **I**nfra**R**ed, Infrarot-Nachtsichtgerät
GFK	= **G**las**f**aserverstärkter **K**unststoff
GPS	= **G**lobal **P**ositioning **S**ystem, präzise Navigationshilfe mittels Satelliten
HOTAS	= **H**ands-**O**n-**T**hrottle-**A**nd-**S**tick, alle wichtigen Bedienungsfunktionen sind im Steuerknüppel vereinigt
HUD	= **H**ead-**U**p **D**isplay, Blickfelddarstellungsgerät. Die wichtigsten Flugdaten werden auf die Frontscheibe projiziert
IFR	= **I**nstrument **F**light **R**ules, Instrumentenflugregeln
LANTIRN	= **L**ow-**A**ltitude **N**avigation **T**argeting **IR** for **N**ight, Tiefflugnavigations- und Infrarot- Angriffssystem für Nachteinsätze
MAD	= **M**agnetic **A**nomaly **D**etection, Magnetometer, Gerät zum Aufspüren magnetischer Unregelmäßigkeiten (Einsatz zur U-Boot-Bekämpfung)
NVG	= **N**ight **V**ision **G**oggles, Sammelbegriff für Nachsichtgeräte/-brillen am Kopf des Piloten befestigt
RAAF	= **R**oyal **A**ustralien **A**ir **F**orce, australische Luftwaffe
RAF	= **R**oyal **A**ir **F**orce, britische Luftwaffe
RN	= **R**oyal **N**avy, britische Marineluftwaffe
SAR	= **S**earch **A**nd **R**escue, Such- und Rettungseinsätze
SAR	= **S**ynthetic **A**perture **R**adar, Sythetisches Breitband-Aufklärungsradar
SIGINT	= **SIG**nals **INT**ellingence, Funkaufklärung
STOL	= **S**hort **T**ake-**O**ff and **L**anding, Kurzstart und -landung
STOVL	= **S**hort **T**ake-**O**ff and **V**ertical **L**anding, Kurzstart und Senkrechtlandung
USAF	= **U**nited **S**tates **A**ir **F**orce, Luftwaffe der USA
USCG	= **U**nited **S**tates **C**oast **G**uard, Küstenwache der USA
USMC	= **U**nited **S**tates **M**arine **C**orps, Marineinfanterie der USA
USN	= **U**nited **S**tates **N**avy, Marine der USA
VFR	= **V**isual **F**light **R**ules, Sichtflugregeln
VTOL	= **V**ertical **T**ake-**O**ff and **L**anding, Senkrechtstart und -landung
WPS	= **W**ellen-**PS**, Leistung einer Propeller- oder Gasturbine, gemessen an der Welle; der Restschub wird nicht berücksichtigt, Englisch: shp (Shaft Horse Power)